^{第3版}品質管理入門

石川 馨 著

日科技連

本書は，1989年発行の石川馨著『第3版　品質管理入門』の第13刷（2012年3月14日発行）を底本として制作した書籍です．なお，本文中の表記や表現につきましては当時のままで掲載しております．

ま　え　が　き

　昭和24年にわれわれが品質管理(QC)を正式に始めてから，既に約40年たっている．その間に日本のQCもやり方としては随分変化してきた．初めにSQC (Statistical Quality Control, 統計的品質管理)，SPC (Statistical Process Control, 統計的工程管理)から始まり，外注管理のQC(1960年)，新製品開発のQC(1961年)，営業部門のQC，流通機構を含めたQC，さらに建設業のQC，サービス産業のQCと発展してきた．この間にその名称もSQCから，TQC(Total Quality Control, 総合的品質管理)あるいはCWQC(Company-wide Quality Control, 全社的品質管理)，さらに最近では外注企業・流通企業を含めたGWQC (Gruop-wide Quality Control, 集団的品質管理)へと進んできた．

　本書は初版を昭和29年に出版，第2版を出版したのは昭和39年である．これまで合計で100刷くらい出たであろう．

　もちろんその間に細かい改訂は行ってきたが，中身・運営のやり方も変ってきたし，版もいたんできたので久し振りに改訂版を出すことにした．さらにその基本原理は変らないから中身に新しいこと，注意事項などを書き加えていくうちに400頁をこえる入門書になってしまった．

　品質管理を理解するためには，まずQCとは何か，もっと詳しくいえばSQC, SPC, TQC, CWQC, GWQCとは何かということを社長以下全従業員が理解することが必要である．そのためには，品質とは何ぞや，品質保証のやり方，統計的な考え方，管理・改善のやり方などを順に理解していかなければならない．本書ではこれらのことを，実際的に，よくわかるように述べたつもりである．なお統計的方法については，最近ではコンピュータを用いてやる方法が普及しているが，ここでは省略した．他の参考書を参照されたい．筆算による方法を中心としたのは，まだ職場では，特にサービス産業では筆算による

解析・管理が必要であり，私の経験では誰でもコンピュータを使う前に筆算で
データを見たり，解析したりする経験をしておく必要があるからである．

　本書は 一貫して 勉強していただくのが 原則であるが，消費者の立場を考え
て，1冊本の他に，A編第1〜3章と B編第4〜7章に分けた分冊を出版する
ことにした．

　本書の使い方としては，トップ，部長，事務関係者，職場長については第1
章，2章を2日くらいかけて，ゆっくり討論しながら勉強してほしい．若い部
長，課長，係長，技術者などは A，B 両編を6〜8日間かけ勉強してほしい．
なお大学生に教育する場合には，大学生は職場のことをよく知らないから，職
場の例を入れながら週1単位の講義のときは，A編を前期に，B編を後期くら
いに講義するとよい．

　本書により QC を理解したら，ぜひ実行・アクションしてほしい．QC は，
学問や理論も必要だが，実際に効果をあげるためには，実行するのみである．
本書を読まれると，「なんだ，あたりまえのことではないか」といわれるであろ
う．その通りなのである．従来社内外で当然行われるべきことが行われていな
かった，あるいは バラバラに行われていた．したがって，「QC とは 当然やる
べきことを，組織的，体系的に，みんなで実行することである」ともいえよう．
QC でも最初は機械工業が遅れていたし，建設業やサービス産業の QC が始ま
ったときにはウチの産業は違うからできないのだという声もあった．いざやっ
て見ると，基本の原理・原則はほとんどみな同じなのである．ウチの産業は違
うからというのは，やる意志がない口実に使っているのである．

　本書に述べてあることを，一行一行よく理解して実行して，現在の開放経済
を乗り切っていただきたい．

　「QC は教育に始まって，教育で終る」

　終りに，本書の出版にあたり，初版以来御協力いただいた日科技連出版社の
方々に深く感謝する次第である．

昭和63年10月

石　川　　馨

目　　次

まえがき ……………………………………………………………………… i

第1章　品質管理とは

1.1　品質管理とは ……………………………………………………… 1

1.1.1　品質管理の定義 …………………………………………………… 1

1.1.2　品質管理の格言 …………………………………………………… 4

1.1.3　品質管理および TQC に対する誤解 ………………………………14

1.1.4　全社的品質管理の効果 ………………………………………………15

1.2　品質管理の歴史と現況 ………………………………………………17

1.3　品質保証の進歩 ………………………………………………………24

1.4　品　質　と　は ………………………………………………………26

1.4.1　消費者を満足させる品質 ……………………………………………27

1.4.2　真の品質特性と代用特性，製品研究 ……………………………33

1.4.3　品質解析と製品研究 …………………………………………………35

1.4.4　品質についての定義の明確化 ………………………………………36

1.4.5　良い品質とは，良い製品とは ………………………………………45

1.5　管　理　と　は ………………………………………………………46

1.5.1　古い管理の考え方 ……………………………………………………46

1.5.2　管理のやり方・考え方 ………………………………………………48

1.5.3　再発防止のアクション・歯止め ……………………………………65

1.6　品質を管理するには …………………………………………………66

1.6.1　品質管理・品質保証の基本 …………………………………………67

1.6.2　品質保証体系 …………………………………………………………67

1.6.3　原材料・外注管理(material) ………………………………………75

1.6.4　設備管理(machine) …………………………………………………76

1.6.5　作業方法・標準化(method) ………………………………………76

1.6.6　計測管理(measurement) ……………………………………………76

目次

1.6.7 人間(man)・教育 ································· 77

1.7 品質および工程の改善 ····························· 79

1.7.1 管理と改善の考え方と基礎条件 ················ 79

1.7.2 改善のためのステップ ······················· 81

1.7.3 問題点発見のための調査と解析 ··············· 82

1.7.4 問題点, 目標値, 期限の決定 ················ 83

1.8 SQC・TQCと技術 ······························· 84

1.9 経営の目的と手段 ······························· 86

1.10 QC サークル活動 ······························· 86

1.11 TQC の導入と推進 ····························· 91

1.12 各部門における TQC の進め方 ················· 92

1.13 品質診断と QC 診断・TQC 診断 ············· 93

1.14 TQCにおける経営者の役割 ··················· 94

第2章 統計的な考え方と簡単な統計的手法

2.1 品質管理で用いられる統計的手法 ················ 97

2.2 統計的な考え方 ································· 100

2.2.1 統計的な考え方 ··························· 100

2.2.2 管理面から見たときの注意 ················· 115

2.3 データの種類 ································· 117

2.4 分布の数量的な表し方 ························· 118

2.5 度数分布の見方と使い方 ······················· 120

2.6 パレート図, パレート曲線 ····················· 127

2.7 チェックシート ······························· 129

2.8 工程能力図 ································· 130

2.9 散布図(相関図) ······························· 132

2.10 誤差とは ································· 136

2A.1 度数分布の作り方 ····························· 140

2A.2 統計量の計算方法 ····························· 141

2A.3 統計量の分布 ································· 146

第3章 管理図の作り方と使い方

3.1 管理図とは ……………………………………………… 149

3.2 管理図の種類 ……………………………………………… 149

3.3 平均値と範囲($\bar{x}$-R)管理図の作り方 ………………… 152

3.4 不良率(p)管理図の作り方 ………………………………… 162

3.5 不良個数(pn)管理図の作り方 …………………………… 165

3.6 単位当りの欠点数(u)管理図の作り方 ……………… 166

3.7 欠点数(c)管理図の作り方 ……………………………… 167

3.8 管理図の見方 ……………………………………………… 169

3.9 管理図の使い方 …………………………………………… 171

  3.9.1 管理図の用途 ……………………………………… 171

  3.9.2 解析のための管理図の使い方 ………………… 173

  3.9.3 管理のための管理図の使い方 ………………… 179

3A.1 メジアン($\tilde{x}$)と範囲の管理図 ……………………… 182

3A.2 個々のデータの管理図 ……………………………… 184

  3A.2.1 x管理図の作り方 ……………………………… 184

  3A.2.2 x管理図の使い方 ……………………………… 187

3A.3 管理図の統計的な見方 ……………………………… 189

3A.4 管理図による平均値の差の検定法 ……………… 197

第4章 工程の解析と改善

4.1 工程の改善と管理 ……………………………………… 201

4.2 改善の種類と手順 ……………………………………… 202

  4.2.1 改善の種類 ………………………………………… 202

  4.2.2 改善をはばむもの ……………………………… 205

  4.2.3 改善の基礎条件 ………………………………… 206

  4.2.4 工程の解析・改善の手順 ……………………… 207

4.3 問題点発見のための調査 …………………………… 208

  4.3.1 一般的注意 ………………………………………… 208

  4.3.2 層別のやり方 …………………………………… 211

  4.3.3 グラフ ……………………………………………… 211

vi　　　　　　　　　　　　目　　次

4.3.4　潜在不良・潜在クレームの顕在化 ················ 214

4.4　問 題 点 の 決 定 ················ 215

4.5　工程解析・改善のための組織 ················ 217

4.5.1　職制で行う場合 ················ 218

4.5.2　QC サークル活動によって行う場合 ················ 218

4.5.3　QC チーム活動 ················ 219

4.5.4　担当技術者制あるいは担当マネジャー制 ················ 221

4.6　問題の解析と改善案の作成 ················ 222

4.6.1　攻撃の基本的態度 ················ 222

4.6.2　改善案として決定すべき事項——標準化と管理方式 ················ 224

4.7　工程解析・改善の方法の検討 ················ 224

4.7.1　固有技術による解析と改善 ················ 225

4.7.2　衆知による解析と改善 ················ 226

4.7.3　創意工夫と提案制度 ················ 227

4.7.4　特 性 要 因 図 ················ 228

4.7.5　品質管理工程図(QC 工程図) ················ 232

4.7.6　統計的手法を併用した解析と改善 ················ 232

4.7.7　工 程 能 力 研 究 ················ 235

4.8　解析にあたっての一般的注意事項 ················ 238

4.9　統計的解析の一般的手順 ················ 240

4.10　工場実験実施上の注意 ················ 247

4.11　データの数が少ない場合の工程解析 ················ 250

4.12　改善案の決定と実施 ················ 250

4.13　結果のチェック・管理と再改善 ················ 250

4.14　報 告 書 の 作 成 ················ 253

4A.1　測 定 法 の 検 討 ················ 255

4A.2　サンプリング方法の検討 ················ 258

4A.3　統計的検定の考え方 ················ 266

4A.4　統計的推定の考え方 ················ 269

4A.5　対応のある2組のデータ(計量値)の平均値の差——簡便法 ················ 272

| | 目　　次 | vii |

4A.6　2組のデータの不良率の差——二項確率紙による方法 ………… 273

4A.7　2組のデータの平均値の差(計量値)——対応のない場合 ……… 276

4A.8　対になったデータの関係——相関関係 ………………………… 278

4A.9　分 散 の 加 成 性 …………………………………………………… 281

第5章　工 程 管 理

5.1　工 程 管 理 と は ………………………………………………… 283

5.2　品質設計と工程設計 ……………………………………………… 284

　5.2.1　品 質 標 準 ……………………………………………………… 285

　5.2.2　工程設計，工程解析，品質管理工程図の作成 ……………… 289

5.3　アクション(処置)について ……………………………………… 290

　5.3.1　アクションの分類 …………………………………………… 290

　5.3.2　調節用グラフ ………………………………………………… 291

　5.3.3　ただちにアクションすることを主とした管理図 ……………… 292

　5.3.4　再発防止を主とした管理図 ………………………………… 293

　5.3.5　工程異常報告書 ……………………………………………… 294

5.4　作業標準と技術標準 ……………………………………………… 296

　5.4.1　作業標準，技術標準とは …………………………………… 296

　5.4.2　品質特性，管理特性，作業標準 …………………………… 298

　5.4.3　作業標準類作成の目的と分類 ……………………………… 298

　5.4.4　作業標準類のもつべき条件 ………………………………… 301

　5.4.5　作業標準の作り方 …………………………………………… 302

　5.4.6　作業標準の実施と管理 ……………………………………… 306

5.5　管 理 水 準 ……………………………………………………… 308

　5.5.1　管理項目の選定 ……………………………………………… 308

　5.5.2　管理水準の決定 ……………………………………………… 313

　5.5.3　管理水準の管理と改訂 ……………………………………… 315

5.6　異常原因と管理標準 ……………………………………………… 317

　5.6.1　異 常 原 因 ……………………………………………………… 317

　5.6.2　管 理 標 準 ……………………………………………………… 319

5.7　工程管理がうまく行われているか否かのチェック方法 ………… 321

5.8　管理図および工程の管理状態の利益 …………………………… 326

viii　　　　　　　　目　　次

第6章　品質保証と検査

6. 1　品質保証とは………………………………………………………… 331

6. 2　品質保証の原則……………………………………………………… 332

6. 3　品質保証のやり方と品質保証体系………………………………… 334

6. 4　なぜ不良品が出るか，その対策は………………………………… 339

6. 5　信頼性について……………………………………………………… 345

6. 6　品質保証と社会的責任（製品責任と製品公害）………………… 350

6. 7　検　査　と　は……………………………………………………… 355

6. 8　検　査　の　種　類………………………………………………… 356

6. 9　抜取検査とは………………………………………………………… 359

　　6.9.1　サンプリングによる誤差……………………………………… 360

　　6.9.2　OC　曲　線…………………………………………………… 362

　　6.9.3　検査後の平均の出荷品質（AOQ）………………………… 364

　　6.9.4　抜取検査の種類……………………………………………… 365

　　6.9.5　検査後のロットの処置と品質水準………………………… 369

6.10　全数検査か抜取検査か …………………………………………… 372

6.11　工程管理か検査か ………………………………………………… 374

6.12　検査部門の任務…………………………………………………… 375

　　6.12.1　検査部門の任務……………………………………………… 375

　　6.12.2　検査および検査部門の陥りやすい誤り ………………… 378

6.13　検査標準とその決め方 …………………………………………… 380

6.14　苦情（クレーム）処理と特採 …………………………………… 383

　　6.14.1　苦情（クレーム）とは……………………………………… 383

　　6.14.2　クレーム処理………………………………………………… 385

　　6.14.3　特　　採……………………………………………………… 386

6.15　む　す　び………………………………………………………… 387

第7章　全社的品質管理の組織的運営

7. 1　全社的品質管理……………………………………………………… 389

7. 2　全社的品質管理の組織 …………………………………………… 389

7.3	全社的品質管理推進プログラム	394
7.4	設 計 管 理	398
7.5	原材料管理，外注管理，中小企業の TQC	399
7.6	設備管理，治工具管理，計測管理	403
7.7	営業・販売・サービスの TQC	404
7.8	流通機構の TQC	407
7.9	研 究 開 発 管 理	408
7.10	品 質 診 断	409
7.11	品質管理診断，TQC 診断	411
7.12	方 針 管 理	416
7.13	む す び	419
索 引		421

図表目次

図 1. 1　TQC とは　3

表 1. 1　日本と欧米の社会的背景の違い　22

図 1. 2　品質の管理の考え方：デミング・サークル　31

図 1. 3　真の品質特性と代用特性との関係・品質解析　34

図 1. 4　品質特性の重要度分類　39

図 1. 5　セールスポイントのある商品とない商品：品質のレーダーチャート　40

図 1. 6　4種の品質の水準　44

図 1. 7　品質とコスト，生産性の関係　45

図 1. 8　管理のサークル(輪)(4つのステップ)　48

図 1. 9　管理の6ステップ　49

図 1. 10　特性要因図　53

図 1. 11　管理のモデル　57

図 1. 12　管理図の一例　60

図 1. 13　管理とは　64

図 1. 14　TQC 的管理と旧式の管理　65

図 1. 15　製品・品質を作るには——5M　66

表 1. 2　新製品の1つの分類方法　68

図 1. 16　品質保証体系　69

図 1. 17　品質保証体系の PDCA　70

図 1. 18　管理と改善の考え方　80

表 1. 3　経営の目的と手段　87

図 1. 19　TQC と QC サークル活動との関係　89

図 2. 1　母集団とサンプル　103

表 2. 1　鉄板の厚さ　105

表 2. 2　度数分布表　106

図 2. 2　鉄板の厚さのヒストグラム　106

図 2. 3　工程から生産された製品の2種のばらつき　109

図 2. 4　正規分布と確率　111

図 2. 5　2つの分布と判断　112

図 2. 6　規格とヒストグラムの比較(規格を満足しているとき)　122

図 2. 7　規格とヒストグラムの比較(規格を満足していないとき)　123

図 2. 8　ヒストグラムのいろいろな型　124

図 表 目 次

図 2. 9　層別したヒストグラム　125
図 2. 10　時間順に並べた度数分布：平均値とばらつきの変化の傾向がよくわかる　125
図 2. 11　パレート図　127
図 2. 12　時間的変化を見るための工程能力図（1）　131
図 2. 13　時間的変化を見るための工程能力図（2）　131
表 2. 3　材料の成分と硬度　133
図 2. 14　散布図（相関図）の一例：成分と平均硬度との関係　133
表 2. 4　相関表の一例　134
図 2. 15　散布図のいろいろな型　135
図 2. 16　誤差の種類　139
表2A. 1　度数分布の級の数　140
表2A. 2　度数分布表より $\bar{x}, s$ の計算　144
表2A. 3　統計量の分布（計量値）　146
表2A. 4　統計量の分布（計数値）　146
表2A. 5　標準偏差の分布の係数　147

表 3. 1　板の厚さ　153
表 3. 2　$\bar{x}$-R 管理図のデータシートの一例　154
表 3. 3　$\bar{x}$-R 管理図のための係数表　157
図 3. 1　$\bar{x}$-R 管理図　159
表 3. 4　不良率・不良個数管理図用データシートの一例　163
図 3. 2　pn 管理図　166
表 3. 5　欠点数管理図用データシートの一例　168
図 3. 3　c 管理図　169
表3A. 1　$\bar{x}$-R 管理図の係数表　181
図3A. 1　$\bar{x}$-R 管理図　184
図3A. 2　$\bar{x}$-R-x 管理図　185
表3A. 2　E_2 の表　185
図3A. 3　x-R_s 管理図　186
図3A. 4　完全な管理状態　189
図3A. 5　工程平均が突発的に大きく変化した場合　190
図3A. 6　ばらつき（群内）が突発的に大きく変化した場合　190
図3A. 7　工程平均が段階的に大きくなった場合　190
図3A. 8　工程平均が傾向をもって変化する場合　191
図3A. 9　工程平均がわずかにランダムに上下した場合　192

図表目次　　　　　　xiii

図3A.10　工程平均が大きくランダムに変化した場合　　193
図3A.11　工程のばらつきが大きくなった場合　　195
図3A.12　工程のばらつきが小さくなった場合　　195
図3A.13　A, B_2 チップを層別した管理図　　196
図3A.14　母平均の非常に異なった3つの分布からのデータを群とした場合　　197
表3A.3　範囲を用いる検定の補助表　　198

図4.1　不良発生の形を示すグラフ　　213
図4.2　潜在苦情の顕在化　　215
表4.1　QC サークル活動と QC チーム活動の違い　　220
図4.3　特性要因図　　229
図4.4　工程を管理するには　　230
図4.5　品質管理工程図　　233
図4.6　工程管理計画（機械工程の一例）　　234
表4.2　要因特性一覧表　　244
図4A.1　サンプリング方法　　262
表4A.1　標準的な危険率　　267
表4A.2　原料A, Bによる歩留りの差　　268
表4A.3　歩留りのデータ　　271
表4A.4　符合検定表　　272
表4A.5　1, 2号機の不良数　　273
図4A.2　二項確率紙　　274
図4A.3　ある特性のグラフ　　276
表4A.6　2×2分割表　　277
図4A.4　二項確率紙　　277
図4A.5　湿度と水分との関係　　279
図4A.6　二項確率紙　　280

表5.1　工程異常報告書の例　　296
図5.1　原因と結果の区別　　309
図5.2　管理図の枚数の変化　　323
表5.2　管理図診断報告書　　324
表5.3　長期的な工程の変化（管理図の長期的な見方）　　325

図6.1　品質保証のステップ　　335

図表目次

図 6. 2 設計変更件数　337
図 6. 3 信頼性の特性要因図　347
図 6. 4 故障と用語　349
表 6. 1 サンプル中に不良品の現れる確率　360
表 6. 2 サンプル中に不良品の現れる確率　361
図 6. 5 OC 曲線の例　362
表 6. 3 AOQ の計算法　365
図 6. 6 検査前のロット不良率と AOQ　365
表 6. 4 抜取検査方式一覧表　366
図 6. 7 LTPD を決めたときの抜取検査の一例　371
図 6. 8 AOQL を決めたときの抜取検査　371
図 6. 9 p_0, α ; p_1, β を決めたときの抜取検査の一例　371

表 7. 1 買手と売手の品質保証関係　400
表 7. 2 品質管理診断チェックリスト（デミング賞実施賞）　414

品質管理入門

新しい品質管理は，経営の１つの**思想革命**である．

新しい品質管理を全社的に実行すば，

企業の体質改善ができる．

産業が進歩し，文化のレベルがあがれば，

品質管理はますます重要になってくる．

品質管理の目的は，私の念願としてはまず，

良い安い製品を多量に輸出して，日本経済の底を深くし，

工業技術を確立し，技術輸出がどしどし行えるようにして，

将来の経済基礎を確立し，最終的には，

会社についていえば，消費者，従業員，資本に

利益を合理的に３分配し，

国家的にいえば，国民生活を向上することにある．

国際分業で QC が推進されれば，世界は平和になり，

人々は平和に楽しく暮せるようになる．

QC により，社内の雰囲気を明るくし，わが国の，

世界の生活を楽しくしようではありませんか．

第1章　品質管理とは

1.1　品質管理とは

あなたの会社の製品やサービスについての責任は，経営者にある．

日本の現状では，あなたの工場，部，課，係から送り出される製品の品質についての責任は，責任者である工場長，部長，課長，係長および職場長にある．

技術者ならびに事務技術者の任務は，最も経済的な製品を社会に送り出すために標準を作成し，これを合理的に改訂していくことにある．

品質管理とは，統計学を勉強することだけでもなければ，管理図をかいてみるだけでもない．

わが国における**品質管理の目的**は，わたくしの考えでは，まず安い，良い製品を多量に輸出して，日本の経済の底を深くし，最終的には工業技術を確立して，技術輸出がどしどし行えるようにし，将来の経済基礎を確立することにある．かくして，一会社についていえば，消費者，従業員，資本に利益を合理的に3分配し，国家的にいえば，国民生活を向上することに，さらに世界的にいえば，人類の生活レベルを向上することにある．

1.1.1　品質管理の定義

品質管理用語 JIS Z 8101-1981 によれば，品質管理とは

「買手の要求に合った品質の品物又はサービスを経済的に作り出すための手段の体系．

品質管理を略して QC ということがある．

また，近代的な品質管理は，統計的な手段を採用しているので，特に**統計的品質管理**(statistical quality control，略して **SQC**)ということがある．

第1章　品質管理とは

　品質管理を効果的に実施するためには，市場の調査，研究・開発，製品の企画，設計，生産準備，購買・外注，製造，検査，販売及びアフターサービス並びに財務，人事，教育など企業活動の全段階にわたり，経営者を始め管理者，監督者，作業者など企業の全員の参加と協力が必要である．このようにして実施される品質管理を**全社的品質管理**(company-wide quality control，略して**CWQC**)又は**総合的品質管理**(total quality control，略して **TQC**)という．」と定義されている．

　品質管理とは，経営に関する1つの新しい考え方，見方である．次にわたくしの定義を示す．

　「品質管理とは，最も経済的な，最も役にたつ，しかも買手に満足して買っていただける品質の製品やサービスを開発し，設計し，生産し，販売し，サービスすることである．この目的を達成するために，経営，本社，製造，工場，設計，技術，研究，企画，調査，事務，経理，資材，倉庫，販売，営業，庶務，人事，勤労，管理部門など，要するに会社全体としてすべてが協力して，全部門が同じように努力し，協力しやすい組織を作り上げ，標準化を行い，これを確実に実行していくことが必要である．これは，統計的手法を始めとし，各種技術，標準化，規定類，コンピュータ，自動制御，設備管理，計測管理，OR，IE，MR など，あらゆる手段を縦横に活用することにより，初めて達成することができる．」

　本当に品質管理を行うためには，全社の総力を結集して行わなければならないので，これを**全社的品質管理**という．

　全社的品質管理(TQC＝CWQC)を実施していくためには，

　1.　全部門が参加して，各部門の長がリーダーシップをとり，各々自主的に関係部門と連絡をとりながら実施していくこと．

　2.　**全員参加**，すなわち会長，社長，重役，部課長，スタッフ，QC サークル，すなわち職場長，作業員，セールスマン，パートタイマーの方々まで全員が参加して，各人が QC を実施していくこと．

　3.　**総合的**に実施していくこと．消費者および社会から喜んで買っていただ

1.1 品質管理とは

図 1.1 TQC とは

けるものをつくるためには，品質（Q）第一で進めていくが，同時に原価（C：売値，利益），量・納期（D：生産量，販売量，在庫量），および 安全・社会（S）を総合的に管理していく必要がある．したがって総合的品質管理ともいう．

集団的（グループ）品質管理（GWQC, group-wide quality control）とは，自社のみならず，外注（購入先），流通機構（販売先）や関連会社まで含めて，集団的に QC，TQC を実施していく活動をいう．

品質保証との関係は，消費者・使用者に対して品質保証するための行動が品質管理であり，品質管理の目的・真髄が品質保証である．

現在，海外の人にはわかりやすいように CWQC という言葉を用いているが，本書では **TQC** を用いることにする．TQC と CWQC とは JIS でも決められているように日本ではまったく同義語である．

[**備考**] 広義の TQC・全社的品質管理とは（図1.1）

上記のように TQC とは品物やサービスの品質を開発し，管理し，保証することである．これが TQC の真髄である（図の中心の輪）．しかし よい品質とは何か がわかってくると，さらに広義の質，たとえばよい会社とは，よい重役・部長とは，よい営業部・人事部・工場・研究所とは，よいセールスマン・職場長とは，よい外注とは，よい販売店とはというように，すべてのものをよい質になるように質管理（図の中の輪）をすることを TQC といってもよい．さらに 広義にすべての仕事をしっかり QC 的に管理して行く（図の外側の輪），PDCA を回して行く（1.5節参照）ことを TQC といっている会社もある．

TQC をどういう立場で定義してとりあげるかは，会社の体質，トップの方針によって自由である．したがって，トップは TQC の導入にあたって，わが社はどういう目

的，どういう TQC 定義で始めるかをはっきり宣言しておかなければならない．しかし TQC の真髄である，品質第一，品質保証，新製品開発の QC を忘れてはならない．なお QC サークル活動も TQC の一環として昭和 37 年に始めたが，この点については 1.10 節（図 1.19）を参照されたい．

1.1.2　品質管理の格言

（1）　QC・TQC 関係

① 品質管理は，すべての産業で当然行うべきことを確実に実行することであり，これにより大きな効果を得ることができることは，すでにわが国および世界で証明されている　（1.2 節）

② 品質管理の基本原則は，どんな産業でも，まったく同じ

③ 製品やサービスを売っているかぎり，その品質管理は永久に行うべきものである

④ 品質管理はどの企業でも適用できる．否，どの企業でも実施しなければならない

⑤ 品質管理をやれば，消費者も，従業員（含む経営者）も，株主も，さらに社会も，利益を受けることができる

⑥ 新しい品質管理とは経営の 1 つの思想革命である

⑦ トップ・ポリシーがはっきりしなければ，品質管理は進まない

⑧ 品質管理をやらなければ，その企業は電話帳から姿を消すであろう　（1950 年より．1.2 節）

⑨ 文化の程度があがり，生産が近代化してくるほど，品質管理の重要性は増してくる

⑩ 貿易自由化には品質管理で　（昭和 35 年貿易自由化に際し．1.2 節）

⑪ 水を飲みたくない馬に，どうやって水を飲ませるか？

⑫ 食わずぎらいでは味もわからず，少しも栄養にならない．食べてよくかみしめてみると実によい味であり，栄養になるのが品質管理である

⑬ 品質管理を実施するには，社長から一作業員に至るまでの絶えざる教育が必要である

1.1 品質管理とは

⑭ 品質管理をみんなが誤解していれば失敗するし，正しく理解すれば成功する

⑮ 品質管理は，全従業員，全部門の仕事である．全員，全部門協力すれば必ず成功する

⑯ 品質管理は団体競技．品質管理は個人ではできない．チームワーク，協力体制でやるべきものである

⑰ 品質管理は，新製品の企画から消費者まで

⑱ 品質管理は，営業から外注管理・資材・ディーラーまで(GWQC)

⑲ 全社的品質管理(TQC，CWQC)から集団的品質管理(GWQC)へ

⑳ TQC はペニシリンのような速効薬ではなく，漢方薬のように，永くのむことにより次第に効いてくる企業の体質改善薬である　(1.2節)

㉑ 効果のあがらない QC は QC ではない．MMK(儲って儲って困る)の QC を　(4.13節)

㉒ QC は貪欲でなければならない　(4.13節)

㉓ うちの会社はこんなにひどかったのか(社長診断)　(7.11節)

㉔ 次工程はお客様　(昭和25年作成．1.4.1，1.6.1，6.2節)

㉕ 社長(No.1 あるいは No.2)が品質管理を真に理解し，陣頭に立って推進していかなければ，品質管理は行えないし，効果をあげることもできない

㉖ 経営者は品質を評価する方法や基準を示す責任がある　(1.4.4節)

㉗ 部・課長を攻略しなければ，品質管理は進まない

(2) 教育・人・組織

① QC は教育に始まって教育に終る　(1.5.2，1.6.7節)

② 教育は会社の生命とともに永遠に続けなければならない　(7.3節)

③ 教えてわからないのは教え方が悪いのである　(1.5.2節)

④ 品質管理を実施するには，全社員の洗脳が必要である

⑤ 文化が進むと精神年齢が幼くなる　(1.6.7節)

⑥ 部下を使えないような管理者(技術者)は半人前以下である．上司や他部門を使うようになったら——自分の意見どおり動くようになったら——一人前

6　　　　　　　　　第1章　品質管理とは

の管理者(技術者)といってやろう　(5.5.1節)

⑦　人は任せれば，使って見れば，その能力を発揮するも の で あ る　(1.6.7節)

⑧　自分の意見をいうよりも，人の話を聞く耳をもて　(4.7.2節)

⑨　人を信用できるようにすることが，管理の前提である．性善説的管理

⑩　人の成功を評価しないで，失敗を強くせめるようでは(官僚的)，人間は成長しないし，新製品・新技術も出てこない．失敗は成功のもと　(1.6.7節)

⑪　第一線の人が事実をいちばんよく知っている．しかし，判断のしかたにはかたよりのはいっている可能性がある

⑫　ある職場で問題が起ったときに，その職場の責任は3分の1か5分の1であり，残りの3分の2あるいは5分の4は他職場の責任である　(1.13節)

⑬　部下の責任を責めずに，上司が責任を負え　(1.6.7節)

⑭　性悪説的管理では，コストがかかり，みんな不愉快になる．管理の重複

⑮　できない理由をいうな．どうしたらできるかを前向きに考えよ　(1.2節，1.7.4節)

⑯　忙しいから TQC ができないというな．TQC をやればヒマになるのである

⑰　自主性がないのは赤ん坊である　(1.6.7節)

⑱　品質管理を行うには，組織の合理化が必要である

⑲　組織とは，責任と権限の明確化である．組織とは，必ずしも課や係を作ることではない．権限は委譲すべきであるが，責任は委譲 で き な い　(1.5.2節)

⑳　品質管理を行うと，ライン・スタッフがはっきりし，技術部門を確立し，真の技術を確立し，技術を輸出することができる

㉑　An engineer must be an economist　(1.1.4節)

㉒　研究者・技術者・設計者よ謙虚になれ　(4.7.1，7.4節)

㉓　技術者がよいといったことの逆をやればよくなる　(4.13節)

㉔　妙な自信は進歩を阻害する　(4.7.1節)

㉕ 抜駆けの功名をねらうものは，かえって害毒を流す （4.7.1節）

（3） 消 費 者

① 消費者はわれらに仕事を与えてくれる

② 買う身になって物を作れ，売手市場から買手市場へ

③ 消費者は王様であるが，メクラの王様が多い．これを正しく教育するのが
セールスマンの任務．商品知識不足 （7.7節）

④ 消費者はモルモットではない （6.3節）

⑤ お菓子の味，自分にはうまいが，消費者にはうまくない

⑥ 泣き寝入りは悪徳

⑦ 安物買いの銭失い

⑧ 初物買いの銭失い

⑨ 新製品は買いません （6.3節）

⑩ 日本の QC は女性から

（4） 品質および品質保証

① 品質の PDCA を回し，たえず品質を向上させていくこと （1.6.1節）

② 合理的な品質の設計が，QC の第一歩である

③ 消費者が何を欲しているかをつかまえることが，品質の第一歩である

④ 消費者に何を買わせるかをつかまえることが，品質管理の第一歩である

⑤ 「うちは全数検査をやっている」ということは，「うちの製品には不良品が
はいっている」ということを保証しているようなものである

⑥ 検査に重点をおいた品質管理は，旧式な品質管理である

⑦ 品質は工程で作りこめ （1.3，1.5.2節）

⑧ 品質は設計と工程で作りこめ，品質は検査により作られるものではない
（1.3，1.5.2，6.7節）

⑨ 品質が保証されていない品質管理は，品質管理をやっているとはいえない
（6.15節）

⑩ 品質保証は，TQC の目的であり，真髄である （1.3，6.1，6.15節）

⑪ 品質保証は生産者（売手・製造部・職場）の責任である．買手・検査部では

ない　（1.6.1，6.1 節）

⑫　値段を考えないで，品質の定義はできない

⑬　品質管理を始めると不良とクレームは急増するものである　（1.4.4 節）

⑭　不良ができると上司が怒るので，不良が隠されてしまう　（1.4.4 節）

⑮　信用は1日で失われるが，信用を得るには10年かかる　（6.4 節）

⑯　貴社は何年間補給部品をもっており，アフターサービスしていますか
（1.6.2 節）

⑰　Life time supply!　（1.6.2，6.1，6.4 節）

（5）　設計と新製品開発

①　新製品に成功する企業の体質となかなか成功しない企業の体質がある
（1.6.2 節）

②　新製品開発の予定通りの期限で本生産に入り，直行率も生産量も順調に立上り，販売も順調にのび，消費者からの不満や苦情もなければ，その企業の TQC は一人前である　（1.6.2 節）

③　どの新製品も常に成功し，消費者が「あそこの新製品は安心して，喜んで買える」というようになれば，その会社の品質管理は一人前である

④　先手を打った新製品を．後手を打った新製品＝物まね製品

⑤　使う人の立場にたって設計せよ　（7.4 節）

⑥　こんな使われ方をするとは思わなかったというな　（7.4 節）

⑦　どのような条件で使われるかをよく調べて，考えて設計せよ　（7.4 節）

⑧　設計作業は，図面という製品を生産する多種少量生産工程と考えて QC を行え　（7.4 節）

⑨　設計の標準化，標準部品を推進せよ　（7.4 節）

⑩　直行率100％，無調整で製品ができる図面を作成せよ　（7.4 節）

⑪　設計者は芸術家，設計にあらずんば技術屋にあらずという考え方，独善がりの考えをぶっつぶせ　（7.4 節）

⑫　どのようにつくるかわからなくては，よい設計はできない　（4.7.5 節）

⑬　生産方式を考えない設計は設計ではない　（7.4 節）

1.1 品質管理とは

⑭ 図面を書くから間違いが起り，部品の種類が増える．設計工数を5分の1 にせよ(これはソフトウエアの作成も同じ) (7.4節)

⑮ 公差の決め方は統計的に．安全率の決め方は統計的に (7.4節)

⑯ 試作品と図面は一致しているか (1.6.2節)

⑰ コストを考えない設計は設計ではない (7.4節)

⑱ 同じ性能，信頼性を発揮するならできるだけ悪い材料を使え(VA) (7.4 節)

⑲ 膿を早くだすのが，新製品開発成功のコツ (1.6.2節)

(6) 標 準 化

① ニーズのない，目的のはっきりしない標準化は形式的標準化になりやすい (7.3節)

② 効果の上がらない標準は，形式的標準である．効果の上がる標準を作れ

③ 標準類を作成して，6ヵ月たって改訂のない標準は使っていない証拠である (1.5.2, 5.4.3, 5.4.6, 7.3節)

④ 標準の改訂がないということは技術の進歩が止ったことを示す (5.4.3, 5.4.6節)

⑤ 標準化は，品質管理だけのためにあるのではない．経営をうまくやっていき全社員が気持よく仕事をするために標準を作るのである

⑥ 「標準はできない，熟練が必要である」ということは，「うちには技術がありません」ということを証明しているようなものである

⑦ 標準化することにより権限を委譲することができ，経営者や幹部はその最も大きな任務である．将来に対する計画や方針を検討して，考える時間をもつことができる

⑧ 品質管理は神様を生かす．QCをやれば企業からウソがなくなる

⑨ 標準化は，技術者の任務である．わが国では，事務技術者が不足している

⑩ 技術を標準化して技術を会社へ組織的に蓄積せよ (1.5.2, 5.4.3節)

⑪ 標準化するときには，なるべく関係者にタッチさせよ．自分が作成した標準や規定は守るのが，人間である (1.5.2節)

⑫ 標準化は，権限を委譲するために行うのである （1.5.2節）

⑬ QC 計画や標準化の仕事は，工場建設計画と同時にスタートせよ

⑭ 製品規格を見たらいいかげんと思え．原材料規格を見たらいいかげんと思え．公差を見たらいいかげんと思え．計測器，化学分析を見たら危いと思え

⑮ どのような製品を作ろうとしているのか 知らずに 生産を行っている （1.4.4節）

⑯ あなたの製品が規格に合っていれば安心ですか （1.4.2節）

⑰ あなたの製品が規格に合っていてもクレームがつきませんか （1.4.2節）

⑱ あなたのところでは規格以外の項目でクレームがつきませんか

⑲ 作業標準と管理図は，表裏一体である

（7） 管理・プロセス（工程）管理

① 工程を管理することにより，初めて現場の実体が明らかになり，工程はその最大能力を発揮することができ，技術が確立し，技術の向上，工程や設計が行われる （1.5.2節）

② 工程が管理状態に達して，初めて工程の最高能力を発揮することができる

③ 管理が十分行われて，初めて大改善を行うことができる （4.1節）

④ 管理をやっていない会社，工場，工程は，必ず管理状態にない

⑤ 管理は総合的に行わなければならない．QCDS （1.4.2，1.5.1節）

⑥ すべての仕事の質の PDCA を回せ

⑦ すべての仕事のプロセスを管理せよ

⑧ すべての仕事について PDCA を回せ

⑨ 管理しようとすれば自然に改善が行われ，改善を行おうとすれば，自然に管理の重要性がわかってくる （1.7.1節）

⑩ 検査と管理（工程管理）を混同するな （1.5.2，5.2，5.3.1節）

⑪ 管理と改善とは車の両輪 （1.7.1節）

⑫ 管理と改善の違い （5.2節）

⑬ 原因と結果の区別 （5.2.1節）

⑭ 目的と手段を混同するな （1.9節）

1.1 品質管理とは

⑮ ウチには問題がない，ウチには問題がたくさんあるというのは，いずれも何が重要な問題であるかもわかっていない証拠である （4.3.1 節）

⑯ 方針や目標・目的のない管理はありえない （7.12 節）

⑰ 経営ポリシーが決まって初めて標準化が進み，管理を行うことができる

⑱ 長と名のつくところに必ず方針あり （1.5.2 節）

⑲ 正しいポリシーは，正しい情報により初めて立てることができる

⑳ 方針や計画は具体的か．評価のメジャーは与えられているか （7.12 節）

㉑ 方針展開や伝達の方法はよいか （7.12 節）

㉒ 上長の方針と部下の方針との結びつきは十分か．末端まで一貫しているか （7.12 節）

㉓ 方針は末端まで徹底しているか （7.12 節）

㉔ 方針は下へいくほど具体的になっているか （7.12 節）

㉕ いかに早く石橋をたたいて渡るか （1.5.2，4.2.2 節）

㉖ 重要な問題の数は少なく，くだらない問題は沢山ある(vital few, trivial many) （1.4.4，1.5.2，2.6 節）

㉗ 仕事(工程)に影響を与える大きな要因は，2～3 個しかない

㉘ われわれは，固有技術・統計技術・管理技術という手段を活用して，目的である 品質を 管理し，効果のあがる TQC を 推進していかなければならない （1.8 節）

㉙ 固有技術なくして，うまい標準化も管理もできない

㉚ 先手を打った管理を行え （1.5.2 節）

㉛ 誰が何をチェックしたらよいか，はっきりさせよ

㉜ 管理図やグラフは各階層の長が見て使うべきものである

㉝ ノーチェックの管理が，管理の理想である．

㉞ 管理の幅は100人．1人で100人は管理できる(オーケストラの指揮者) （1.5.2 節）

㉟ 計画・命令・アクションの結果をチェックしないのは，しり抜け管理

㊱ 常にアクションを考えよ．アクションがなければ，それは趣味である

第1章　品質管理とは

㊲　いつも同じ原因で事故が起るのでは，管理しているとはいえない

㊳　異常原因の除去と調節・調整とを間違えるな　（1.5.2, 5.2節）

㊴　現象を除去することより，原因，さらに根本原因を除去し再発防止することに重点をおけ

㊵　人間はミスをする動物である．部下のミスを怒ってはならない（1.5.2節）

㊶　一般に職場の人が失敗したときに，末端の人の責任は1/4〜1/5で，マネジメントの責任が3/4〜4/5である　（1.5.2節）

（8）　解析・改善

①　十分なる解析を行わずして，しかも確実な技術的知識なくしては，改善も標準化もできなければ，うまい管理も，管理のために使える管理図を作ることもできない　（4.1, 4.6.1節）

②　固有技術がなければ，うまい QC はできない．要因を捜す原動力は，研究と技術と技能（経験・熟練）である．しかし技術は品質解析や工程解析を QC 的センスで統計的手法を活用することにより急上昇する　（1.8, 4.7.1節）

③　工程解析を行わずして，うまい標準化も管理もできない

④　問題がないと思ったら，進歩は止まり，退歩する　（1.7.1節）

⑤　問題点や目的の意味を理解していなければ，解決はできない　（4.4節）

⑥　問題点や目的がわかれば，問題は半分解決している　（4.4節）

⑦　重要問題を決めて，みんなでこれを集中攻撃せよ

⑧　技術者は，年間1億円以上儲る問題に取り組め　（昭和62年現在）

⑨　あきらめは改善の敵，進歩の敵

⑩　原因を考えるよりは，まず実体をつかめ．現状把握が QC の第一歩

⑪　しっかりした工程解析なくして，うまい工程管理は行えない　（5.1節）

⑫　管理図が使えないのは，工程に対する真の技術，工程解析が不足だからである　（4.1節）

（9）　データ・統計的方法

①　統計的方法を知らずして，うまい品質管理はできない

②　ばらつきは，すべての仕事に存在する

1.1 品質管理とは

③ 管理の基礎は正しいデータ，正しい情報．ウソのデータをなくせ

④ データは，使うために，アクションをとるためにとるのである．アクションを伴わないデータはとるのをやめよ

⑤ 統計的方法は，これからの技術者の常識である

⑥ 固有技術や経験による検討は，東海道をカゴで行くようなものである．これに対し統計的方法を併用すれば，東海道を新幹線で行くようなものである

⑦ 統計技術なくして，うまい標準化も管理もできない

⑧ 会社の問題の95％は，やさしい統計的手法で解決できる

⑨ パレート図と特性要因図で，大部分の問題は解決できる

⑩ うまく層別しなければ，うまい管理も解析も行えない （1.5.2，2.2節）

⑪ 職場からウソのデータが出るのは，その上級者の責任である

（10） 管理図・工程能力

① 品質管理は，管理図に始まって管理図に終わる

② 管理図は人をチェックするために使うものではない．その人の仕事を助け，その仕事がうまくいくようにするために使うものである （5.6.2節）

③ 管理により，予測性と信頼性が決まってくる （6.5節）

④ 統計的管理状態こそ，信頼性の基本的な問題である （6.5節）

⑤ 工程能力（品質）研究は品質管理の基礎である （4.7.6節）

⑥ 工程能力を知らないでよく品質管理ができるね （4.7.6節）

⑦ 工程能力を知らないで，よく設計ができるね （4.7.6，5.2，7.4節）

⑧ 工程能力を知らずして，よく原材料規格ができるね

⑨ 工程能力研究をしっかり行えば，その能力は10倍くらい良くなるものである （1.6.4節）

（11） QC サークル活動

① 職場長，さらに作業員が工程に責任をもつようになって，初めて品質管理は成功する

② TQC の一環として QC サークル活動を推進しないと，QC サークル活動を永続的に活性化できない

14　　　　　第1章　品質管理とは

③　QC サークル 活動をやっていれば TQC を やっていることになる(誤解)
　　(1.1.3, 1.10 節)
④　QC 運動とは QC サークル 活動であると思っている(誤解)　(1.1.3, 1.10 節)
⑤　QC サークル活動を労務管理と思っている(誤解)　(1.10 節)
⑥　QC サークル活動と QC チームとは別の活動　(4.5.2 節)

(12)　営業その他

①　営業は TQC の入口であり出口である　(1.6.2, 7.7 節)
②　営業が QC 的センスにならなければ，その会社は発展しない
③　営業から，何件の本当の新製品開発の提案を行い成功したか　(1.6.2 節)
④　営業は TQC に関係ないと思っている．したがって TQC，QC を知らない
⑤　安く売るだけなら，営業は不要．品質で売れ　(7.7 節)
⑥　セールスマンは，絶対安全 などという 言葉を絶対に 使ってはならない
　　(6.6 節)
⑦　真の原価管理が行われれば，品質管理の効果はどんどん上がる
⑧　品質管理をよくやれば，原価管理が原価管理になる
⑨　生産計画の変更のない会社は，よく管理された会社である
⑩　品質管理をやれば員数管理はうまくいくし，員数管理がよくなれば品質管
　　理はうまくいく．真の数がつかめないで，よく QC ができるね
⑪　新しい機械・設備を導入する前に，現在のものの最大能力を発揮させよ
　　(1.6.4 節)
⑫　古い機械・設備の能力(質的にも量的にも)を発揮させて使って行くの が
　　TQC である　(1.6.4 節)
⑬　悪い材料を使用して，良い製品をつくるのが技術である　(5.2.1 節)
⑭　よいセールスマンとは何をいうのか

1.1.3　品質管理および TQC に対する誤解

　品質管理および TQC に対して次のような誤解がある．
×品質管理とは検査を厳重にすることである

1.1 品質管理とは

×品質管理とは標準化を行うことである

×品質管理とは管理図を作ることである

×品質管理とは統計学である

×品質管理とはむずかしい勉強をすることである

×品質管理は検査課にやらしておけばよい

×品質管理は品質管理課がやるものである

×品質管理は工場にやらしておけばよい

×品質管理は現場がやっていればよい

×品質管理は事務部門には関係ない

×品質管理は金のかかるものである

×いま儲っているから品質管理などいらない

×QC サークル活動をやっていれば TQC をやっていることになる

×QC 運動とは QC サークル活動である

×QC サークル活動さえやっていればよい

×うちには QC サークル活動は必要ない

×品質管理はオレには関係ない

1.1.4 全社的品質管理の効果

　品質管理を会社全体として本格的に実施するとどのような効果があるか，すでに日本において証明されたものについて列挙してみよう．

(1)　品質(狭義)が向上する．不良品が減少する

(2)　品質が揃ってくる．クレームが減る

(3)　信頼性が向上し，製品に自信がもて，信頼がおけるようになる

(4)　コストが下がる

(5)　製品が高価で売れるようになる

(6)　品質保証体制が確立し，消費者・客先の信用が得られるようになる

(7)　クレームの解決が早くなり，再発防止がしっかり行えるようになる

(8)　原単位がよくなる．付加価値生産性が大きくなる

(9)　生産量が増加する．合理的な生産計画が立てられる

(10) むだな作業がなくなる．手直しが減る．能率が上がる

(11) 技術が確立し，技術者を真の意味の技術者として使えるようになり，技術が向上する．人の使い方，とくに技術者の使い方が合理的になる

(12) 検査，試験費用が減少する

(13) 原料供給者，外注，消費者との契約が合理化される

(14) 販路が拡張する

(15) 会社内の各組織の関係・情報が円滑にいくようになる

(16) 研究・開発が早くなり，しかも効果的になる

(17) 研究に対して合理的な投資ができるようになる

(18) 人間性が尊重され，人材育成ができ，明るい職場になる

(19) 人材発掘ができるようになり，人間がその能力を発揮できるようになる

(20) 人間関係がよくなり，部門間の風通しがよくなる

(21) 共通の言葉ができ，話が通じるようになる

(22) 会社の全組織の合理化ができる．部・課長，係長，職場長がどんどん仕事ができるようになる

(23) 市場情報が早く，うまく入手できるようになる

(24) 新製品開発が早くなり，うまくなる．世界最高の品質のものができるようになる

(25) みんながフランクに話ができるようになる

(26) 会議が円滑に進むようになる

(27) 装置や設備の修理や増設が，合理的に，重点的に行えるようになる

(28) 全社の総力結集，協力体制ができるようになる

(29) 意志決定が早くなり，方針展開，目標管理がうまくできるようになる

(30) 企業の体質改善ができる

(31) 信頼される企業になる

(32) バラツキの概念が全部門に理解されるようになり，QC 手法が活用されるようになる

(33) 会社・工場からウソのデータがなくなる

そのほか，会社経営の あらゆる面の 合理化に 効果があり，消費者，従業員（含む経営者），株主，すべてが利益を得ることができる

品質管理についても 食わずぎらいが案外あるが，「プディングは 食べてみなくては美味しさはわからない」．品質管理は，経営者が その製品の 品質について責任を感じ，会社の方針（ポリシー）として取り上げ，中堅幹部や技術関係者はもちろん，事務関係者，作業員，さらに外注，流通機構，関連会社に至るまですべてが一丸となって実行して，初めて成功するので，一部の技術者が工場の片隅で統計の勉強をしているのでは，なかなか成功しない．これには，経営者や幹部の理解と熱意とリーダーシップ，そしてそれに伴う行動とがたいせつである．

一丸となって品質管理を進めるためには，human relations をよくすること，すなわち全社的な協力体制を作ることが必要条件である．

1.2　品質管理の歴史と現況

終戦後の混乱したわが国産業界に，涼風のごとく吹き込んできて，産業の合理化に非常な効果を上げ，わが国産業会社の経営方式，組織などに1つの産業革命を起したのが，新しい品質管理である．

効果という面からみると，TQC および QC サークル活動によって，わが国においても，すでに膨大な利益を上げているものもあり，コスト切下げ，省エネルギーに成功している会社も無数にのぼっている．中小企業においても，たとえば 社長以下 わずかに15 名のある会社でも，この方法により，他の追従を許さぬコストで良い製品を作り出している．すでに，いかなる産業にも適用でき，効果が上がることが証明されている．

よく経営者や技術者は「従来からわれわれは品質には十分注意してやっているから，そんなめんどうなことをしなくとも自分の所の製品は大丈夫だ」といわれるが，これから述べる品質管理，TQC をやらなければ，これを 競争会社で実施し始めれば,その競争に敗れ去ることとなるであろう．とくに，景気の変動に支配されやすい，経営の底の浅いわが国産業においては，この方法を取

り入れて経営の合理化を行わなければ，コスト高，製品に対する不信用のために，産業界から その姿を 没することになるであろう．「品質管理をやらなければ，電話帳からその会社名が消えてなくなる」ことを銘記しておいていただきたい．

（1）　統計的品質管理

品質管理(quality control)においては，統計学が非常に役だち，またよく使われるので，統計的品質管理(statistical quality control, SQC)，といわれている．

品質管理には統計学が非常に役だつ．統計学というと，初めての方，とくに経営者，事務関係者は，初めから恐れをなすかもしれないが，これを使うという立場で考えると，その考え方を理解すれば，小学校を出ただけの算術の力さえあれば，すなわち加減算，乗除算さえできれば，使える手法(手段)である．もちろん統計学そのものは現在もどんどん進歩しつつあり，非常にむずかしいものもあるが，QC 七つ道具などは現に各産業において，作業員，職場長，女性社員，パートタイマーの人々にもどんどん使われている．

新しい統計学は，管理のための管理図をはじめとし，実験計画，抜取検査などのほか，世論調査，生活費調査，農産物の収穫量調査，税金調査，市場調査(matket research, marketing research, MR)，またオペレーションズ・リサーチ(operations research, OR, 作戦研究)――生産計画，輸送計画，在庫管理，設備管理，経営研究など他の社会面でも広く用いられている．

しかし，統計学ももちろんたいせつであるが，もっと重要なことは，品質管理の考え方を理解し，これを確実に実行していくということである．

新しい品質管理は，1924年に米国の Bell Telephone Laboratories の Dr. W. A. Shewhart の発明した管理図(control chart)，その他の統計的方法の工業への 応用と 測定技術の進歩により，1930 年代から 米国において行われ始めた．Dr. Shewhart の名著 *Economic Control of Quality of Manufactured Product* が 1931 年に 出版された．その後英国へも渡り，英米両国で 発展したが，これが各産業に本格的に適用されたのは，第 2 次大戦が始まろうとしたと

1.2 品質管理の歴史と現況

きであった．米国においては，準戦時体制をとろうとしたときに，戦時の増産を計画するにあたって，良い物を安く，多量に生産しようと企てたのである．この点，戦時中日本の旧軍部，官僚が，高くてもよいから多量にといっていた非科学性とよい対照である．

そこで米国では，従来から研究され，一部工場で実施して効果を上げていた非常に簡単な管理図を，軍需産業に取り入れ，経営管理の道具として使わせるために，品質管理のやり方を戦時規格(American War Standards)として1941〜42年に公布した．これがZ1.1〜Z1.3として有名な規格である．

Z1.1　Guide for Quality Control(1941)

Z1.2　Control Chart Method of Analyzing Data(1941)

Z1.3　Control Chart Method of Controlling Quality During Production
　　　(1942), American Standards Association

その結果，米国における戦時生産は，量的にも，質的にも，経済的にも良好な状態で続けられ，非常な効果を上げた．第2次大戦は，品質管理によって，また統計学の活用によって決まったといわれているくらいで，原子爆弾の製造にはもちろんのこと，種々の作戦研究にも用いられた．戦時中に研究されたある統計的手法は非常に効果があったので，ドイツが降伏するまでこの方法を軍機として発表しなかったという話もあったくらいである．

（2）　欧米における発展

終戦後，戦時生産から平時生産に切り替えられた米産業界では，効果のあったこの新しい品質管理を広範に取り入れ，消費者の要求する品質の製品を経済的に消費者にマッチさせて生産し，しかもそれに十分な保証をもって供給することに成功して，平時への切替えが順調に行われた．

そして米国品質管理協会(American Society for Quality Control, ASQC)は1946年に設立された．1958年頃には，たとえば Western Electric 会社の Allentown 工場では，3,000名の従業員の工場で約5,000枚の管理図をかき，Eastman-Kodak 社の天然色フィルム関係では，約5,000名の従業員のところで販売管理用の管理図を含めて35,000枚の管理図をかき，非常な効果を上げて

いた．また，初めは狭義の品質管理であった米国でもしだいに広義になり，銀行，航空会社，デパートも QC を始め，また納入会社への QC 導入もさかんに行われていた．そして生産会社においては，総合的品質管理，全社的品質管理(total quality control, TQC)へと発展しつつあった．

一方，英国では新しい統計学の発生地であるだけに研究も早く，1935年にE. S. Pearson らの品質管理についての著書を英国規格として取り上げ，B. S. 600として制定し，その後さらに米国のＺ１をそのまま B. S. 1008 として採用したほか，多くの品質管理に関する規格を作成し，実施に務めていた．

そのほかフランス，スイス，チェコスロバキア，スウェーデン，イタリア，ドイツなどの西欧諸国は，もちろん統計的品質管理を取り上げており，さらに西欧諸国では 1953 年来 米国から品質管理指導者を招き，本格的実施に乗り出し，ヨーロッパ品質管理機構(European Organization for Quality Control, EOQC)も 1965年に設立された．

（3） 日本への導入

さて，日本においては，すでに戦前に前記英国規格が入っており，戦時中にその訳書も発表されており，一部数学者たちが研究し，これを一部で実施しようとしているうちに終戦となったのである．一方，新しい統計学については学者間で研究が進められ，研究としては世界的な段階に達していたが，その紹介が数学的であり，むずかしいものだという概念を与えていたために，一般に普及するに至らなかった．終戦後，この方法が米国において非常に成功していることが徐々に判明してきた．とくに連合軍は進駐後，当時の日本の電話通信がほとんど通信の役にたたないのに不便し，通信機械設備の品質不良，不均一をなくすために 通信機器メーカーに 品質管理の実施を提案した．これが 1946 年5 月である．

管理方式としては戦前から旧式な(当時としては近代的な)テイラー方式が一部で行われていた．

1946 年に日本科学技術連盟(日科技連，JUSE)が民間団体として設立されたが，1949 年日科技連に大学・産業界・政府の有志が集り，QC リサーチグルー

1.2 品質管理の歴史と現況

プ(QCRG)をつくり，品質管理の研究と日本への啓蒙普及 を 始 め た．QCRG は政府と無関係に，QC を推進して日本の企業を合理化し，当時のメイド・イン・ジャパンの「安かろう悪かろう」の製品の品質を向上させて世界中に輸出しようと考えた有志が集って結成したものである．そして日科技連は1949年に第1回品質管理ベーシックコース(BC，毎月 3 日間×12 カ月＝36 日)を開始した．

一方1950年に工業標準化法に基づく JIS 表示制度が施行された．この制度によって JIS マークをつけるためには，統計的品質管理を 実施し，品質保証を行っていることが 必要条件である．日本の 場合には，工業標準化 の 推進と QC の推進がほとんど同時にスタートしたのがよかったと思われる．

1950年に，日科技連は米国から Dr. W. E. Deming を招き，トップ，部課長，技術者にQC 講習会を行った．博士の講義は非常に明解であった．また，博士がこのときの講義録の印税を寄付されたので，これをもとに1951年にデミング賞が創設された．この賞は日本の QC の推進に非常に貢献している．

しかし日本の QC も初めはいろいろ問題があった．第1に統計的方法 を 強調しすぎたために，QC，SQC とはむずかしいものであるという誤解を与えてしまった．第2に 標準化を強調したために 形式的 QC になる傾向があった．第3にトップや部課長がなかなか QC に熱心にならなかった．

そこで1954 年に Dr. J. M. Juran を招いてトップ・部課長を対象とするセミナーを行い，いよいよ QC が経営のツールとして動きだし，SQC から TQC の時代へと次第に移っていく発端となった．そして，全部門参加・全員参加の TQC(CWQC, company-wide quality control)が推進されるようになってきた．

そのためには，現場をまきこむ必要があるので，1956年に日本短波放送を通じて職組長教育のための QC 教育ラジオ講座を 始めた．後に NHK のラジオ，テレビでも行った．1960年には『職組長のための品質管理テキスト』を発行した．さらに1962年 4 月に雑誌『現場と QC』(同誌は『FQC』を経て，現在『QCサークル』と改題)発行と同時に，QC サークルと名付 けて，職場の グループ

活動を始めた．この日本で始めた TQC の一環としての QC サークル活動を，現在世界各国が真似して始めているのである．

（4）　日本的品質管理

さてこの間考えたことは，物理・化学・数学・機械工学・電気工学などは万国共通であるが，品質管理というように，管理という言葉が入ってくると，社会的背景が違い，人間がからんでくるということであった．すなわち欧米流の品質管理のやり方をそのまま日本に適用することは困難である．そこで日本にあった日本的品質管理を開発しようということになった．欧米と日本の社会的背景を整理したのが表1.1である．

以上の違いを考えながら，日本的な品質管理を進めてきたのが，今日の日本の全社的品質管理である．

1968年に箱根の品質管理シンポジウムで，われわれがまとめた，日本の品質管理の特徴，欧米との違いは，次の6項目である．これは特徴・違いであって，良い点もあるが欠点ももっている．

1.　全社的品質管理：全部門参加の QC，全員参加の QC，総合的品質の管

表 1.1　日本と欧米の社会的背景の違い

	欧　　　米	日　　　本
1.　プロフェッショナリズム	強　い	弱　い
2.　組　織	スタッフが強い	タテ社会
3.　労働組合	職種別が強い	企業別
4.　テイラー方式	強　い	弱　い
5.　大学出のエリート	強　い	強くない
6.　給与制度	能率給	年功序列
7.　転職率	高い・レイオフ	低い・終身雇用制
8.　文　字	標　音	漢字は象形・表意
9.　教　育	国により違う	特に熱心
10.　民　族	多民族国家あり	単一民族
11.　宗　教	キリスト教	仏教・儒教
12.　外注関係・比率	敵・50〜60%	仲間・70%
13.　資本主義	旧　式	民主的
14.　政府統制	国により違う	あまり強くない

1.2 品質管理の歴史と現況

理
2. 品質管理の教育・訓練熱心
3. QC サークル活動
4. QC 診断：デミング賞実施賞と社長診断
5. 統計的方法の活用：QC 七つ道具の普及と高級手法の活用
6. 全国的品質管理推進運動：品質月間・各種 QC 大会・QC サークル本部

　この間，戦後の物資不足の売手市場は終り，買手市場になり，日本の産業は発展し，さらに1960年に始まった政府の貿易自由化政策により，ますます QC が重要になってきた．当時われわれは，「貿易自由化には品質管理で」というキャッチフレーズをつくり，QC により海外に輸出できるような品質・コストのものをつくっておけば貿易自由化を乗り切れるではないかという活動を進めて来た．これが成功して，今日のように世界中に輸出できる世界一の品質の製品ができるようになってきたのである．

　その後の発展も含めて 1987 年に，日本の TQC の特徴として次の 10 項目に整理された．
1. 経営者主導による全部門，全員参加の QC 活動
2. 経営における品質優先の徹底
3. 方針の展開とその管理
4. QC の診断とその活用
5. 企画・開発から販売・サービスに至る品質保証活動
6. QC サークル活動
7. QC の教育・訓練
8. QC 手法の開発・活用
9. 製造業から他業種への拡大
10. QC の全国的推進活動

　なお，1950 年頃から 問題になっていた 日本品質管理学会(JSQC, Japanese Society for Quality Control)が 1970 年に 設立 された．米国品質管理協会(ASQC)はプロフェッショナルな協会であるが，JSQC はアカデミックな学会

である.

　品質管理は一時の流行ではない. 企業が製品やサービスを売っている以上, その品質の管理は永久に続けて, 実施していかなければならないことである. 私はいつも, **TQC というのは当然やるべきことを, 確実に 実行していくことである**といっている. しかも TQC はペニシリンのような**速効薬ではなく, 漢方薬のように, 長くのむことにより 次第に効いてくる 企業の 体質改善薬 である**. 品質管理は, すべての産業で当然行うべきことを実行することであり, これにより大きな効果を得られることは, すでにわが国で証明されている.

　また, わたくしの会社では, わたくしの工場では品質管理はとても適用できません, という人がいるが, これは品質管理の真の意味を理解していないためである. 前述のように, すでに日本においてもすべての産業, 工業のみならず建設業, 多くの第3次産業, サービス産業に適用されて, その適用の可能性と効果が証明されている.

　問題は品質管理を実施する意志と実行力があるか否かである. 品質管理以前などという言葉は成立しない. 品質管理をできない理由を論議しないで, どうしたら品質管理を実施できるかを前向きに議論せよ.

　なお, 最近では世界の多くの国で, 日本的品質管理のやり方がよいことを認めて, 多くの企業がこれを修正しながら適用しようとしている.

1.3　品質保証の進歩

TQC の真髄は品質保証である.

品質を保証する方法にはいろいろある.
1)　検査で(全数検査, 抜取検査, チェック検査, パトロール検査, 自主検査)
2)　工程で(工程管理, 工程能力研究, 自主管理)
3)　新製品開発中に

などいろいろの方法がある. 特に品質保証の一環である信頼性を保証するためには2), 3)もしっかり行わなければならない.

1.3　品質保証の進歩

　この品質保証のやり方(1.6.1～2節,　6章参照)が,　第2次大戦後,　以下に述べるように進歩してきた[1].

（1）　検査重点主義の品質保証

　不良品や欠点のある場合は検査をしっかり行って,　これを除去しなければならないが,　不良品や欠点があるにもかかわらず,　未だに出荷検査もしていない企業がある.　これは品質保証以前の,　良心のない問題外の企業といってさしつかえない.

　品質保証は,　歴史的には検査をしっかり行うことから始まっている.　QCを知らない人はまだ,　QCというと検査を厳重にすることであると誤解している.しかし,　このやり方は多くの欠点をもっている.

1)　検査には必ず検査ミスがあり,　全数検査をしても不良ゼロにはできない.

2)　検査員は生産性をおとす余分な人間である.

3)　製造部の人は検査を通せばよいと考えやすい.「品質保証の責任は生産者・製造部にある.」

4)　検査部のデータは,　層別されていなかったり,　フィードバックが遅いために,　工程管理や工程解析に役に立たない場合が多い.

5)　統計的抜取検査では小さい不良率,　0.01%,　100万の1の不良率(ppm保証)の保証はできない.

6)　保証できない項目が沢山ある.　破壊検査・信頼性・複雑な組立品・材料など.

7)　不良や欠点を発見しても,　スクラップ,　手直しや調整工数が増加するだけである.

8)　生産スピードが早くなると検査の自動化が必要となる.

9)　検査部だけのQCとなりやすい.

　もちろん不良や欠点のあるかぎり検査を行わなければならないが,　検査に頼

---

1)　『品質』,　Vol. 10(1980),　No. 4, pp. 205～213,　あるいは石川：『日本的品質管理』（4章4節）,　日科技連出版社(1981).

る QC は品質保証も不完全であり，またコストアップになる．

（2） 工程管理重点主義の品質保証

日本では1949年に QC の推進を始めると間もなく，しっかり工程を管理して良品を生産してしまおうというこの第2のステップに入った．そして「工程で品質をつくりこめ」という格言ができた．そして品質を良くするとともに，不良などが減り，生産性や信頼性が向上してきた．しかしこれだけでは品質保証は不十分である．すなわち，設計の悪いもの，原材料の選択を間違ったものは，いくら工程管理をしっかりやっても，品質保証，広義の信頼性保証はできない．

（3） 新製品開発重点主義の品質保証(1.6.2節参照)

そこで日本では，1950年代後半から，新製品開発中に品質保証を行おうという第3ステップに入った．そして「品質は設計と工程で品質をつくりこめ」ということになった．すなわち新製品企画，設計，試作の各段階でしっかり評価し，広義の信頼性を QC 的に検討して，品質をつくりこむことになった．こうなると企業の全部門，および全員が参加して QC，品質保証を行う必要がある．

このことと社会的背景の違いから進めてきた全社的品質管理とがうまくマッチして，大きな成果をあげたのである．この努力を長く続けてきたので，日本製品の多くのものが，世界一の品質で，かつ適正価格で世界中に輸出できるようになったのである．

もちろん，新製品開発重点主義の品質保証をやっていても，工程管理は絶対に必要であるし，不良や欠点のある間は検査をしっかり行ってこれを除去しなければならない．

1.4 品　質　と　は

統計的品質管理(SQC)の考え方を理解するには，統計的——品質——管理と一語一語に分けて，その各語の意味を十分理解してから，これらを組み合わせて理解するのがよいと思うので，まず一語一語に区切ってその意味を説明しよ

う.

quality という言葉をわが国では品質と訳しているが，これは非常によい名前である．1958 年に，わたくしが米国の QC を調査に渡米した 結果では，米国でも quality という言葉の解釈は会社によりまちまちであった．たとえば Bank of America では，支店や貸付先の quality(質)や 方針決定の quality を管理するのだといって QC をやっていたし，United Air Line 社では，サービス業であるからサービスの quality(質)を管理するのだといって SQC をよくやっていた．また，Bell System や General Electric では，設計から消費者までの QC をよくやっていた.

したがって quality control という言葉は，quality of product(製品の品質)という意味に限定せず，**質管理**，さらに 広くいえば 経営の質の管理ということもできる．またこのように考えて，QC を進めて 成功している．しかしわたくしは，資源の少ない，貿易により生き抜かなければならない日本では，まず製品の品質，しかも消費者が満足して買ってくれる品質を考えて QC を進めてきた.

また品質については，製品の種類によって，たとえば一般消費財，耐久消費財，工業用物資などいわゆる生産財によって違うといわれているが，基本的にはどの業種もどの製品もほとんどかわりない.

したがってここではハードの品質を中心に述べていくが，サービスなどソフトの品質もほとんどその延長線上で考えていけばよい．以下述べる品質の考え方は，工業の場合にも，第 3 次産業の場合にもほとんどそのまま適用できる．初めは品質の品の字がサービス産業の場合には，ちょっととりつきにくかったようであるが，ここまで TQC が普及し，多くのサービス産業で TQC を実施するようになってくると，質管理というよりも**品質管理**，**サービスの品質**という言葉を使った方がよいと思っている.

1.4.1 消費者を満足させる品質

良い品質の物を生産するというと，よく最良の物を作ることであると誤解される．われわれが QC で問題にしている品質とは，**実際に消費者を満足させる**

品質の物を設計し，生産し，販売し，使っていただこうというのである．すなわち，生産者が現在の企業の実力，たとえば生産技術，工程能力(process capability)などで生産でき，かつ消費者の経済その他の能力や購入の目的を考えて満足させる，という条件で最良という意味である．

　　［例1］　あなたは性能の非常に良い10万円のカメラと，通常の家庭写真には使える2万円のカメラとどちらを喜んで買いますか？

　　［例2］　あなたは上質紙でできた1,000円の新聞と，同じ内容の普通紙でできた100円の新聞とどちらを買いますか？

　上の例でもわかるように，狭義の品質がいくら良いものであっても高くては買わないし，また逆にいくら安くてもピンボケしかとれないカメラでは買わないであろう．われわれは，自分の用途と収入に応じて物を買っている．以上のことは，最近のように消費が多様化し，分極化している状況では，どの消費層を狙うか決めて，何を作るべきかという新製品企画，品質設計，新製品開発，研究テーマの選定の段階においてとくに重要である．

　生産者あるいは商社として，消費者に売ってやるんだ，なんとかごまかして売ってしまえばよいのだという考え方，戦時中の配給統制的なセンス，旧式な商業主義的な考え方は，文化の進んだ現代の民主主義の時代には通用しない．少なくとも長い目で企業を考え，企業の寿命や公共性を考えるならば，従来の売手市場的なものの考え方(プロダクト・アウト)から，買手市場的な，消費者中心の考え方(マーケット・イン)に変らなければならないことは明らかであろう．

（1）　品質の4つの側面

　消費者のために良い品質を考えると，いかなる品質の物を計画し，生産し，販売しなければならないか，つぎの4つの面から考え，総合的に品質を企画・設計し，管理することが必要である．

1）　Q：狭義の品質特性

　性能，純度，強度，寸法，公差，外観，信頼性，寿命，不良率，手直し率，直行率，包装法など．

1.4 品 質 と は

2) C：コスト・価格(利益)に関係ある特性(原価管理, 利益管理)

収率, 原単位, ロス, 生産性, 原材料費, 生産費, 不良率, 欠貫, 入れ目, 原価, 売り値, 利益など.

3) D：量, 納期に関係ある特性(量管理)

生産量, 販売量, 切替えによるロス, 在庫量, 消費量, 納期, 生産計画の変更など. 数がつかめなければ QC はできない.

4) S：製品が出て行ったあとの問題, 製品を follow up する特性

安全性・環境・公害, 製品責任(PL, product liability), PLP(product liability prevention), 補償期間, 保証期間, ビフォアおよびアフターサービス, 部品の互換性, 補給部品, 修理の難易, 説明書, 点検手入れ方法, 誤操作対策, 使用方法 の PR, 信頼性, 寿命, 寿命の定義, 包装法, 貯蔵方法, 使用期限, 運搬方法, クレーム調査と処理(顕在および潜在クレーム), 市場調査, 消費者の不満と要求, 次工程の調査とフィードバック, アクション, 公害・安全など社会的品質, など.

われわれは, 購入後のアフターサービスのよい, 製品のばらつきの小さい, 互換性のある, 寿命が長く, ばらつきの小さいものを安心して購入するであろう. また, 購入したものが数日, 数カ月で悪くなってしまうような 寿命(信頼性, reliability)の短いものでは, 安心して購入できないであろう. 説 明 書 が素人, 子供にもわかるように書いてあれば, クレームは減少するであろう. 宣伝臭フンプンたる説明書, 技術者でなければわかりにくいような説明書は, 消費者は読んでくれない. 消費者の使い方が悪いための誤操作のクレームはないか. このように使っては悪い条件や方法が注意書きに書いてあるか. 包装・輸送方法が悪いために製品をこわしたり, 傷をつけたり, 寿命を短くしていないか. 包装も重要な品質であるが, 形や色ばかりにとらわれて製品の本質的な品質や性能を忘れてはいないか.

（2） クレーム

クレームがついた場合の処置, 市場調査なども重要である. 従来われわれは販売したらそれきりであったが, 消費者の欲するものを生産するためには, 販

売後に消費者が自社ならびに他社の製品を，いかに感じているかを調査することも必要である．

クレームとは，英語では claim，要求するという意味である．たとえば，契約より悪いものであったから，故障したから，その損害賠償を要求する，新品を要求するというように，金に関係のある要求をいう場合が多い．したがって，営業関係者は，クレーム処理とは値引きすれば，あるいは新品と取り替えればよいでしょうという態度をとっている．日本の QC では，このクレームという意味が非常に広く，消費者の 不平・不満・苦情のことを さしていっている．これは，英語では本来 complain というべきものである．しかし，クレームという言葉が一般化しているので，ここでは広義のクレームという意味で用いていく．

クレームについては，旧式な企業ではなるべくもみ消すようにという努力が払われていたが，品質管理 をやっている 会社では，クレーム，苦情，不満（顕在クレーム および 潜在クレーム）をいかに集めるか，さらに潜在クレームや苦情・不満などをいかに顕在化するか，消費者の声をいかにして聞くか，ということに努力している．品質管理を実際に始めると，これらが顕在化し，一般に苦情が急増するものである（4.3.4 節参照）．これは営業部門の 品質管理の 1 つの大きな任務である．

クレーム処理については，6.14節で詳しく述べるが，次の 2 面に分けて検討しなければならない．

a) 社外処理——消費者を満足させる．スピード，誠実さ，再発防止

b) 社内処理——再発防止，経理処理，クレーム製品の処理

とくにこの再発防止（1.5.3 節参照）に重点をおけば，その会社の品質は消費者の要求を満足させるという意味において，次第に向上してくる．すなわちクレームや市場調査による情報をフィードバックして品質の再設計，工程管理や検査のやり方の再検討を行い，管理のサークルを円滑に回して品質を改善していこうというのである．

これを行わないと，設計，技術，現場，検査などの独善がりとなり，消費者

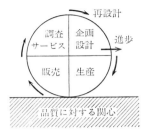

図1.2 品質の管理の考え方：デミング・サークル

がたいして問題にしていない特性を押えてみたり，問題にしている点を知らなかったりして，製品は次第に売れなくなるであろう．

（3） デミング・サークル

4つの面を総合して考えることは，新製品計画，品質設計の際にとくに重要である．図1.2のように，まず何を生産すべきかという品質が決定されて，初めて組織的仕事の分担，仕事をいかに行うべきかという技術標準などの標準が作られ，次にこれに従って生産し，販売する．販売したものについて消費者がどう考えているか，さらに何を欲しているかの調査を行い，その結果さらに品質や標準を再設計し，品質を常に向上させながら，生産を続けるということになる．

このサークルの強さは，最も弱いステップによって決まる．かくして，管理の考え方や品質に対する考え方および責任感という土台に立って，常に消費者の要求に合ったものを生産し，常に改善し，一歩一歩前進していくことができるのである．これが，ある面からみた品質管理の根本的理念である．この考え方を，1950年にデミング博士が日本に紹介したのでデミング・サークルあるいはサイクルといっている．だが，デミング博士は，「これはシューハート博士の考え方であるから，シューハート・サイクルというべきである」といっている．

（4） 次工程はお客様

従来，社内で何か問題が起ると，自分のところのことは棚に上げておいて，あるいは隠してしまって，他人に責任を押しつけてはいなかったか．それで

は，問題はいつまでたっても解決しない.

　以上，会社を単位として話を進めてきたが，このことは会社内・工場内においてもまったく同様で，会社内にいくつかの工程があれば，ある工程に対して次の工程は消費者（お客様）であり，前の工程は生産者である．そして，次工程を消費者と考えて，その要求を十分に聞いて，これと十分打ち合わせる気持になれば，社内のトラブルやセクショナリズムは解消するであろう.

　たとえば，製鉄所において，製鋼部は圧延部に対しては生産者であり，前の製銑部に対しては消費者である．したがって，次の工程である圧延部門の満足するような品質を作る責任があり，鋼が製品にどのような影響を与えているかを統計的に調査してもらい，その要求をフランクな気持で聞きに行き，かつ打ち合わせてその要求に応ずる責任がある．また，前の工程である製銑部やスクラップ係には，自工程をよく解析し，銑鉄やスクラップが鋼にどのような影響を与えているかを調査し，合理的な品質標準を求め，この結果を前工程のものに示し，合理的な要求を出す責任もある.

　もちろん，この各工程間の要求も，経済性，技術条件を考慮に入れた品質でなければならない.

　従来，わが国の多くの工場では，前の工程に対してどのような品質を要求したらよいのかよくわかっていない場合が多く，またたとえわかっている場合でも，その要求が厳格すぎるかゆるすぎるかのいずれかで，このために各工程が互いにけんかをしたり，互いにコソコソ文句をいったりしている．次の工程へ製品が渡ったら，その結果がどうであったかを調査し，互いによく連絡して協力していけるようになれば，このようなトラブルはなくなり，工場内の各工程間は協力的になり，風通しがよくなり，仕事が円滑に進むようになろう.

　このように考えていくと，流通機構，アフターサービス，営業，販売から始まって，（倉庫），包装，製造工程，（倉庫），設計，研究・開発，資材部門，さらに購入先までのラインが品質管理のライン部門であり，その責任範囲の品質の水準をよくつかんで，これを管理していく責任がある.

　さらに，本社・工場のスタッフ部門について考えてみると，その任務の**約3**

分の 1 がゼネラルスタッフの仕事，3 分の 2 がライン部門（設計，購買，製造および営業部門など）に対するサービスの仕事である．したがってスタッフ部門は，サービススタッフとしての任務として次工程・消費者であるライン部門に奉仕しなければならない．

社長から作業員まで，営業から資材までの全社員がラインもスタッフも前に述べたように品質に関心（quality consciousness）をもち，社内でどの部門，誰が自分のお客様であるかを考え，それを満足させるよう考え，実施するようになれば，セクショナリズムを打破でき，それだけで品質は向上するものであり，品質管理の基礎は一応でき上がったといってよい．

（5）　QC≒経営管理

以上述べたように品質管理は，広義に解釈すれば経営管理の 1 つの考えかたといえよう．第 2 次大戦後，経営の科学化という名のもとに各種手法が企業に導入されているが，それがばらばらに取り入れられていた．1948〜50年ころに日本に新しい QC を導入するに際し，当時米国では QC が狭義に解釈されていたが，わたくしは日本に持ち込む際には広義に QC を解釈した．経営の本体のしっかりしていないわが国企業に，ばらばらに導入されている科学的管理法を総合的に活用するために，QC≒経営管理という立場で，前記 4 つの項目を総合的に行うことに重点をおいて，QC を通じての企業の体質改善という立場で SQC，TQC および QC サークル活動を進めてきた．

初めは一部に反対があったが，すでに QC をうまく行っている会社は，このように総合的に導入してきたところである．また，最近欧米各国のみならず，世界中の国々が，わが国の TQC，CWQC，QC サークル活動を導入しようと努力している．

管理は総合的に行わなければならない．

1.4.2　真の品質特性と代用特性，製品研究

　［例1］　A社でセールスマンが注文をとるときに，「うちの製品規格はこれですが，お宅はこの製品をどんな目的で，どのようにお使いになりますか．この規格以外に何かご注文はありませんか」と聞いて注文をとるようになってから，クレームは半減した．

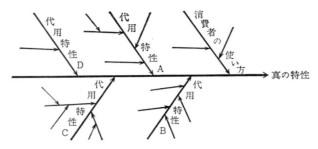

図 1.3 真の品質特性と代用特性との関係・品質解析

[例2] B化学会社で原料が同じ分析値,同じ純度であるにもかかわらず,ロットにより非常に使いにくいものがあった.

[例3] ある紙会社で新聞用の巻取紙がすべてJIS規格に合っているにもかかわらず,輪転機にかけると切れが多くて困るとクレームをつけられ,またある特性がJIS規格に合っていないにもかかわらず,(切れたという)クレームをつけられなかった.

[例4] 公差に合っていても不良品が出るし,公差に合っていなくても良い製品ができることはありませんか?

以上の例はいずれも,いわゆる製品規格や原材料規格,公差などに取り上げている特性や数値が,真に消費者の要求している真の品質特性にマッチしていない代用特性であるということである.また,その数値をどのくらいにしたらよいかもいいかげんに決めている.

たとえば,上の新聞用巻取紙の例でもわかるように,消費者が真に要求している品質特性の1つは,輪転機にかけて切れないことである.これに対し,引っ張り強さその他の代用特性は,真の特性に対する原因である.この関係を特性要因図で示すと,図1.3のようになる.

真の品質特性は,技術者の言葉でなく,まず消費者の言葉で表すことが必要である.

[例1] 新聞用巻取紙:印刷中に紙が切れないこと,印刷インクが裏ににじまでないこと,等々.

[例2] 乗用車:スタイルが良い,運転しやすい,加速性が良い,乗心地が良い,燃費が良い,高速安定性がある,故障しない,等々.

われわれは,消費者の欲する真の特性をつかみ,それと代用特性との関係を

1.4 品質とは

技術的，統計的につかんでおかないと，たとえばいくら代用特性についてよい設計図ができ，製品規格ができ，検査が厳重に行われていても，消費者からクレームがつくであろう．この真の特性は，別に性能，働きなどという言葉で呼ばれることもあるが，真の品質特性の方が意味が広い．また従来の規格には，信頼性について決めてないものも多い．しかしわれわれは，真の特性で検査を行うことは困難あるいは不可能な場合が多い．したがって，真の特性と密接な関係のある代用特性，真に大きな影響を与えている代用特性や，その製品の使い方などとの関係をつかんでおくことが必要である．これを品質解析あるいは品質展開という．これには

1) 消費者がその製品をいかに使うか，いかに使わせたらよいかということ
2) その際の真の特性と代用特性との関係をつかまえること

が必要である．これを，ここでは品質解析，広義の製品研究ということにしよう．米国を見ると，SQC をまったく知らない会社でも，この製品研究はどこでもよくやっており，QC はよくやっていた．わが国の QC を見ると，統計的手法はよく知っていても，製品研究が非常に遅れており，品質管理をやっていないところが多かった．したがって設計者の趣味，重役の趣味による品質企画・設計や，検査のための検査——消費者の立場に立った検査ではない——が多かった．これを改善するには，生産研究ばかりでなく，さらに品質解析と製品研究にもっと力を入れ，また消費者との協同研究をもっと強化する必要がある．

1.4.3 品質解析と製品研究

真の品質特性をつかんだだけでは，品質設計も，工程管理も，検査も品質保証もできない．そこで真の品質特性も，具体的に技術者の言葉である代用特性に，特性要因図（図1.3参照）や**品質展開表**など用いて，次々と解析・展開していかなければならない．これを**品質解析**という．この解析により，具体的に設計，管理，品質保証ができるようになるのである．品質解析を特性要因図や品質展開表を活用して行い，各代用特性の品質などを明確にしていくことは大切であるが，これらの図表を書いただけでは非常に危険である．工程解析の場合

と同じように**事実で確認**することが必要である．そこで重要なのが製品研究であり，試作品の実用テストである．これらの実験により確認しておかないと，必要な代用特性を忘れてしまったり，不必要な代用特性を厳重に決めたりすることになる．

　一般に製品研究は非常に費用と時間のかかるものであるが，QC をやる以上是非行わなければならないことである．そこで日本の QC をよくやっている企業では，使用者・消費者と協定して協同実験を行い，多くの成功をおさめている．

1.4.4　品質についての定義の明確化

　前節に述べたような品質解析により，真の品質や代用の品質特性が決まったとしても，その意味・重要度や 数値の 決め方に また 問題がある．極端にいうと，現在多くの工場では，どのような製品を作ろうとしているのか知らずに生産を行っている．

　また，このような面からみると，消費者からの要求を相当強く反映しなければならない JIS（日本工業規格）を初めとし，各種国家規格，ISO，IEC などの国際規格にもずいぶん不合理なものがある．したがって，JIS やその他の規格は参考にしなければならないが，それを目標に生産するということ自体，不合理なことが多いということに注意する必要がある．

（1）　保 証 単 位

　電球とかテレビとかのように， 1 個ずつ勘定できるもの——これを単位体という——については，消費者としては各 1 個 1 個の品質がよければよいのである．これに対し，電線，糸，織物，紙，鉄板の成分や強度，化学製品や鉱石類の成分などのように連続したもの，粉末，粉塊混合物では，何を単位にした品質が問題になるのであろうか．この**単位量（保証単位）**が決まらなければ，品質の数値の意味は曖昧である．

　たとえば，電線の電気抵抗は，100m の平均値，10m の平均値が問題になるのであろうか．あるいはどこの 1 mm をとっても，ある電気抵抗をもたなければいけないのであろうか．いったいどの程度の長さの品質を単位（保証単位）と

1.4 品 質 と は

して保証しているのであろうか.

また, 石炭の発熱量にしても, 6,500 カロリーを 保証するという品質規格は何を意味しているのであろうか. 1カ月間に入荷した石炭の平均カロリーをいうのか, 1貨車の平均カロリーをいうのか, 各1叺の平均カロリーを い う のか, また1粒たりといえども 6,500 カロリーを切るものがないということを保証しているのであろうか. また, ロットとはどうやって作るか, 何をいっているのかがはっきりしていない.

また鋼材の強度にしても, 従来のテストピースの大きさの強度を, その製品の代用特性としてよいのか疑問である. 言い換えると, テストピース, 試験片の大きさ(保証単位)を再検討する必要があるということである.

いったい何を保証する単位(保証単位)としているのか曖昧なために, 納入側と受入側, 検査官と会社との間にいろいろトラブルを起しがちである.

(2) 品質の評価方法・数量化

品質は, 数量化しないとその定義ははっきりしない. したがって, できるだけ品質の測定方法を工夫, 考案することが必要である. 特に真の品質特性は, 消費者の言葉で表される場合が多く測定しにくいものが多いので, 測定方法にいろいろ工夫する必要があるし, 最後は官能検査に頼らざるを得ないものが多い. また, 傷, ごみ, 色, 音, におい, 味, 感触などのような五官に頼るものあるいはサービスの品質など人間の感性によるものは, なかなか数量化しにくいものであるが, たとえば物理, 化学的測定法の進歩, 標準試料の整備, パネル・メンバーの設置, 順位づけによる識別, 市場調査, その他いろいろな**官能検査**の問題として統計的に解析され, 進歩してきているから, これを学ばれたい. 官能検査では, 標準見本ではダメで, 限度見本が必要である. またすべての品質特性を総合して, あの車は良い車である. あの店はよい店である, あの女は良い女であるというように, 官能的に感性で判断する場合も多いので, これも品質解析をしっかり行って, 測定方法, 総合的価値判断の方法を検討する必要がある.

このようなむずかしい問題でなくとも, ちょっと投資すれば数量化できるの

に，品質を測定する手段を，経営者や上長が与えていないために不良やクレームが続出している場合が多い．すなわち，うまく数量化を行えば，それは企業の高度のノウハウとなり，それができれば品質管理はうまくいくようになる．もっと根本的にいうと，経営者は**品質を評価する方法や基準**を示す責任がある．

またその**サンプリング法**や**測定法**がはっきりしていなければならない．すなわち，品質についての定義は，保証単位をはっきりさせ，どういうサンプリング，どういう測定法を行うかによって決まる場合が多い．逆にいうと，サンプリング法や測定法が決められていなければ，何の品質をいっているのかわからないことが多い．たとえば，保証単位が決まれば，それを保証するのにどういうサンプリングをしたらよいか，測定をしたらよいかが決まってくるが，これがはっきりしていなければ品質の定義はできない．公差の問題もこれとよく似た点がある．

　[例1]　あなたの会社の製品の品質，たとえばカメラ，自動車，アイデアなどの品質の評価方法は決まっていますか？

　[例2]　製品の傷はどこまで許せるか決まっていますか？　傷が全然ない製品はないはずですが．

　[例3]　公差は，部品内のばらつき(公差，サンプリングと測定誤差がはいる)と部品間，ロット間の公差と区別して決められていますか？　それでよいのですか？　$10.00\pm0.01\pm0.05\pm0.01$mm(三重公差)．

　[例4]　設計値はサンプリング誤差や測定誤差を考慮したものですか？　それと検査の判定値との関係は？

（3）　前向きの品質と後向きの品質

　製品に欠点がなくとも売れるものではない．商品としての特長，セールスポイント，他社商品よりも優れた点，たとえば使いやすいとか，使っていて気持がよい等々の特長となるような品質を前向きの品質(魅力的品質ともいう)という．これに対して，欠点，欠陥があるとか，不良というような品質を後向きの品質(当り前の品質ともいう)という．商品として不良品や欠点などがないのが当り前のことであるから，当り前の品質といってもよいであろう．不良や欠点のないことは必要条件であるが，十分条件ではない．消費者の要求にマッチし

1.4 品質とは

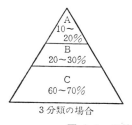
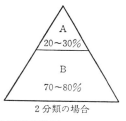

図 1.4 品質特性の重要度分類

たセールスポイントがないものは売れない．したがってこの前向きの品質を魅力的品質といってもよいであろう．この前向きの品質は新製品企画書の中で明らかにしておかなければならない．

　［例］　どこも同じような乗用車をつくっている．どこに特長をだせば，どのような消費者によく売れるか．

（4） 品質特性の重要度の決定・品質の重みづけ

　ある製品について品質特性を考えて見ると，少なくとも20〜30，多いときには数百種類もあるものである．QCを知らない多くの人は，どの品質特性もみんな重要であるという．それでは製品の値段が非常に高くなってしまうか，かえって何も特徴のない中途半端な製品になってしまう．したがって，前向きの品質についても，後向きの品質についても，品質特性を重(A)，軽(B)，微(C)に3分類，あるいは，少なくも重(A)，軽(B)に2分類して考えなければならない．後向きの品質の場合には，たとえばさらに細かく4分類し，致命欠点(人命・危険に関係する欠点)，重欠点(性能に大きく影響する欠点)，軽欠点，微欠点に分けることも考えられている．前向きの品質では重要なセールスポイントになる性能がA特性である．

　わたくしの経験では多くとも3分類，一般製品の場合は2分類でよいと思っている．その分類をどの程度の割合にしたらよいかについて，パレートの原則(vital few, trivial many)に従って，通常図1.4のような割合に分けるようにおすすめしている．このことは部品などの寸法についても同じで，重要寸法にはAの記号をつけておくべきである．

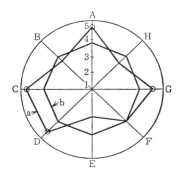

○印：セールスポイント
a：欠点はあるが特徴・セールスポイントのある商品
b：すべての品質をよくしようとして，中途半端な特徴のない商品

図1.5 セールスポイントのある商品とない商品：品質のレーダーチャート

A特性については後向きの品質については不良，欠点をゼロにしなければならないし，前向きの品質については，その特徴を明確に打ち出さなければならない．C特性，たとえばちょっとしたキズなどは少しあってもよい．すなわちA特性は厳重に管理しなければならないが，C特性は管理の手を少しゆるめてもよい．この区別をはっきりさせておかないと，C特性を一所懸命管理して，A特性に手抜きができて，重要なクレーム問題が発生することになるのである．

また品質特性，特に真の品質特性については相反する特性，たとえばA特性を良くするとB特性が悪くなるという場合があり，また全部よくしようとすると高価になってしまう．図1.5a)に示すように，一部の特性を犠牲にして，セールスポイントをはっきりさせた方が，消費者・お客様に喜ばれるものになる．ところがb)のように全部よくしようとすると，特徴のない中途半端な製品・サービスになってしまうから，注意しなければならない．

(5) **不良・欠点の定義の明確化，潜在不良の顕在化**

不良・欠点といっても，その定義や名称が人や部門でまちまちでは困る．その統一を図らなければならないが，その場合には次の4つの点を考えて決めなければならない．

1) 不良や欠点の定義の思想統一：営業，設計，製造，検査各部門間の定義や名称の統一をはかる．またメーカーとユーザーの言葉とその使い方の違いをはっきりさせる．

1.4 品 質 と は

[例1] ガラスに小さな傷がある．これは欠点か，不良か，限度見本は．こんな2級品で家を建てたらずいぶん安く良い家ができると思うがどうか．

[例2] この部品は図面公差は外れているが，使えるから良品か．

[注] 従来英語では欠陥のことを defect，不良品のことを defective といっていたが，これらの英語は法律的に PL に関連して誤解を与えやすいので ISO 規格でも，米国規格でも defect は nonformity に，defective は non conforming unit と変更になった．これはそれぞれ仕様には合っていないが，欠陥あるいは欠陥商品ではないという意味である．日本語ではそれぞれ欠点，不良品といっていてそれほど誤解を招かないので JIS では変更になっていない．

不良，不良率，欠点，欠点率，不合格，不合格率などの用語の定義については 2.3 節参照．

2) 直行率：組立産業において，組立てたらば，調整・手直しをまったくしないでそのままで製品の性能を発揮できる製品の率．調整や手直しをまったくしないでまっすぐに行くので直行率という．手直し，現場合せや調節をしたものは，QC 的にいえば不良品である．手直し率や調整率は，不良率として考えなければならない．一般に直行率のよい製品は，あとで故障しないし，信頼性もよい．したがって組立産業では直行率を高くするように，品質解析，工程解析をしっかり行い，管理していくことが非常に重要である．

3) 潜在不良の顕在化：従来 QC をやっていない企業では，スクラップ，廃品になったものだけを不良といっているが，1)，2)に述べたように手直し品，調整しなければならないようなもの，特採(特別採用)品はすべて不良品である．あるいは隠された不良もある．QC を始めたらこれらの潜在している不良を全部はっきりさせて顕在化しなければならない(4.3.4節参照)．

4) 特採：一般に規格や公差にちょっと外れたものを特別に採用して使ってしまう場合がある．これをよく特採(特別採用)といっている．特採とは，原材料，中間，出荷などの検査において不合格になったが，特別に採用して合格としてしまうということである．一所懸命 QC をやっていても，いろいろの原因により，社内には必ず特採があるものである．

規格とか公差などはある数値で決められているが，これをちょっと外れているものを使用して差支えない場合がある．その理由は

（i）　規格とか公差が十分検討されずに，また必要以上に厳しく決められている場合が多い

（ii）　ある数値のものまで使えて，それをちょっと超えたら急に使えないというのは論理的におかしい

からである．また，特採した原料を用いても，品質的にも，コスト的にも，何も影響がないということがよくある．

　しかし規格外れを特採して使用する以上，その製品あるいはロットについて，特別扱いとして，しっかりした追跡調査を続け，その結果・性能・信頼性の変化を確認する必要がある．

（i）　もしいつも結果に悪影響がでなければ規格・公差をもう少しゆるくすることを検討する．

（ii）　もし少し悪影響が出るようならば，あと工程管理や検査を特にしっかり行うようにする．

　この際に重要なことは，

①　誰の許可をえて特採とするか

②　どの範囲まで特採にしてよいか

という基準をはっきり決めておくことの2点である．特採を行う場合の注意事項は6.14.3節に詳しく述べる．

（6）　統計的品質：品質を分布として考えよ

　消費者としては，もちろん1個1個の製品の品質が良いことが必要である．しかし，ある製品の品質を考える場合に，生産者も消費者も結局は個々の1つ1つの製品の品質を考えるよりは，むしろ数十個，あるいは数百個の製品の集団としての品質を問題としている．たとえば，毎日できる何万個という販売されている電球の寿命を考えたときに，寿命が100時間くらいから2,000時間くらいのものまである場合と，900時間から1,100時間のものまでと2種類があるとすれば，一般消費者は100時間くらいのものに当たると危険だから，後者のように比較的ばらつきの少ない，当り外れのないものを購入するであろう．また，部品の互換性という点から考えても，多くの部品に，ばらつきがあったのでは，

1.4 品 質 と は

消費者は迷惑するであろう．すなわち，**集団として，分布としての製品品質の均一**なものを欲している．ところが，われわれの仕事に及ぼす原因は無限にあるから，ばらつきのまったくない製品を作ることはできない．ある程度の幅，分布をもった製品なら作ることができる．これが工程能力である．

そこで，品質管理では，できた製品の集団としての品質標準を決めて全社的に管理し，現場ではこの分布をもった製品を見て工程を管理していこうというのである．

また，消費者の要求を集団としての品質，分布をもった品質として，何を作ったらよいかということを決定することが品質管理の第一歩である．この合理的な幅をもった品質を，市場調査や従来からの技術知識，工場の技術水準，工程能力を考えあわせて決定するのに，統計的な考え方や手法が非常に役だつ．従来の多くの規格や仕様書は，この分布という考え方が曖昧であるか，厳格すぎるか，ゆるすぎるものが多い．

この統計的品質は固定されたものでなく，必ず幅があり，また技術的経済的事情により，また工程能力の進歩により動く生きものである．規格なども，一度決めても，これは一定不変のものではなく，どんどん改訂しなければならない．

（7） 品質についての4種の定義の区別

従来から社内にある品質規格などというものは，その定義に曖昧なものが多い．これは統計的に，分布，ばらつき，誤差を考え，さらに社内の責任と権限とを考えて，次の4種に分けて考える必要がある．

1) 工程に与える品質の標準 　　　品質標準 　　製造担当
2) 研究，技術に与える品質の目標 　品質目標 　　研究，技術担当
3) 消費者に与える保証品位 　　　保証品位 　　営業担当
4) 検査に与える検査の判定基準 　　検査標準 　　検査担当

この分類は，主として社内の責任と権限を考慮して決めた分類方法である．工程に与える品質の標準は，現場が工程能力を考えて作業標準どおりに作業しておれば，言い換えるとよく管理された状態において達成できる品質の水準を

考慮し，これに会社の方針を加味して決定すべきもので品質標準とでもいうべきものである．これを管理していくのは製造の責任である．この品質標準の中に少し規格外れのものが生産されても，それは作った人の責任ではなく，むしろそのような工程能力をもった機械・設備しか与えていないマネジメントの責任である．（しかし，品質保証は作った人が行うのであるから，その不良を検査で除く責任は製造部にある．）

技術部門に与える品質の目標とは，研究および技術担当部門に，将来，あるいは消費者の要求その他の調査結果を考慮して，会社としてこのようなものを作りたいという方針に従って決められた目標的なもので，技術的改善の対象となるものである．現在日本では，製造部門あるいはQCサークルにも管理の再発防止の責任と改善の責任があるから，革新的な品質改善は技術担当に，絶えざる小さな品質改善は製造担当の責任になろう．

消費者に与える保証品位は説明するまでもないが，組織的には営業関係者が消費者に示すべき品質の水準である．これを品質規格あるいはカタログ規格といってもよいであろう．しかし，実際には図1.6の(A)のように，平均値を保証品位として誇大宣伝をやっているところもある．これではクレームがつく．

検査の判定基準も字句の示すとおりのもので検査部門が使用する値である．抜取検査の場合あるいは全数検査の場合でも，サンプリングや測定や試験誤差

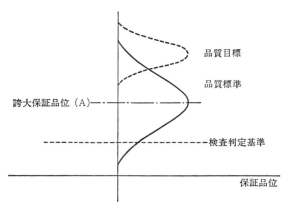

図 1.6　4種の品質の水準

1.4 品質とは

	品質	コスト	生産性
設計の品質	↑	↑	—
実際の品質	↑	↓	↑

図 1.7 品質とコスト，生産性の関係

のある場合が多いから，その判定基準は一般に保証品位よりも高い水準になけ
ればならない．

以上 4 種の品質水準は互いに関係はあるが，それぞれ別個のものである．この間の関係を図示すると図1.6のようになる．

従来，漠然と品質規格あるいは社内規格と称しているものが何であるか，再反省してみることが品質管理の第一歩であろう．とくに電機，機械関係の工業では，設計値，図面公差というのはこの1)～4)種の品質水準のどれに相当するものであろうか．これは設計値をどう使用するかにより変ってくるが，社内的にその定義を明確にしておかなければ設計はできないであろう．

（8）　設計の品質と実際の品質

設計の品質，実際の品質とは，J.M. Juran が言い出した言葉であり，quality of design, quality of conformance(適合の品質，できばえの品質ともいわれている)の和訳語である．設計の品質とは，会社として このような物 を出そうという品質で，これを向上させようとすると一般にコスト高になる．実際の品質とは，設計の品質，会社としてねらっている品質と，実際にできた製品の品質との差異をいい，これが向上して設計の品質に近づき，不良が減れば一般にコストは安くなり，生産性は向上する．この概念の区別は非常に重要なものである(図1.7参照)が，設計の品質が工程能力などを十分考慮して作成されていないと，いろいろ混乱を起すから注意を要する．

1.4.5　良い品質とは，良い製品とは

以上いろいろ述べてきたことを考慮して品質を決めなければならないが，結局は 長くよく売れる 品質の製品 あるいは サービスとは何ぞやということになる．簡単にいえば，消費者の要求(ニーズや要望)にあった，適正な値段の，適正な品質の製品あるいはサービスということになるが，これでは非常に曖昧で

ある.

　もちろん後向きの品質については，不良・欠点ゼロあるいは ppm 不良率(百万分の1)が基本条件であるが，前向きの品質を含めて重みづけして，総合評価することになる．一口でいえば，**総合的にバランスのとれた特長ある品質**ということになる．従来この点についていくつかの計算方式なども提案されているが，いずれも数式および計算の遊びにすぎない．実際には，ある基本条件のもとに，その対象とする消費者の要求と趣味・興味にあったものが，適切な時期に発表された場合に成功している．その場合総合評価というよりは，パレートの原則どおり1～3の品質特性の優れたものが成功している．しかし新製品の成功する率は，5%とも1%ともいわれているように，これはなかなかむずかしい問題である.

　品質については，これ以外にいろいろの名称がある．たとえば新製品開発のステップ別品質等にいろいろの言葉もあるが，ここでは省略する.

　最後に品質に関係していくつか注意事項を述べておく.

　1)　消費者の要求する品質，使用条件は国により，時代により変化し，要求は多様化し，高くなっていくから，企業としては，絶えず情報を集めて，消費者のニーズやウォンツを先取りし，品質向上に努力しなければならない．品質は常に，未完成である.

　2)　新製品開発のときの最大の問題は，社内の敵を説得することである．新製品企画書には，その企画が良いことを証明し，相手を説得できるようなデータをつけることである.

　3)　世界にないような完全な新製品開発を行うときは，その新製品の成長曲線が早く急上昇するような手を打つ必要がある.

1.5　管　理　と　は

1.5.1　古い管理の考え方

　品質管理をわが国に導入するときにいちばん苦労したのは，管理と似たような言葉が混乱して使われており，管理という考え方が各現場，各会社の人々に

1.5 管 理 と は

はっきり認識されておらず，管理という考え方が，その組織にほとんど折り込まれていなかったからである．管理図その他の統計的方法も，ここで述べる管理という考え方や，会社・工場の管理のための責任と権限，すなわち組織と結びついてはじめて効果を発揮する．

管理とは，これを簡単に表現すれば，「仕事が，指示した方針・命令・計画どおりに，標準どおりに行われているか否かをチェックして，計画などから外れていれば，これに対してうまく進むように，修正処置，再発防止の行動（action）をとり，これを計画どおり実行していくこと」である．

ところが従来は，たとえば「良品安価」，「コスト切下げ」，「品質をよくしろ」，「不良品を作るな」などという命令（お念仏）が，社長→重役（ライン？）→本社部長（ライン？）→工場長→課長→係長→職場長→作業員と，そのまま命令としてトンネル式に流れているだけである．しかも，トンネルが曲がったり詰ったりしていた．命令が徹底しなければ，管理は始まらない．

このような**トンネル式命令**は，目的だけ示して「しっかりがんばれ」という，精神だけを鼓舞したやり方で，わたくしはこれを**精神的管理，大和魂的管理，むち打つような管理**といっている．もちろん，人間であるから精神は重要である．しかし，精神だけではうまい管理は行えない．

従来からいろいろな管理があったが，これがうまくいかなかったのは

1) 用語が混乱し，管理，管制，統制，経営など，英語でも control, management, administration など，いろいろあり，その言葉の定義やニュアンスが国により，人により違う．QC の場合には誰かが品質管理と言ってしまったので，JIS 用語を決めるときに，管理という言葉でいくことにした

2) 抽象的管理論が多く，理想のみを述べていた

3) 管理とは人を締めあげることであると思っている人がいる

4) 具体的に，いかにして次第にその目標に達していくかという手段を十分検討しなかった．単なるトンネル式命令か，トンネルが詰るか，曲っている

5) 統計的方法を用いた解析方法，管理方法を知らなかった
6) 重役のみ，職場長のみ，担当者のみしか知らず，全員に教育するという努力が欠けていた
7) 細かいむずかしい手法にのみ走り，大局的，総合的に考える管理をやっていなかった
8) セクショナリズムが強く，部門間に壁があり，風通しが悪かった
9) 結果よければよしという考え方が強く，やり方，プロセスを考えていなかった
10) いわゆる精神的管理だけでうまくいって，現状維持で，口では「二度と再び繰り返すまい」と言っているが，具体的な再発防止対策など行われていなかった

などに原因がある．このことは品質管理でもまったく同じで，たとえば各部門からばらばらに，「コストを下げろ」，「品質をよくしろ」という相反する命令が出ているようではうまくいかない．

管理は総合的でなければならないのに，ばらばらに，セクショナリズムで，あるいは各部門の勢力争いで行われてはうまくいかない．

1.5.2 管理のやり方・考え方

科学的管理としては，昔から plan—do—see という言葉があったが，これは日本人にはむかない．see という言葉を見ると 習っているので，やってみて眺めているだけということになりやすい．

そこで一般にデミング・サークル(図1.8)といわれる plan—do—check—action，PDCA の輪を回せと言われているが，これでも不十分で，わたくしは図1.9のように6つのステップに分けて進めるやり方でやってきて成功してい

図 1.8 管理のサークル(輪)(4つのステップ)

1.5 管理とは

図 1.9 管理の6ステップ

る．すなわち

1) 目的を決める　　　　　　　　　⎫
2) 目的を達成する方法を決める　　 ⎬ plan
3) 教育・訓練する　　　　　　　　⎫
4) 実施する　　　　　　　　　　　⎬ do
5) チェックする　　　　　　　　　} check
6) 修正処置をとる　　　　　　　　} action
7) アクションの結果がよかったか否かを再チェックする

である．これが科学的管理を実際に，QC的に考えた手順である．

(1) 目的・目標を決める←──方針←──情報・調査

目的・目標がはっきりしていなければ管理はできない．目的や方針が思いつき的にぐらぐら変っては管理はできない．たとえば，設計や工程の管理については品質標準が，研究・技術管理については品質目標が決まらなければ管理はできない．この目的・目標を決める際の一般的注意事項を述べておこう．

1) 目的は方針により決まる．方針は，もちろん経営者の方針が最も重要であるが，その方針に従って，部長，工場長，課長，係長，職場長の方針というように方針展開し，おのおのその責任と権限の範囲内でどうすべきかという方針をはっきりさせなければならない．**長と名のつくところに必ず方針あり**．しかもこれらの方針は，社長から職場長まで一貫していなければならない（**方針**

の一貫性). ところが, 社長, 3 等重役, 職人重役, 親分重役, 看板重役 を 初めそれ以下の人々にも, 方針がないか, あるいはたとえあったとしても非常に抽象的な場合が多い. 方針がなければ管理は始まらない. すべての長には方針を決める**勇気・度胸と責任感**が必要である. 方針は, 目的や行動の基準を明らかにする.

2) 方針の決定には**根拠**がなければならない. 方針の根拠のないもの, 言い換えると「おれはこう信ずるからついて来い」というような方針をわたくしは**大和魂的方針**といっているが, これは成功する場合もあるがいろいろの危険があり, 失敗する確率が大きい.

このためには, 社内外の情報, たとえば市場調査, 消費者・他社・海外の調査, 社内の技術・研究能力, 工程能力, 原材料事情などいろいろの調査情報, 正しい情報が必要である. これらの情報を迅速に層別して集め, これを総合的に解析しなければならない. 企業の中ではこのような方針を決定するために必要な情報・データが少なく, それが必要な時期に必要な部門に届いていない.

またそれを総合的に解析する機能をもっていない. この解析には, パレート図, 度数分布, グラフ, 管理図, OR(operations research)の手法などが非常に役だつ.

この情報を提供し, 解析するのが**スタッフや部下の1つの任務**である. できればいくつかの案を作成し, これを基に各々の方針により具体的に目的・目標を決定することになる. もちろん, 100% 確実な情報はない. したがって, 70%, 80%の情報を集めるが, あとは失敗する確率を考えての長の決断, **度胸とその実行**である. この情報量をできるだけ多くするのが科学的といえよう. 要するに「いかに早く石橋をたたいて渡るか」である. いわゆる**勘**というのは, 誤差は多いが, 経験的確率である.

社長以下職場長まで長と名のつく人々は, 自分の方針を決めるためにいかなる情報を得たらよいか, まず反省していただきたい.

3) 方針は**総合的**に決めなければならない. 総合的な方針というのは, いくつかの方針の間に矛盾があったり, ばらばらに出されてはならないということ

1.5 管 理 と は

である. わが国では，本社に**総合的**に判断するという機能がないし，セクショナリズムが強いために，各部門からばらばらに方針が出ている場合が多い. このような会社を，わたくしは八頭的会社といっている. これではいくら方針を出しても，管理はとてもできない.

4) **重点的**でなければならない. パレートの原則「重要な問題の数は少なく，くだらない問題は多い」(vital few, trivial many)に従って考えるべきで，10も20も項目を並べては，どれが重点であるか不明であり，重点がなくなってしまう. 気のついたものを書き並べているが，これは方針とはいえない. 実際には，突発的な問題よりも**慢性的**でみんながあきらめているようなところに，真に重要な問題があるものである. 重要方針は2～3項目，多くとも5項目以内に絞った方がよい. あとは日常管理項目にした方がよい.

5) 目的・目標は**具体的**に，なるべく**期間を決めて**はっきりと示さなければならない. 抽象的な「良品廉価」とか，「良く，安く，早く」などという方針だけではあまり役だたない. もちろん，社是・基本方針としては，このような抽象的，精神的方針もよいが，これに付け加えてもっと具体的に，たとえば「1～3月を基準として4～9月の不良半減」，「2万円ぐらいのアマチュアのスナップ用のカメラを来年3月から月2万台発売する」というような数値(測定方法，最低と目標)で示した方針でなければならない. これが管理特性となる.

なお，目標値としては，必達目標と，努力目標と区別しておくとよい.

6) 方針は，次の2種に分けられる(表1.3参照).

i) **方法論的方針**

ii) **目的的方針**

たとえば前者としては，「標準化の推進」，「責任と権限の明確化」，「管理図の活用」，「作業標準の確実な実施」などという手段，方法を推進するやり方である. 後者としては，「12月までにA製品の不良率半減」，「B部品のコストを6ヵ月間で20％切下げ」などというように，目的を具体的に指示したものである.

QC については，従来ややもすると方法論的方針が多い．これも QC の導入時期には必要であるが，実際に QC を推進し効果を上げていくためには，もっと具体的に実際問題を目的としたような，QCDS を中心とした目的的方針が必要である．

7) 方針は一貫性をもって，下級へいくほど細分化され，具体的に分解されていかなければならない（方針展開，目標展開）．

8) 方針は，部門を中心，組織を中心として決めるのではなく，**目的，問題点を中心**として決め，チームにより，あるいは各部門に分担させるということになる．

9) 目的や方針は，期ごと年ごとに出すのはもちろんであるが，長期方針，長期計画を考えて，それをもととして作成することが必要である．

10) 目的や方針は，書類にして**広く配布**すること．

以上をまとめると方針，目的，目標は，基本的精神を**文章**で表し，具体的目標を**数値**で示す必要がある．文章だけでも，数値だけでも不十分である．

（2） **目的を達成する方法を決める**≒標準化←──技術・事務技術

目的・目標だけを示して方法を決めなければ，たとえばただ品質目標や原価目標を示しただけで，それを達成する方法や各人が何をすべきかを決めなければ，あとは勝手に何とかやれということになり，前述のように大和魂的管理，むち打つような管理になり，うまい仕事は行えない．したがって，目的・目標を達成するための方法，全従業員が何をしたらよいか，会社運営のルール，言い換えると，作業標準，技術標準，設計標準，職務規定など，広義の標準類を作成しなければならない．この考え方をはっきりさせ，具体化するために，わたくしは**特性要因図**を考案したのである．標準化には，狭義に統一化という意味もあるが，ここでは標準という言葉を広義に用いることにする．

この標準類を作成し，**改善していくのが技術・事務技術の仕事であり，QCサークル活動の1つの仕事**でもある．標準は，一般に企業を運営していくために必要なものであり，品質管理だけのために作るものではなく，何の管理にも必要である．

1.5 管理とは

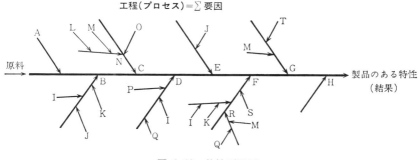

図 1.10 特性要因図

標準化の詳細については第5章において述べるので，ここでは工程管理に重点をおいていくつかの問題点だけを述べておこう．

工程管理の場合には，まず工程設計を行い，QC 工程図を作成し，工程解析を行って，標準を作成，改訂していくことになる．

1) 標準(とくに技術・作業標準)は，原因について作成すべきである．**先手を打った管理を行え．**

これには原因と結果(目的)との区別が必要であり，特性要因図(図1.10)を活用するとよい．特性要因図は，技術，生産，設計，検査関係者，職場長，作業員など，関係者を集めて，いわゆるブレーン・ストーミングなどを活用して，その知識を集積して作成する．これを中心として固有技術，経験，統計的手法などにより，なるべく先手を打つように標準化していく．結果を見て，急いで手を打っていくのは**後手管理**という．工程管理の場合には，フィードバック(後手管理)よりもフィードフォワード(先手管理)の方が重要である．

［注］ 工程に影響を及ぼす原因は無数にあるが，これを一般用語として**原因**という．これに対し，品質管理ではわれわれが取り上げた原因のことを**要因**という．特性要因図の作り方については4.7.4節で述べる．

2) 工程管理上たいせつな原因(要因)を，どう押えるかを決める．すなわち，**真に大きな原因**について具体的に作成する．

目的にばらつきを与える原因は無限にある．これを全部押えることは，目的

達成にはかえって不経済である．われわれの仕事に対して，一般に原因は無限にあるが，パレートの原則で影響しているのが通常であるから，われわれが取り上げた原因，すなわち要因について検討し，その中から真に大きな要因を選んで標準化していけば，必ず効果が上がる．

この大きな要因を捜すには，その工程についての固有の技術的知識，職場の実体の十分な観察，さらに統計的に工程解析する能力がなければならない．この意味において，これからの技術者は常識として**統計的手法**を，物理，化学，電気などの固有技術と同じように，身につけていなければならない．しかし大部分，**約95％の問題は**，QC の七つ道具，すなわちパレート図，ヒストグラム，グラフ，および特性要因図などにより解決することができるので，社長以下 QC サークルメンバーまで全従業員が統計的な考え方と QC の七つ道具を身につけていなければならない．

3）標準化は，**権限を委譲するために行うのである．権限は委譲すべきであるが，責任をすべては委譲できない．**このためには，例外のこと，異常の場合のことを標準化しておくことが必要である．たとえばこれを管理標準といってもよい．

工程に異常が起きた場合に

誰が何をやるべきか（責任）

どこまでやってもよいか（権限）

誰の指示を受けなければならないか

などを決めておく必要がある．権限委譲したら命令するな．

4）目的（特性）をはっきりさせて作成せよ．

5）標準化するときにはなるべく関係者にタッチさせよ．自分が作成した標準や規定は守るのが人間である．

6）人間はミスをする動物である．部下のミスを怒ってはならない．ミスしても大丈夫なように馬鹿よけをみんなで考えよ．

7）改訂のない標準は，使われていない証拠である．

8）標準は書きものとして原簿を整備し，改訂の歴史を明確にし，とくに会

1.5 管理とは

社への**技術の組織的蓄積**を図る．これにより，技術は確立し，進歩し，技術の輸出が行えるようになろう．

9) 標準間に矛盾があってはならない．

（3） 教育・訓練する

上長は，部下を教育する責任がある．

たとえ標準や規定類ができても，それを渡しただけでは読みもしないし，たとえ読んでも書いたものだけでは不完全であるし，その真意を理解しないであろう．また，たとえ理解しても，それを実行できない場合も多い．従来，日本人，特に官僚的な人は標準・法律などをきつく決めて，守るのをルーズにしがちである．決めたことを守るという習慣も雰囲気も少なく，むしろ勝手に破ることに一種の誇りを感じている人もいるくらいである．そこで教育・訓練が必要である．とくに QC は経営に対する1つの思想革命であるから，これを実施していくには，社長から一作業員に至るまで全員の頭の切替えが必要であり，したがって，「**QC は教育に始って教育に終る**」といってもよい．

企業における教育・訓練は3つに分けて考えられる．

1) 集合教育
2) 上長は仕事を通じて部下を教育・訓練する
3) 部下に思いきって権限委譲してやらせる

以上3項目の重みはそれぞれ3分の1ずつである．集合教育だけが教育ではない．

さて，わたくしは管理を**性善説的管理**と**性悪説的管理**に分けて考えている．性悪説的管理というのは，人間の性は悪であるからいつ悪いことをするかわからないというので，チェックを厳重に行うという方法である．これではみんなも愉快に仕事はできないし管理やチェックの手間，間接費ばかりかかって，コストがかかり，何のために管理しているのかわからなくなる．従来の**中央集権的管理**では，ややもするとチェックの重複や性悪説的管理になりやすい．

わたくしは，性善説的管理を進めなければならないと思っている．人の性は善であるから，教育し，頭の切替えができれば十分仕事ができる．もちろん仕

事の内容によっては，適性検査が必要である．したがって，管理の理想をいえば，無チェックの管理，あるいは自分を自分で管理するという状況，自主管理である．一般に，教育すれば**管理の幅**(span of control，1人で何人管理できるか)は広がり，権限もどしどし委譲できるようになる．教育しなければ，1人で1人も管理・監督できないし，仕事を任すこともできないであろう．いずれにしろ教育は絶対に必要で，いくらよい組織を作っても，その中身の人がよくならなければ企業の進歩は不可能であろう．わが国の企業は，教育にもっと投資すべきである．オーケストラの指揮者のように，1人で100人は管理できる．

また，実際に自分で教育をやってみると，自分自身も標準をよく理解し，標準のやりにくいところ，不備，欠陥がよくわかり，標準の合理化にも役だつものである．人に教えるということは自分に非常によい勉強になる．

十分教育して標準どおり守るような雰囲気にもっていくのが，上長の，管理者の大きな任務である．このように十分教育してうまく管理していくやり方を，性善説的管理という．そして，作業標準などの標準・規定類が適切なものであるかどうか，再検討することも必要である．いずれにしろ，自分の秘密であるなどといって部下に教えないのでは，うまい仕事ができるはずがない．教育しないで叱りとばしてばかりいるのでは，管理者の資格はない．

以上のような教育・訓練に対する基本的な考え方が，QC サークル活動を始めた1つの根拠である．また，この教育方法の研究や教育効果の判定にも統計的手法は非常に役だつ．

（4） 仕事を実施する

（5） 実施の結果をチェックする

仕事が方針・目標どおり，指示どおり行われているか否かをチェックする．

命令しただけ，教育しただけでは，管理者としてはその責任を果たしているとはいえない．これをチェックして，うまくいっているかどうかを調べる必要がある．命令，標準はもちろんのこと，人間や設備は完全ではないから，いくら性善でも間違いや故障はありうるし，誤解していることもありうる．したが

1.5 管理とは

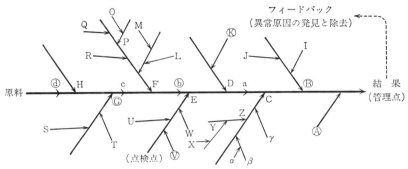

○印は重要な要因，点検点であって，職場を回るときにとくにチェックしなければならない．

図 1.11 管理のモデル

って，経営者，管理者，監督者は仕事がうまく行われているかどうかを必要に応じてチェックし，方針どおり指示どおりにうまくいくようにしなければならない．

　長と名のつく人は，どこで，いつ，何をチェックしたらよいか，何でチェックしたらよいか，よく考え，それを実行する責任がある．さらにみんなが管理ということがわかり，身についてくれば，自分で自分を管理する．すなわち自主管理をしていくことになる．

　管理者としては，仕事がうまくいっているときには放っておいてよく，うまくいっていないとき，例外のときに処置をとる必要がある．すなわち，管理を行うには**例外の原則**が必要である．われわれは，例外であるかどうかをチェックし，判定しなければならない．

　仕事(工程)を管理する場合には，特性要因図の考え方(図1.11参照)によって，次の2つの方法でチェックする．

1) 要因をチェックする

　職場を回って見る．すべてが方針や標準どおりに行われているかどうか，たとえば作業方法，段取り，そのほか測定などを見て回る．これは，主として末端の管理者の仕事である．

　職場を回る1つの目的は，職場が指示どおり，標準どおり動いているかどう

か，たとえば原材料，設備，計器，自動制御，治工具，作業などがうまくいっているかどうかをチェックするためである．工程管理の場合でいえば，要因がうまく押えられているかどうかを見て回ることになる．しかしこの際に，方針，指示，標準がなければ，何と比較して，何をチェックするのかがはっきりしない．また，何に重点をおいてチェックするかを考えて**チェックリスト**を作成し，これによりチェックしなければ，ただ漫然と散歩しているにすぎなくなる．

このチェックポイントをよく**点検点**ともいう．またこの要因のチェックは下級管理者の責任であって，上級管理者は要因についてあまり細かいチェックをしない方がよい．部長や重役になっても細かいことをチェックしたがる人々は職人重役，職人部長というべきであろう．部長，重役になったら，あまり細かいことをチェックして時間をとられるよりは，2)に述べる結果でチェックして暇な時間をつくり，将来のことを考えなければならない(5.5.1節参照)．

われわれの工程には，原因が無限にある．しかし

i) 作業標準などの標準類で押えているのは，原因の中の一部分であり，しかもそれを100％正しく押えることはできない．

ii) 回って見られる職場は，時間的にも場所的にも，職場の仕事の一部分である．

したがって，われわれは職場を重点的に回って見るだけでは不十分であるしもし全部の要因のチェックを完全にやろうとすると，非常に手間がかかるであろう．そこで，もう1つの方法は

2) 結果でチェックする

すなわち仕事の結果，たとえば狭義の品質，生産量，納期，在庫量，原価，原単位，安全，公害などの変化を見ることによって，仕事や工程がうまくいっているかどうかを チェックする という方法である．結果を見て，その情報を工程へフィードバックして仕事の異常，工程や経営の異常を発見し，その異常原因を除去し，工程・経営を管理していこうというのである．この関係を理解するために，特性要因図的に考えるとよい．これを図示すると，図1.10のよう

1.5 管 理 と は

になる．

　この結果でチェックすることについて，いくつか注意事項を述べておこう．

　i） 結果**で**チェックして工程や経営を管理するのであって，結果**を**チェックするという考え方ではない．たとえば，品質で仕事を管理して，工程や経営が管理されてくれば，自然によいものが安くできるようになる．すなわち，品質管理についていえば，「工程で 品質を作り込め」というのが，品質管理の 基本的な考え方の１つである．品質を管理する，品質をチェックするという考え方になると，旧式の品質管理，検査重点主義になり失敗する．原価管理においても，原価を管理するという考え方を正面に押し出すと，多くの原価管理は失敗するし，またそれなら原価計算をする意味はあまりなくなってしまう．われわれが原価で 管理するところに，原価管理の 意味 があるのと 同様である．この「で」と「を」の違いに注意する．**「検査と管理を混同するな．」** 品質の結果でもの，ロットにアクションをとるのは 検査である．品質 の 結果 で，仕事，工程，経営にアクションをとるのが管理（工程管理）である．

　ii） われわれは，仕事を，その結果のどのような特性で，すなわち何でチェックしたら最もよいかを常に考えよ．TQC では，これを 一般に **管理特性**あるいは **管理点** といっている（5.5.1 節 参照）．管理の 網において，社長は，部長は，工場長は，課長は，係長は，職場長は，作業員は，それぞれ自分の管理点を決めて，何でチェックしたら，管理の仕事の任務が果たせるか考えなければならない．

　チェックするのは必ずしも品質に限らず，原価，生産量，原単位，販売量，人事，安全，その他いろいろある．この管理の網がうまく張られれば，安心して，楽にうまい管理が行える．この管理特性は方針から決まるものと，日常業務から決まるものとある．一般に，課長以上社長までの管理点は20〜50項目，係長以下は 5〜20 項目ある．

　この特性を品質について選べば，**品質特性**である．本書では，管理特性と品質特性を区別して使うから注意されたい．

　iii）　**結果は必ずばらつく．**よく同じ原料を用い，同じ設備で，同じ人間が，

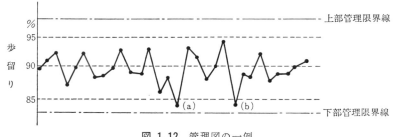

図 1.12　管理図の一例

　同じ方法で仕事をするのだから，同じ物ができるはずだと考えている人がいるが，これは大きな間違いである．そしてたとえば，少しでも歩留りが下がるとやかましくいう統計的なセンスのない人がいる．これでは現場からウソのデータが出て来るようになるであろう．前にも述べたように，われわれの仕事の結果に影響を与える原因は無限にあり，われわれはそれを100％押えているわけではないから，いくら 標準どおり 仕事をしても結果(品質，生産量，歩留り等等)は必ずばらつき，分布をもった結果が出てくる．

　したがって仕事・工程に異常が起っているか否かは，分布がどう変ったかという立場で判定しなければならない．すなわち，統計的に判断し，管理しなければならない．時間的に分布が変ったかどうか，結果が例外をわれわれに示してくれるのが，一対の 管理限界線のはいった **管理図**(図 1.12)である．これを利用すると，判断が最も客観的に，容易に行える．もちろん管理図にしなくとも，限界線などのないグラフでも役だつが，管理図の方が使いやすい．この場合，結果としての品質特性を管理図にプロットして管理すれば品質で工程を管理することになる．

　よく管理図のことを品質管理図という人がいるが，管理図 は，生 産 量，原価，歩留り，その他管理特性に相当する特性値であれば，何をプロットしても役だち，品質管理以外の管理にも多く用いられるから，この用語は適当ではない．

　各管理責任者は，管理図により自分の管理責任を遂行しやすくなる．**管理図**

1.5 管理とは

やグラフは，**各階級の長が見て使うべきもの**である．しかし管理図は，異常の存在を示してくれるが，その原因が何であるかは示してくれない．われわれはその異常原因を捜して，これを除去しなければならない．図1.12は，管理状態の管理図の一例である．平均歩留り90%のときに，a点やb点のように83.5%などという歩留りの日があると，あなたは部下を叱りませんか？　現場はいつものとおりやっていて，こんなデータが出ているのである．

vi)　結果でチェックして工程を管理していくためには，2.1節でも述べるように，**ロットの歴史**，**データの歴史**を明らかにしておくこと，言い換えると**層別**(4.3.2節参照)を十分に行うことが必要条件となってくる．すなわち，この製品はどの原料を用いて，どの機械で，誰がいつ作ったのかがわかるようにしてなければ，その原因追究はできない．**うまく層別しなければ，うまい管理も解析も行えない**．従来の検査のデータが管理に使えないのは，そのデータの歴史が明らかでないものが多いからである．

v)　情報のフィードバックをできるだけ迅速に，適確に，適当な時期に，適当な人に行わなければならない．たとえば検査のデータを同時に管理に使うためには，ロット別に層別した検査の結果がまっ先に現場に通知されなければならない．

以上述べたようないろいろのチェックのやり方は，管理者，監督者が自分の責任と権限を考えて，考えていく責任がある．もちろん，品質管理担当者などにそれでよいかどうかを相談するのはよいが，自分で考えることが重要である．

(6)　処置(アクション)をとる

チェックして，もし仕事がうまくいっていない，あるいは何か異常があることを発見したとしても，それだけでは何にもならない．

その原因を捜し，工程や作業がうまくいくように，工程に対してその原因を除去するという処置(アクション)をとらなければならない．この場合，主目的はそのような現象を除去するのでなく，その**原因**，**根本原因を除去する**ことである．

標準どおり仕事をするためには，作業標準を初めとする標準類が必要であり，そのとおりやるように教育し，ちゃんとやらせるのが管理者の責任である．しかし，標準どおりやらなかったり，おかしな結果が出たりするのは，必ずしも部下の責任ばかりではない．標準が不備であったり，守る雰囲気がなかったり，責任と権限が曖昧だったりしている場合には，その原因は大部分次のいずれかである．

i) 本人の不注意や標準どおりに仕事をするという意識に欠けている．

ii) 標準を十分教育・訓練していない，あるいは誤解している．

iii) 標準の不備で，そのとおりにできない．やりにくい，間違いやすい，非常な熟練を要する．

　このi)は作業員初め第一線の人々の責任であるが，ii)，iii)は上級管理者がアクションしなければならない問題である．一般に職場の人が失敗した場合，末端の人の責任は4分の1から5分の1で，マネジメントの責任が4分の3から5分の4である．

　したがって，標準どおりやっていなかった場合には，次のa)〜e)いずれかのアクションをとる必要がある．ただどなり散らしたり，叱るのは，アクションとはいえないし，よい管理者とはいえない．

a) 標準どおりやらせてみる．そしてよく検討する．

b) 再教育する．

　部下の指導のしかた，教え方などが悪くなかったかどうか，不十分ではなかったかを反省して，再教育することも必要であろう．教えたからやれるはずだという考え方ではだめである．やらないのは多くの場合，教え方が悪いのである．**教えてわからないのは教え方が悪い**のである．また，何度教えてもうまくできなかったり，絶えず不注意で間違えるときには

c) 馬鹿よけ対策を行うか，配置転換を行う．適性配置を考える．

d) 標準の改訂を行う．

　わが国の現状では，こんな標準で作業ができるかといいたいくらい下手なものがある．標準どおりできないのは標準の与え方が悪い場合が多い．

1.5 管　理　と　は

　したがって，QC サークル活動を活用して，職場第一線の人々をチームに入れたり，その意見を聞いたり，情報を集めて解析したり，十分な観察を行ったり，工場実験を行ったりして，標準を改訂するというアクションが 必 要 である．日本の TQC では，この再発防止のアクションを重視している．

　e)　目的・目標を変更する．

　標準の改訂ばかりでなく，目的・標準が間違っている場合がある．このときには十分情報を集めて，それが正しかったか否かを再反省し，これを変更しなければならない場合もある．

　以上のうち a)〜d) は，主として職場長の責任である．

　次に，a)〜e) のアクションを別の面から分類すると

　イ)　ただちに指示どおり行うように処置をとる

　ロ)　今後再び同じ誤りを犯さないように処置をとる（再発防止）

に分けられる．a) はイ) であり，b)〜e) はロ) である．とくに TQC においては，ロ) の**再発防止のアクション**を重視している．再発防止がなければ 真の管理体制ができているとはいえない．また進歩もない．イ) がなければ工程 は 管理状態を保持することはできず，ロ) の処置がなければ工程に進歩はない．イ) はもちろんラインの仕事であるが，ロ) は QC サークル，スタッフあるいは管理者の仕事である．

　この場合，**異常原因の除去と調節・調整とを間違えてはならない**．工程の結果に異常が発見された場合に，その異常原因を発見して除去しなければならない．異常原因は捜さずに，応急的に別の要因を変化させて良い結果を得ようとするのが調節である．

　　[例]　乾燥工程において，水分の異常に多いものができた．その原因が原料の水分が高かったためならば，原料の水分という異常原因を除去しなければならない．原料の水分はそのままにしておいて，乾燥温度をあげる応急処置をとるのは調節である．異常原因を除去しなければ，工程はなかなか安定しない．

　一般に異常があっても原因不明が多いということは，上級管理者がしなければならないことをせずに，すぐに怒ったり，できないことを無理に命令していたり，あるいはその会社の管理意識が末端まで浸透しておらず，管理体制が不

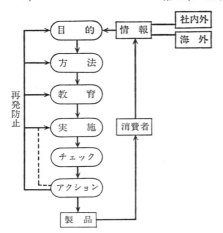

図 1.13　管理とは

十分なこと，技術が確立していないこと，責任と権限があいまいであることを示すものである．これを撃滅するためには，関係者全員が以上述べた管理の考え方を理解し，協力して徹底的にその根本原因を追求し，処置法を研究しなければならない．

（7）　アクションの結果をチェックする

処置をとった人やその上長は，処置をとったら，その処置がよかったかどうかを再チェックする責任がある．処置をとったまま放置せず，必ずそれがよかったか否かをチェック・確認して，初めてその管理責任を完遂しているといえる．管理図はまたこれにも役だつ．

これが管理の基本的な考え方で，これが図1.13の矢印に示すように循環して，初めて管理が進行していく．

以上の場合，品質について目的をはっきり決めて管理していけば，これが品質管理である．

また，この各段階で統計的手法をうまく活用していけば，管理がうまく行える．これが統計的管理である．これを品質について行ったのが，統計的品質管理（SQC）である．

以上でわかるように，われわれは品質を管理するのが目的で，その手段とし

て統計的手法をあらゆる面で活用しようというのである．

SQC・TQCを行えば消費者も，従業員も，株主も利益を受けることができ，自然に利益の3分配が行えるようになる．

1.5.3 再発防止のアクション・歯止め

再発防止は，口でいうのは簡単であるが，実際にはなかなか行われていないのでここでもう少し述べておく．TQCで再発防止をうるさくいっているのは，管理の場合と，品質保証（新製品開発中の問題点とクレーム）の場合などである．工程管理などで異常が起った場合の再発防止，いわゆる**歯止め**であり，新製品開発中のトラブルやクレームの再発防止である．

従来再発防止対策といわれているものに次の3つがある．

1) 現象を除去する（×）
2) 要因を除去する（○）
3) 根本要因を除去する（◎）

このうち1)は応急対策であって，再発防止対策ではない．2)が一応の再発防止対策であるが，これだけではまた再発する可能性がある．3)の根本要因の除去と2)をさらに水平展開して，経営のシステムや重要な標準類の改訂まで行わなければならない．

TQCで管理していくときに，異常原因の再発防止・歯止めに重点をおいて進めている．

要因を再発防止するということは，その要因が再び起らなくなるということであるから，図1.14に示すように仕事・工程が少しずつよくなるということである．

したがって，われわれがTQCでいっている管理とは消極的ではあるが，異

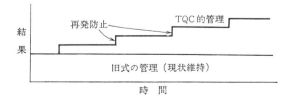

図1.14 TQC的管理と旧式の管理

常原因を発見するたびに再発防止対策を行って，絶えず少しずつ改善することであり，**現状維持ではない**．

以上述べたことは，口でいうことはやすいが，実際には，真の原因や根本要因を十分捜さないで，応急処置の対策や調節で済ませてしまい，「喉もと過ぎれば熱さを忘れる」で放置されてしまうことが多い．したがって，職場の人はもちろんのこと管理者，監督者，技術者は執念深く再発防止対策を追究しなければならない．

1.6 品質を管理するには

品質を管理して，品質保証するのが QC の目的である．細かいことは第4～6章で述べるので，ここでは簡単に項目だけ挙げておく．品質保証のやり方の進歩について1.3節に述べたように，新製品の企画から始まる新製品開発中に信頼性を含めた品質をつくりこみ，次に工程管理をしっかり行い，さらに必要があれば検査を行って，TQC 的に品質保証を行うことになる．

しかし品質管理を初めて実施する場合には，この逆に，まずとりあえずしっかりした検査を行い，消費者に迷惑を与えないようにし，次に工程管理をしっかり行い，最後に新製品開発段階を通じての品質保証体制をつくりあげていくことになる．

QC の実施に際しては5M(図1.15)——人(man)，原材料・外注(material)，

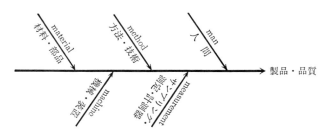

最近 5M でなく，男女同権を考えて man のかわりに people として，4M1P といっている人もいる

図 1.15 製品・品質を作るには——5M

機械・装置(machine)，方法・技術(標準化)(method)，測定・試験(measurement)——の管理(management)が必要である．これらすべての場合に統計的方法を活用していくのが SQC である．

1.6.1 品質管理・品質保証の基本

品質管理の真髄は品質保証であるので，その基本的な態度を述べておく．

1) 消費者指向

2) 品質第一主義

3) 品質に対しトップ以下全従業員が関心をもつこと

4) 品質の PDCA を回し，たえず品質を向上させていくこと(図1.2参照)

5) 品質保証は生産者(売手・製造部・職場)の責任である．買手・検査部ではない

6) ハード(製品)の品質から，ソフト(サービス・仕事・人・部門・経営・企業・グループ・社会・環境)の品質へ

1.6.2 品質保証体系

企業として製品(サービス)を生産し，販売していく以上，何を生産すべきかという品質を企画し，設計し，さらにそれを生産する工程を設計しなければならない．現在は新製品開発の国際競争の時代である．しかもこれらは，消費者の要求と関連企業を含めた企業グループのいろいろな能力，特に工程能力のバランスの上にたって成立するのであるから，同時に検討しなければならない．これが全グループぐるみの QC，**集団的品質管理**(GWQC)である．これにより企業の能力はどんどん向上するものである．

(1) 新製品の分類と定義

品質保証体系は，新製品開発から始まるものであるから，まず新製品の定義・分類をしっかりやっておく必要がある．

A) 世界にまったくない新製品
A)′ 日本にまったくない新製品 } (先手を打った新製品)

B) 自社にはないが，他社にはある新製品(後手を打った新製品)

B)′ 類似新製品

表 1.2 新製品の1つの分類方法

販売ルート ＼ 技術	有	無
有	D	C
無	B	A

C) 現製品の大型モデルチェンジ

D) 現製品の小型モデルチェンジ

E) 受注製品

どこまでを新製品というか．特にD)のは新製品といえるか．E)の受注生産で，相手によってちょっと仕様を変えたようなものは新製品とはいえまい．これらの区別はなかなかつけにくいが，企業としては明確に定義を決めておく必要がある．

新製品売上高および利益高の方針と管理は，何年間を新製品というか（1年，3年，5年）を定め，**新製品売上比率やその利益率の管理**を行う必要がある．

どうなったらその新製品を成功というのかをはっきりさせるために，（2）に述べる開発の各ステップの定義や用語をはっきりさせる新製品開発管理規定などを作成しておく必要がある．

新製品A〜Eによって，開発手順の簡略化に差はあるが，まったくの新製品A)についてのやり方を考えておけば，他はステップを省略すればよい．

なお，受注生産・多品種少量生産のときもほぼ同様に考えていけばよい．

新製品の分類方法については，いろいろあるが，技術や販売ルート技術の有無による表1.2のような分類もある．この場合には，A，B，C，Dの順に慎重に検討する必要がある．

（2） 品質保証体系

品質保証体系を図1.16に示す．

1) 図1.16の体系はきわめて簡単なものになっているが，各企業ではどのス

1.6 品質を管理するには

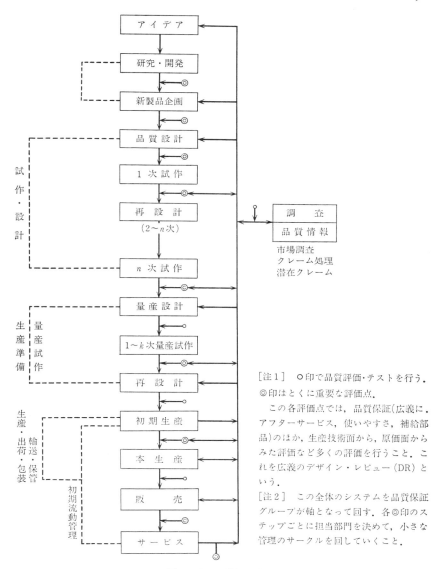

図 1.16 品質保証体系

テップで，どの部門が，どの会議体で何をするか，誰が決定したら次のステップへ進むかがわかるような体系図として作成する必要がある．

2) 品質保証体系図は，全社の思想統一を行うために作成するもので，この骨組・体系図を作成しただけでは品質保証は何もできない．

企業トップの品質方針を初めとし，各ステップで誰が何をすべきか，特に品質保証を行うためにどんな調査を行い，どんな条件でどんなテストを行うべきかを，QC 的センスとデータ解析，品質解析および実験で決めていかなければならない．テスト項目は簡単な製品で 300 項目，複雑な製品になると 2,000〜10,000 項目はある．

3) このステップを大きく分けると図1.17のように一般に 7 ステップに分けられるが，図に示すように各ステップごとにサブセンター(SC)を決めて新製品開発を推進し，PDCA を回す．

全社的なセンターが中心になって，新製品開発の PDCA を回し，新製品開

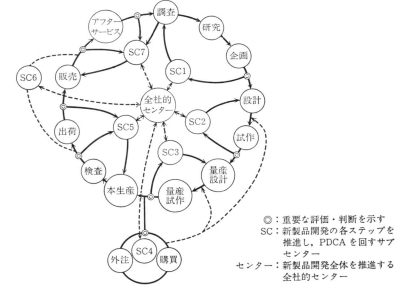

図 1.17　品質保証体系の PDCA

1.6 品質を管理するには

発の促進と再発防止をはかっていくことになる.

4) ステップ間の移行，たとえば企画段階から設計・試作段階へ，設計・試作段階から量産試作段階へなどの移行のときに，次のステップへ移ってよいかという非常に重要な品質・原価・納期などについて評価と判断をしなければならない.

5) 品質保証についての評価・テストはなるべく早い段階で，新製品企画，1次試作段階で，営業，研究・開発，設計，生産技術，製造，購買・外注，アフターサービスなどの部門の人々が参加して，問題点を洗いださなければならない.

以下各ステップ別に行うべき重要事項だけを述べておく.

（3） 企画段階（ステップ1）

新製品企画書の作成：どの消費者をねらうか. 売値と原価. 販売量(月当り，総計，ライフサイクル). 品質(消費者の言葉で，重要度の決定). 発売時期.

調査事項：市場情報(消費のニーズ・不満・苦情). 技術情報(先行技術の貯金，工程能力(process capability)，生産能力(capacity)，研究・設計・技術の能力・有無). 人的能力. 財務能力. 販売ルート(販売力・サービス力)の能力・有無. 資材外注能力・有無.

以上の調査研究・解析を国内のみならず国際的センスで行い，新製品企画書をバックアップする情報をつける必要がある. その新製品が売れるものであるということを社内の人，特にトップを，説得できるように.

新製品に成功する企業の体質となかなか出てこない企業の体質がある.

（4） 設計・試作段階（ステップ2）

新製品開発企画書，目標品質(技術者の言葉で，品質解析，代用品質特性，重要度の決定)，目標原価，工程設計，QC工程図Ⅰ，QA上のテスト項目・方法・条件などの決定. 設計・研究・試作の管理.

このために以下

生産・製造研究. 生産技術. 各種能力.

製品研究. 試用・使い方の研究. 新製品の評価・テスト方法の研究. 実用試

験. 使用者との協同実験. 信頼性試験. サービス性の検討.

代用品質特性の選定：試験・検査方式の検討，QC 工程図 I の作成.

設計審査(DR, design review).

意匠・包装，テスト・マーケット，販売方式，流通機構，検討.

設計標準・設計技術標準.

の調査・研究開発・検討が必要である．これをある程度満足できるところまで設計・試作を繰り返す．1次試作品は3台以上つくり，営業・サービス，性能，生産技術，生産などあらゆる面から検討し，不具合を洗いだす.

（5） 量産試作段階(ステップ3)

QC 工程図 II, 各種標準類の作成：製品・中間製品・原材料規格，技術標準，作業標準，工程管理標準，設備標準，設備管理標準，治工具・金型の整備とその管理標準，計測器および計測管理標準，包装標準，輸送標準，原材料受入・中間・最終・出荷などの検査標準.

これには

標準原単位，標準原価など原価管理方式

量(生産量，在庫量，販売量)管理方式

販売方式，流通機構の整備(サービスを含む)

販売関係マニュアルの整備：カタログ，使用説明書，販売マニュアル，補給
　　部品表，サービスマニュアル，クレーム処理規定など

教育・訓練：製造関係者，営業・サービス関係者，外注関係者

テストマーケット

などの各項目を量産試作が始まる前に，遅くとも完了までに決めておかなければならない.

何のために量産試作を行うのかを考え

量産試作での製品のばらつきはどうか

部品の互換性は大丈夫か

直行率は何パーセントか

治工具・金型・計測器・検査方法などは，本生産用のものが何パーセント使

1.6 品質を管理するには

用されているか

などの各項目を確認して次の本生産へつなげる.

（6） 購買・外注段階（ステップ4）

1.6.3節を参照されたい.

（7） 生産段階（ステップ5）

生産がうまくいくかどうかは企業の生命を支配する重要問題であるが，新製品立上がりがうまくいくかどうかはステップ4までの源流管理がうまく行われているかどうかによる．もちろんその後の工程管理およびその改善の責任は製造部・職場にある．これをしっかり行うためにはそれ以前の各項をしっかり決めて，教育・訓練し，さらに QC チーム，QC サークル活動などを通じて管理・改善を行い，検査部門と協力して，品質保証を完成していく（1.5.2節および4章参照）.

（8） 販売段階（ステップ6）

製品やサービスをいくらつくっても，売って，消費者に喜んでいただけなければ何にもならない．これには，消費者の要求やニーズに合ったものをビフォアサービスして，販売する必要がある.

それには(5)に述べたような営業関係の標準を整備・改善する必要がある．とくにセールスマン，販売関係者に重要なことは

1) TQC, QC, QC サークル活動の考え方をよく理解していること

2) 消費者の要求，ニーズ，ウォンツ，使い方，潜在クレームなどをよく理解していること

3) 商品およびアフターサービスの知識と技術をしっかり身につけていること

4) 商品やサービスを値引きして売るのでなく，品質で売り込むこと．売上高利益率の管理

5) 合計金額でなく，製品の種類別の販売量, 在庫量，不良在庫，即納率，納入率，欠品率，在庫率等々を管理すること．販売量の管理

の各項である.

（9） アフターサービス・調査段階（ステップ7）

製品を売ったらおしまいというのは，きわめて QC 的でない．

いくら一所懸命品質保証を行っても，消耗部品の補給を含めアフターサービス，定期点検，修理，消費者の苦情の処理，消費者の不満や将来への希望，ニーズやウォンツの先取り，などを行わなければ十分ではない．そして，新製品の企画や現製品の設計変更，アフターサービス体制の整備など，品質保証体制の管理・改善を実施することが大切である．しかし，これを全国的，世界的に整備するためには長期にわたる努力と調査と経験が必要である．

わたくしは販売部という言葉はあまり好きでない．それはステップ6の販売だけを仕事と考え，ステップ7をしっかり行わないことが多いからである．営業部といえばステップ6と7を一緒に行うことになる．ステップ7の活動は欧米ではその一部がマーケティングという別の仕事になっているが，わたくしは日本では一緒にして営業といった方がよいと思っている．

（10） まとめ：品質保証体制の推進

このように品質の PDCA を常に回していくというのが，TQC の1つの特徴である．

以上述べたステップ1から7までについて，各サブセンター（図1.17の SC）を中心にしてステップごとの新製品開発の時間的推進と品質保証と原価管理を進め，さらに各 SC の情報をもとに全社的に新製品開発を推進していくことになる．この際の注意事項を述べておく．

1) 次のステップへの移行の決心が重要である（図1.16の◎印）．たとえば，試作・設計のステップ2から量産試作のステップ3へ進んでよいかどうかを，品質保証，原価，つくりやすさ（生産性）などからみて，しっかりした評価を行い，これをトップが司会する新製品会議にかけ，もう一度試作をやり直すか，量産試作，生産準備に入ってよいかを決定する．

2) この場合，すべての仕事の進度が揃っていて，一度に次のステップへバトンタッチするのが原則であるが，実際には未解決部分が残ってしまうことがある．このとき，この部分は未解決ということをはっきりさせてバトンタッチ

1.6 品質を管理するには

しなければならない.

3) 各ステップごとに,その基本である新製品企画書と比較し,満足しているかどうか検討しなければならない. もちろんその度ごとに新製品企画書が現在でもよいか再確認する必要がある.

4) 前にも述べたように,各ステップごとに何のために行うのか,特にどのような方法・条件でテストするかを,失敗やクレームを反省しながら改訂,補充していくことになる. これは企業への技術の蓄積となり,企業の重要なノウハウとなる. このような肉付けをしっかり行い,経験を積むことにより十分に品質保証されたうまい新製品が早くできるようになる.

5) 以上述べたことを新製品会議および品質保証の機能別委員会で検討し,常に各部門の責任と権限を明確にしていくとともに,そのシステムを改善していかなければならない.

1.6.3 原材料・外注管理(material)

日本の製造業では,平均して製造原価の70%を社外から購入している. したがって原材料・部品購入・外注関係がうまくいかなければ,品質保証も,コストダウンも納期管理もできない.

原材料・部品が良くなければ,信頼性をもった良い製品はできない. しかしできるだけ悪い原材料を使って良い製品をつくるのが技術である.

原材料・外注管理として重要な項目を挙げておく.

1) **買手と売手の品質管理的10原則**(7.5 節参照)
2) 外注・購買の長期基本方針
3) 原材料・部品規格,受入検査標準,在庫管理標準(ジャスト・イン・タイム方式,ロット別,層別化・均一化)
4) 内・外製区分
5) 納入者の選定と育成,専門メーカーの育成,TQC教育
6) 契約,契約書(ボーナス・ペナルティ)
7) 納入者と協同実験
8) 集団的品質保証体制の確立,無検査購入体制の確立

9) 発注方式と在庫管理，発注方式の層別，リード・タイムの短縮，ジャスト・イン・タイム方式

1.6.4 設備管理(machine)

工程設計と同時に，設備，機械，装置，型，治工具などを設計，設置・整備し，管理しなければ良い製品はできない.

機械・電機工場で自動化・ロボット化が進むと装置工業的になってくる. 装置工業の勉強をする必要がある. 最近は多量生産工業はほとんどなく，大部分が多品種少量生産である. したがって，標準化を進めるとともに設備類をフレキシブルにしておく必要がある.

以下，設備管理を実施する上で重要な事項を列挙しておく.

1) 設備の設計・選定と設置
2) 設備使用管理標準
3) 工程・機械能力研究(process capability study)：調査と改善，動 的・静的，統計的，ラインバランス
4) 設備管理方式の進歩
   ① こわれたら直す.
   ② こわれないように 整備 する. 予防保全(preventive maintenance, PM)，寿命と点検，交替期間，寿命(信頼度)分布，寿命のデータと履歴簿，再発防止.
   ③ 工程能力を保持するように管理する.
5) 設備交換：原価償却的設備交換，技術の陳腐化的設備交換

1.6.5 作業方法・標準化(method)

作業方法の管理については1.5.2節(2)においてふれた. また，作業標準・技術標準などの標準化の問題については5.4節において述べるので参照されたい.

1.6.6 計測管理(measurement)

正しい測定・試験が行われなければ正しいデータが出て来ない. 計測管理に大切な項目を挙げる.

1.6 品質を管理するには

1. 誤差論, 誤差管理.
2. 計測器・治工具・ゲージ・分析方法の選定と管理.
3. サンプリング方法, 測定方法の管理.
4. 計測器を検定・検査・校正するのは狂った計器を直しているに過ぎず, 計器管理でなく検査である. 計器を狂わないように使い, 検定したときに不良ゼロにするのが計器管理である.
5. 出て来たデータが, ある誤差範囲内で信頼できるようにするのが計測管理である.

1.6.7 人間(man)・教育

品質を企画・設計・生産・販売するのも人間であり, その商品やサービスを購入し, 使用するのも人間である. 自動化・ロボット化・コンピュータ化・事務の機械化が進んでも, それを使っていくのは人間である. 昔から「**企業は人なり**」とよくいわれているように, 日本の TQC がうまくいっているのも, 全部門参加, 全員参加, QC サークル活動などを含めて, 各人が能力を発揮し, 人間性が尊重され, 人間関係がうまくいっているからである.

人間の欲望としては, 人生に喜びをもちたい, 有能になりたい, 人と仲良くしたい, 人に愛される人間になりたい, 誇りをもちたい, 人に影響を与えたい, などいろいろあげられる. またその喜びとして, 金銭的満足感, 仕事をやりとげた喜び, 人に認められた喜び, 人間が成長した喜びなどいろいろいわれているが, これらの欲望や喜びを満足させるように TQC は運営されなければならない.

また, 人間である以上**人間性が尊重される**ような職場でなければならない. 人間性とは何ぞやということについては哲学者はいろいろいうであろうが, わたくしは技術者として, 人間が動物や機械と違う点は次の2点であると簡単に考えて, TQC や QC サークル活動を推進してきた.

まずその第一点は, 各人が**自主性**をもって, 自分の意志で, 自発的に, やる気をもって仕事をやっていくことである. 上からの命令や指示通りにやっていくのでは機械とまったく同じで, これでは仕事をいやいややることになる. 欧

米でよくあるように，古いテイラー方式で人間を機械のように使っていたのでは，チャップリンの映画モダンタイムズにあるように仕事が面白くなくなり，飽きてしまって，いやいや仕事をやるようになってしまう．それでは良い品質のものやサービスなどができない．

人間性の第二点としては，**頭を使い，考えて仕事を行う**ことである．仕事をやるときに，疑問をもちながら，常に考えていけば，良いアイデアも出てくるし，良い提案もどんどん出るようになり，創造性開発，新製品開発，新技術開発もできるようになってくる．TQC および QC サークル活動を活発にやっている企業では，良い提案がどんどん増え，1人1年間に提案件数が12件（月1件），さらに50件（週1件）となり，その採用率も60〜70％以上になっている．

このように人間性を発揮でき，全員がやる気を発揮できるような経営姿勢をもとめるのが，TQC や QC サークル活動の1つの重要な理念である．

しかしこのような経営姿勢だけでは，人間は良くならない．人間が良くならなければ良い製品もサービスもできない．

それには，社長から末端の作業者・セールスマン・パートタイマー，さらに外注や流通機構など関係会社の人々まで教育・訓練しなければならない（1.5.2節（3）参照）．

人は常に変り，新人も入ってくるので，私は「QC は教育に始まって教育に終る」といっている．品質管理は製品やサービスを売っている以上永久に実施すべきことであるから，QC の教育・訓練も，景気の好・不況に関係なく，コンスタントに行ってゆかなければならない．

これには

1) 教育・訓練が必要：欧米は訓練のみが多い．
2) 教育・訓練の方法
   ① 集合教育
   ② 上長が部下を教育・訓練
   ③ 権限委譲
   ④ 相互啓発

社内：委員会，討論会，報告会

社外：QC 大会，QC サークル大会，QC サークル交流会，講習会，等々

⑤　自己啓発，自主的勉強

3)　教育と人事配置の長期計画：組織の改組，教育用人事考課，配置転換，多能工化

4)　組織：責任と権限，権限委譲と報告・チェック，ラインとスタッフ，サービス・スタッフとゼネラル・スタッフ，本人の希望，人事異動，人材の抜擢，地位と給与，職務と身分，適性検査・適正配置・適正給与

5)　人間の評価と性格：偏差値，入試成績，卒業成績，入社試験の成績はあまり信用できない．本人の努力，上司のあり方，教育・訓練でどんどん変る．考課票と自己申告の活用，創意工夫，提案制度，自主性と積極性，リーダーシップ

6)　人間能力を発揮させる人事

の項目が関連する．

1.7　品質および工程の改善

1.7.1　管理と改善の考え方と基礎条件

　管理というのは，どちらかというと現在の能力をいっぱいに発揮させ，現状を維持しながらいろいろのことを再発防止して少しずつよくしていくことであり，単なる現状維持ではない．一方改善というのは積極的に能力を向上させていく仕事である．したがって管理と改善とは一見別の仕事のように見える．欧米では両者を別の仕事，別の人の任務であると考えているところに問題がある．この関係を一言でいうと次のようになる．

　「管理しようとすれば 自然に 改善が行われ，改善を行おうとすれば，自然に管理の重要性がわかってくる.」

　すなわち管理と改善とは車の両輪のようなもので，両方ともにしっかり推進していかないと，車はうまく動かなくなってしまう．

　改善は，問題点を積極的に見つけて良くしていく仕事で，これを 2 つに分け

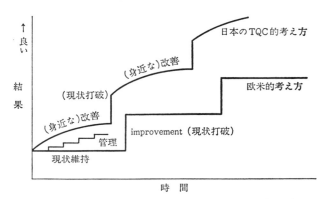

図 1.18 管理と改善の考え方(図 1.14 参照)

て，身近な改善と本格的・重点的な改善とを考える．身近な改善というのは，各職場ごとに身近にある問題点を積極的に捜して次々と良くしていく仕事で，たとえば QC サークル活動や職場の創意工夫や提案制度などを活用して推進していく改善である．これに相当する英語の概念がないので KAIZEN という日本語をそのまま英語として用いている人もいる．あるいは continuous improvement といってもよい．

これに対し，本格的・重点的，現状打破的な改善があり，これは企業として重点を決めて，技術革新的に行う改善で，研究・開発・設備投資を必要とする．この改善は，英語の improvement でプロジェクト・チーム，タスクフォース，QC チームあるいは職制で行う改善である．ところが重点的な改善と思っていた問題が，重点を決めて衆知を集めてやってみると，案外身近な改善である場合も多い．以上述べた現状維持，管理，身近な改善，重点的な改善，現状打破の関係を図示すると図 1.18 のようになる．

改善 { 1. **身近な改善**
2. **重点的な改善**

改善を実施していくためには，4 章に詳しく述べるが，基礎条件として少なくも次の 3 つが必要である．

1) トップの現状打破と開拓精神についてのリーダーシップと具体的方針・

1.7 品質および工程の改善

目標の指示とそのバックアップ.

失敗を恐れない，怒らないようなシステムづくり，ムードづくり.

2) 全社的に開拓精神・現状打破ムードの企業とすること．企業によって，新製品開発と新技術開発がどんどん出てくる会社と，なかなか出てこない会社とある．官僚的で**「出る杭は打たれる」「失敗しないのが，何もしないのが勝ち」**式のムードの企業ではダメである．常に全員が自主的・自発的に問題意識をもち，部課長を含めて全員が失敗を恐れない，怒らないムードづくり．アイデアの中5％成功すれば恩の字である．95％以上は失敗するのが当り前．わたくしは**コロンブスの卵，着想と実行**という言葉が好きである.

3) 外からの刺激にすぐ対応できる企業の体質.

好不況，貿易摩擦を初めとした国際環境の変化，国内のみならず国際的な同業および異業他社の変化，コンサルタントによる診断，デミング賞審査あるいはデミング賞委員会による診断などに対してすぐ対応し，アクションできる体質．これは受身的であるが，人間はやはり弱い面もあり，他から刺激がないとなかなか動きださないものである．ところがもっと駄目な会社というのは刺激をうけようとしない会社，刺激を感じない，あるいは感じても何もアクションをとらない会社である.

要するに，全社的に全員が問題意識をもち，現状打破・改善意識をもつようになり，それをうまく助長・活用し，たえざる改善により，前進していくようになることが大切である．問題がないと思ったら，進歩は止まり，退歩する．しかしこれらはすべて人間の姿勢・考え方，人の問題である.

1.7.2 改善のためのステップ

改善のためのステップを示す.

1) 現状把握，問題点発見のための調査・解析

2) 問題点・目標の決定

3) 改善組織の編成と分担の決定（QC チーム，QC サークル）と活動計画の立案

82　　　　　　　　第1章　品質管理とは

4)　現状把握

5)　工程解析

6)　施行案の作成

7)　実施

8)　結果の確認

9)　再発防止策・標準化・歯止め

10)　管理の定着

11)　残った問題点と反省

12)　今後の計画

　これは問題点の発見と解決の手順といってもよい.

1.7.3　問題点発見のための調査と解析

　真の問題点が発見されれば，その問題の半分は解決している．管理が十分行われていないと問題点が発見できず，右往左往する．問題点発見のための調査と解析の要点は次の項目である.

　1)　調査の任務は，スタッフ，ラインいずれにもあり．しかし，発見する任務，決める任務は長にある．全社員に調査の任務があり，調査マンとしての心構えをもたせる．全員が問題意識をもち自主的，積極的に問題提起を行う.

　2)　**現状の真の姿をしっかり把握**する．たとえば，**現場をよく見る**こと．真の工程能力を知ること.

　3)　現状把握調査のため，方針決定のため，問題点発見のためのデータが必要である．従来，これが ほとんどない(層別した データ，度数分布，パレート図，グラフ，管理図).

　4)　衆知の 利用(全関係者からの 意見具申，提案制度，ブレーン・ストーミング).

　5)　利益計画の はっきりしている 場合は，いくら以上 儲かる問題を 発見せよ，という目標や期限を与える.

　6)　調査データを集め，解析し，総合的な見地から問題点を発見する任務をもった部門が必要である．ただし，データの提供は各部門が行い，決定は長が

1.7 品質および工程の改善

行う.

7) 情報が曲げられていないか, バイアスがはいっていないか, 情報網が切れていないか. それは正しい情報か.

1. 7. 4 問題点, 目標値, 期限の決定

1) 問題点の決定方法・評価方法を決めておくこと. その権限は, 会社により一概にはいえないが, 原則として長にある. それを公表する.

2) スタッフは, いくつかの大きな改善問題を取り上げ, 経費と効果・利益の推定を行い, 案を作成し, 方針により長が決定する. ただし, 広く意見を聞くこと. 原価計算データとパレート図を活用すること.

3) **慢性的な問題**と**突発的な問題**を区別する. 突発的な問題にあまり気をとられるな. 経済的には, 従来あきらめている慢性的問題に経済的に大きな問題が多い.

4) 最も大きな問題を全社的に協力して行う. そのためには, 各課ごとに改善テーマを取り上げるよりは, 各テーマに対し各部門の役割を決めよ.

5) 人, 品質, コスト, 量などについて, 改善の期限と目標をできるだけ数量的に, 具体的に, 方針を示す.

6) 改善に要する経費(調査・研究費とアクション費)についてなるべく予算をつける.

7) 解決の可能性を検討して決定することはもちろん必要であるが, あまりこれにとらわれると最も大きな問題をあきらめて, 重箱のすみをつつくような問題を取り上げる危険がある. 可能性をあきらめてはならない.

8) パレートの原則に従って, 改善重要問題の数は少なくする. 重要問題がたくさんあっては, 重要問題ではなくなってしまう.

9) 何でチェック, 評価するか決めておく.

以上が問題を決定する場合に留意すべき項目であるが, この場合に重要なことは, **できない理由を考えるよりも, どうしたらできるかを考えることである.**

以後の, 問題の解決・改善についての詳細は第4章を参照されたい.

1.8 SQC・TQC と技術

従来，技術，技術者という言葉が非常に曖昧に使われているが，広義の技術者を次の3種に分けて考えるとよい.

1. 科学者(scientist)
2. 技術者(engineer)
3. 技能者(technician)

科学者というのは，基礎科学をコツコツ研究する人たちである.

技能者とはかれは工場を運転するのがうまい．かれに組み立てさせたらうまい，というような職人の親方のような人々で，昔多くの工場にいたいわゆる技術者には，このタイプが多い.

技術者とは，科学を経済的にうまく応用する人々，新製品開発や新技術開発をうまくやる人々である．現在，わが国でいわゆる技術者といわれている人々には，科学者と技能者が多い．技術者が少なく，物真似技術といわれたり，またこれがわが国産業の真の技術的発展を阻害している.

SQC・TQC と研究・技術との関係は，簡単にいえば次のようになる.

固有技術がなければ，うまい QC はできない．要因を捜す原動力は，研究と技術と技能(経験・熟練)である．しかし，技術はS (統計的手法)により，品質解析や工程解析を QC 的センスで統計的手法を活用することにより，急上昇する.

われわれは，固有技術・統計技術・管理技術という手段を活用して，目的である品質を管理し，効果のあがる TQC を推進していかなければならない.

技術についてはいろいろの言葉が用いられている．たとえば，product engineering, design engineering, process engineering, production engineering, industrial engineering(IE), sales engineering, service engineering など，数えあげていけばきりがない．ここでは QC 的に，研究・技術を3つに分類して考える.

1) 生産研究・技術(ものやサービスをつくる研究)

1.8 SQC・TQC と技術

製品やサービスの設計・試作，工程設計，生産技術，生産準備，工程管理方式，工程解析，治工具・型，工程自動化，コンピュータ化など，要するにものやサービスをつくる研究・技術である．これは日本は大分熱心に行っており，また工程解析により現在もどんどん進んでいる．

2) **製品研究**・技術（ものやサービスを使う研究）

製品やサービスの企画，品質評価方法・使用方法と条件，品質解析（品質展開）・真の品質特性と代用特性，クレームや不満の解析，協同実験，テスト方法・試験方法とその条件（信頼性を含む），検査方法，新用途開発などである．品質は実際に使って見なければわからない．特に品質保証・信頼性のためのテストは新製品開発中に行っておかなければならない．品質管理では，この製品研究・技術が非常に重要であり，この点を永年強調しているが未だに不十分であり，その技術の蓄積も不十分である．

3) サービス（販売）研究・技術

消費者の使用目的・必要・要求・欲望，使用方法の説明と指導，アフターサービス・修理とその品質保証，ビフォアサービス，消費者のニーズやウォンツの先取り，市場情報のキャッチと解析，以上に関係する資料・マニュアルなどがこれである．以上の技術は大分良くなってきたが，未だに営業関係者がそのような技術をもっていないし，技術向上を行おうとしていないし，極端な場合には商品知識すら十分にもっていない．

SQC・TQC を実施することにより，わが国の製品の多くのものが世界一となり，世界中に輸出できるようになるとともに，上に述べた3つの技術も大分進んできた．ところが SQC・TQC をよく知らない人は，QC をやると創造性が出なくなるとか，技術の進歩がとまるとか誤解しているが，実際には SQC や TQC により技術が進歩し，最近では日本からの技術輸出が急増し，わたくしが QC を始めたときの念願（6.1節参照）が実現しつつある．しかし技術はまだ不十分であるし，また進歩は激しいので，**TQC を実施しながら，技術をさらに向上させていく必要がある**．

1.9 経営の目的と手段

経営の目的と手段を区別しなければならない．

わたくしは企業経営を次のように考えている（表1.3参照）．経営の目的は，われわれが人間社会に住んでいる以上，最終的には人間の幸福，狭く考えても企業に関係する人間，トップを含めた全従業員，消費者，株主，さらに広くいえば関係会社，社会の人々を幸福にするために存在しているのである．この目的を果たすために，1.4.1節においても述べたように，品質（Q），利益・原価・価格（C），量・納期（D），社会的品質・安全（S）を，第2次目的としてこれらを管理する必要がある．この QCDS の管理をわたくしは目的的管理といっている．

この目的を達成するためには，多くの手段・方法（表1.3のタテの欄）がある．われわれはこれらの手段を活用して，第1次，第2次目的を達成していこうというのである．ところが人間はよく手段にとらわれて，目的を忘れがちである．たとえば，数学，統計的方法，標準化，コンピュータを目的と考えてしまって，手段に振り回されてしまっている．いわゆる **目的と手段の混乱** である．手段に振り回されないように注意しなければならない．

目的をはっきりさせて，あらゆる手段を活用して，目的，たとえば品質をよくしていこうというのであり，これが狭義の品質管理である．

要するに，われわれは品質をうまく管理していくために，あらゆる手段を利用していくという態度をとるべきで，いろいろの管理・手段との結びつき，総合性を常に考慮していかなければならない．QC は，表からもわかるように，すべての管理と密接な関係があるから，QC だけが独走することはできない．QC と並行して，他の管理も進めていかなければならない．

1.10 QC サークル活動

QC サークル活動は，われわれが1962年に正式に日本で始めた活動である．この活動が人間性にあった活動であり，非常に成功したので現在世界50ヵ国以

1.10 QC サークル活動

表 1.3 経営の目的と手段

目的 / 手段	人			
	品　　質 （Q）	利益・原価 価格（C）	量・納期 （D）	社会・安全 （S）
物　理　学				
化　　　学				
電　　　気				
機　　　械				
数　　　学				
⋮				
研 究・開 発				
調 査・M　R				
製 品 技 術				
設　　　計				
生 産 技 術				
標　準　化				
Ｉ　　　Ｅ				
資 材 管 理				
納 入 者 管 理				
設 備 管 理				
計 測 管 理				
治 工 具 管 理				
自 動 制 御				
コンピュータ				
情 報 管 理				
統 計 的 手 法				
Ｏ　　　Ｒ				
检　　　査				
教　　　育				
⋮				

88　　　　　　　　　第1章　品質管理とは

上で真似をして始めている．またそのために QC サークル活動が TQC であ
ると思っていたり，QC 活動・QC 運動というと QC サークル活動と思ってい
たり，誤解している人が多い．本書の主旨からいって，QC サークル活動につ
いてあまり紙数をさくわけにいかないので，参考書[1] で学ばれたい．

（1）　QC サークル活動とは[2]

　　　QC サークルとは

　　　　　第一線の職場で働く人々が

　　　　　継続的に製品・サービス・仕事などの質の管理・改善

　　　を行う小グループである．

　　　　　この小グループは，

　　　　　運営を自主的に行い

　　　　　ＱＣの考え方・手法などを活用し

　　　　　創造性を発揮し

　　　　　自己啓発・相互啓発をはかり

　　　活動を進める．

　　　　　この活動は，

　　　　　ＱＣサークルメンバーの能力向上・自己実現

　　　　　明るく活力に満ちた生きがいのある職場づくり

　　　　　お客様満足の向上および社会への貢献

　　　をめざす．

　　　　　経営者・管理者は，

　　　　　この活動を企業の体質改善・発展に寄与させるために

　　　　　人材育成・職場活性化の重要な活動として位置づけ

---

1)　QC サークル本部編：『QC サークル綱領』，『QC サークル活動運営の基本』，日本
　　科学技術連盟発行，日科技連出版社発売．石川　馨：『日本的品質管理』第8章，日
　　科技連出版社．その他多数が日科技連出版社から出版されている．

2)　1995年3月に QC サークル本部幹事会で決まった QC サークルの基本の改訂版に
　　合わせて，著作権者の了解を得て改訂しました．

自らQCなどの全社的活動を実践するとともに
人間性を尊重し全員参加をめざした指導・支援
を行う.

(2) QCサークル活動の基本理念[2]

全社的品質管理活動の一環として行うQCサークル活動の基本理念は次の通りである.

1) 人間の能力を発揮し,無限の可能性を引き出す.
2) 人間性を尊重して,生きがいのある明るい職場をつくる.
3) 企業の体質改善・発展に寄与する.

(3) TQCとQCサークル活動の関係

QCサークル活動は,われわれがTQCを実施してから,職場第一線のQCをしっかり行うために始めた活動であり,TQCの一部分であり,全部ではない.製造業の場合には,TQCのうちQCサークル活動の比重は約4分の1か5分の1くらいであり(新製品開発のQC,集団的品質管理GWQCなどの方が重要),第3次産業では,末端の人々が直接に消費者に接するチャンスが多いので,サークル活動の比重はやや重くなり,3分の1くらいになるであろう.

TQCとQCサークル活動との関係をモデル的に図示すると図1.19のようになる.

図1.19 TQCとQCサークル活動との関係

（4） 誤解と注意事項

QC サークル活動には，1.1.2，1.1.3節で挙げたような誤解がある．誤解しやすい点について確認しておこう．

1) QC サークル活動は TQC の一部分であり，その一環としての活動である．

2) 歴史的には日本では TQC を始めてから，QC サークル活動を始めた．これが原則であるが，中小企業や第3次産業では QC サークル活動から始めてもよい．しかし2〜3年後には TQC を始めないと，QC サークル活動は失敗する．

3) QC サークル活動は，人間性にあった自主的活動である．したがってその PTA(トップ，ミドル，スタッフ)はトップダウンで急いでやってはならない．ゆっくり推進すること．

4) 自主的活動であるからといって，PTA，特にトップ，ミドルが放任してはならない．QC サークル活動の盛衰は**トップ，ミドルの TQC，QC サークル活動に対する態度の鏡**である．PTA の態度とその刺激対策が重要である．

5) QC サークル活動は単なる精神運動ではない．QC 手法などを教育・訓練して，科学的活動として永続させなければならない．

6) QC サークル活動と QC チーム活動とは別の活動である(4.5.2節参照)．

海外においても日本の QC サークル活動に対して次のような**誤解や混乱**がある．日本でも間違えている人がいる．

(i) 日本製品がよいのは QC サークル活動のためである．

(ii) QC サークル活動ができるのは日本の労働者の質がよいからである．

以上2つは間違いではないが，それだけではないのは言うまでもない．

(iii) QC サークル活動を労務管理の1つと考えている．こういう理解で導入した会社は日本でも失敗している．

(iv) QC サークルをQサークルといっているために，略すと QC となり Quality Control の略 QC と混乱している．

(v) 自主的ということを誤解している．ボランティア(志願者)を集めて小

グループをつくるのが QC サークルと思い，同じ 職場の人が 自主的に全員参加で行うように努力していない.

1.11 TQC の導入と推進

本書は初めにも述べたように，TQC を実施する人々を 対象 にしているのでここでは簡単に述べる. 経営的な面については，他書を参照されたい.

（1） TQC 導入の目的

導入の目的は企業により異なり，また1つとは限らないが，次のような目的が多い.

1) 企業の体質改善
2) 会社の総力結集，全員参加，協力体制の確立
3) 消費者，客先の信用，品質促進体制の確立
4) 世界最高の品質をめざす. そのための新製品開発
5) 利益の確保，低成長や変化に耐える経営の確立
6) 人間性尊重・人材育成・従業員の幸福・明るい職場・若い世代への引き継ぎ.

導入の動機としては，社長交替，次世代への交替準備，創立何十年記念にあたって，貿易自由化・資本の自由化・貿易摩擦・石油ショック・円高など外部情勢の変化に対する対策として，不況対策，他社より劣ったからなどが多い.本来ならば，品質の管理はいつでも，永久にやるべきことであるから，利益の出ているときに始めるべきであるが，残念ながら苦しくなってからワラをもつかむような気持で始めるところが多いのは残念である.

（2） 導入するときに実施すべきこと

導入時に実施しなければならない項目を挙げる.

1) トップが TQC・QC サークルの 本質を 正しく理解し，思想統一をはかる.
2) 社長が TQC の導入宣言をする.
3) 先輩企業に学び，講師を招いて講演会などを行う.

4) TQC 推進部門を 社長直属のスタッフとして設置して，推進方法を検討する．

5) TQC 教育をトップ・部課長・スタッフ・一般など階層別に実施する．

6) TQC 推進計画を作成し推進する．

7) 社長による QC 診断を行う．

1.12　各部門における TQC の進め方

　各部門ごとに TQC を進める場合には，基本的には各部門で，部門担当重役および部門長がリーダーシップをとって自主的に進めなければならない．必要があれば部門ごとに TQC 推進スタッフを決め，部門の全員に教育・訓練を行いながら，方針を決めて以下のように進めていくとよい．

　（1）　**品質管理**　その部門として，会社の製品やサービスの品質を管理するには 何を すべきかを考え 実行する．ライン部門である 新製品企画，研究・開発，設計，試作・生産準備，購買・外注，製造，検査，営業，アフターサービス関連部門は，品質保証に直接関係しているのであるから，その任務は明らかであろう．ライン以外のスタッフ部門，たとえば人事，総務，経理，技術，調査，倉庫などの部門は，品質を管理するためにどんなサービス・協力をしたらよいか考え，実行していくことになる．

　（2）　**質管理**　各部門の 業務のよい 質とは 何であるかを 検討し，明らかにし，これを管理していく．

　（3）　**管理**　各部門に関連する業務を1.5.2節に述べた．管理の考え方に従って管理していくこと．

　（4）　**統計的管理**　各部門の業務を統計的に解析，改善し，管理していくこと．すなわち統計的手法や管理図などをいかに活用していくかを考えること．使えるところに統計的手法を活用していくこと．

　以上の順に進めて行くとよい．たとえば，よく人事部の品質管理とはというと，すぐに人事部で管理図をかくことであると考えているのは，QC に対する誤解である．

一般に手段をもちだして，それをどこかに使えないかという態度ではあまり効果を上げられない．たとえば，統計的手法，管理図，OR 手法を学んだが，これをどこか用いるところはないかというやり方ではダメである．

これに対し，目的（品質，利益，納期など）や問題点を明らかにして（1.9節参照），それを解決するにはどのような手段を活用していくかを検討するというやり方の方が大きな効果を上げられる．とくにライン部門以外のQCのときに，このことは重要である．

1.13　品質診断と QC 診断・TQC 診断

品質管理を導入，あるいは推進していく場合に，いろいろな意味においてその実施状況・進め方が良いか悪いか，どのような問題があるかを診断して，反省して見ることが必要である．これについて簡単に説明しておく．この診断には品質診断と QC 診断とある（詳しくは 7.10，7.11 節参照）．

（1）　品 質 診 断

品質診断とは，製品やサービスの品質がよいかどうかを，社内あるいは市場からサンプルをとって，種々の試験を行って品質そのものをチェックして，消費者の満足をえられているかどうかを診断することである．まずい点や欠点があればそれを修正して良くしていくとともに，セールスポイントを向上させていくために行う．すなわちハードおよびソフトの品質そのものに対して PDCA を回して品質を良くしていくための診断である．

（2）　QC 診断・TQC 診断

品質管理診断（quality control audit，QC 診断）は，品質そのものの診断を行う品質診断と異なり，品質をつくりこむプロセス，すなわち企業全体として品質管理，場合によってはさらに広く，納入業者や販売業者までの品質管理のやり方，品質保証体制を診断し，勧告することである．さらに TQC 診断となると QC 診断よりもう少し広く，品質を中心とした経営管理全般を，品質保証はもちろんのこと全社的品質管理，方針管理，機能別管理，新製品開発，研究開発，納入業者および流通機構管理，QC サークル活動なども含めて診断を

行うものである．もちろん QC が TQC になっているのであるから，社内診断の場合には全部 TQC 診断といってもよい．

品質管理の進め方，工程で品質をつくり込むやり方，外注管理，クレームの処理，新製品開発段階における品質保証などの進め方，すなわち品質管理システムおよびその実施状況がよいかどうかを診断して，再発防止のアクションをとっていくための活動である．すなわち QC の実施・進め方がよいかというプロセスを診断して，その PDCA を回していくことである．これには社外の人による診断と社内の人の診断，特に社長診断がある．

社外の人による診断としては，購入者がその企業から購入しても品質・信頼性保証が大丈夫かどうかを判断するのにも用いられる．

社長 QC 診断は，トップの権力によって悪事を摘発したり，欠陥を暴くという性悪説的に行うのではなく，医者が病人を診断して，病気を予防したり，早く治癒するようにアクションをとるために行うのである．したがってみんなで協力して悪い点をはっきりさせて，みんなで協力して組織的に良くしていくために行うのである．したがって社内の悪い点，恥部が発表されても社長は絶対に怒ってはならないし，受診する方も，医者の問診と同じように具合の悪いところをはっきりと正直に述べなければならない．

1.14　TQC における経営者の役割

TQC における，経営者，特にトップの役割はきわめて重要である．トップの No. 1, No. 2 のリーダーシップと態度が，TQC・QC・QC サークル活動の成否を支配するといってよい．したがって経営者は以下のことを行わなければならない．

1)　品質管理・全社的品質管理・QC サークル活動について勉強し，実際にどのように行われているかを調査し，その基本を十分に理解すること．

2)　自社の体質を考えて，全社的品質管理をいかなる立場でとりあげるかを考えて，TQC 導入方針を明確にし，導入宣言を行うこと．

3)　トップが，品質および QC, TQC についてリーダーシップをとり，推進

1.14 TQC における経営者の役割

していくこと．そのために必要な TQC 推進組織(QC サークル活動を含む)を
社長スタッフとして設立し，推進計画をつくること．

4) QC を実施していくのに 必要な教育を行い，これとよく結びついた 人員
配置・組織計画などの長期計画をつくること．

5) 品質および QC について，情報を集め，品質について重点方針を具体的
に決めること．また品質優先・品質第一の基本方針をだし，国際的視野に立っ
て具体的に長期的品質目標を決めること．

6) 品質保証体制を整備すること．

7) 品質および QC・TQC・QC サークル活動が，方針・計画どおり行われ
ているかどうか チェックし，アクションを とること(重点管理・日常管理・社
長診断)．

8) 必要ならば各種機能別管理体制を確立すること．

部課長以下もこれに準ずる．

第2章　統計的な考え方と簡単な統計的手法

2.1　品質管理で用いられる統計的手法

　昭和23年に私が統計的手法の勉強を始めたのは，データでものごとを判断しなければならない人は，統計的な考え方と手法を見につけていなければならないと信じたからである．そして統計的手法を品質管理のみならず，経営を行っていくために広く普及する努力を行ってきて，大きな成果をあげてきた．いろいろと経験の結果，一般に統計的手法を教育するときには，次のように分けて考えてやっている．

1)　統計的な考え方(2.2節参照)
2)　統計理論
3)　統計的手法の使い方(初級・中級・上級)

　統計的な考え方は絶対に必要であるから，全員に教育しなければならない．そして統計的センスを全員に身につけてもらう必要がある．統計理論は初級では教えず，中級ではごく入門的なことを少し教える．上級ではもう少し教えることにしている．企業人・社会人としては，統計学の専門家になるわけではなく，統計的手法という道具をうまく使えればよいからである．工場で計測器という道具を使う場合に，計測理論を知らなくとも，使い方を知っていれば，一般作業員の方々でも十分に使えるからである．しかし計測器の設備計画をする人は少し計測理論を知らなければならない．さらに計測器そのものを研究・開発・設計する人は，計測理論をしっかり勉強しなければならないのと同じである．よく統計的手法の勉強を始めると統計理論の勉強をしたがる人がいるが，素人が統計理論の勉強にこりだすと中途半端な人間になってしまう．目的である統計的手法を道具として使うのを忘れてしまったり，道具をうまく使えなく

98　　　　　第2章　統計的な考え方と簡単な統計的手法

なってしまうとともに，統計理論や統計的手法にふりまわされてしまいがちで
あるから，注意が必要である．

（1）　統計的手法

　統計学・統計的手法は現在でもどんどん進歩しているが，品質管理・経営管
理を推進していくためには，その全部を知る必要はない．むしろあまり教えす
ぎると弊害が出るので，相手に応じて，職場の実状を考えながら，初級・中
級・上級と層別して教育を行っていく．本書では初級と中級の一部を述べるの
みであるから他はそれぞれの専門書で勉強していただきたい．

　初級　対象はトップ，ミドルから末端までの全従業員．

　　1）　パレート図(2.5節参照)
　　2）　特性要因図(これは統計的手法とはいえないが)
　　3）　層別の考え方(各章参照)
　　4）　チェックシート(2.6節参照)
　　5）　ヒストグラム，度数分布(2.5，2A.2，2A.3節参照)
　　6）　散布図(2.8，4A.8節参照)(相関・回帰の考え方)
　　7）　グラフおよび管理図(2.7節，3章参照)

　以上 QC の七つ道具に共通した特長は，目で見てわかる図式になっているこ
とである．また七つ道具という名前は，弁慶の七つ道具にちなんでつけた名称
である．弁慶が七つの武器(道具)で戦闘に打ち勝ってきたのと同様に，この
QC の七つ道具をうまく使えば職場の問題の95％までは征伐・解決できるとい
う意味である．言い換えると中級以上の手法を必要とするチャンスは5％くら
いということである．

　この七つ道具を教育する場合にも，全部一度に教えると教えすぎになるの
で，初めは1)〜4)チェックシートまで，あるいは5)ヒストグラムまで教えてお
いて，それらを使いこなし，欲が出てきたらそれ以上の手法を教えるとよい．

　初めからあまり多くの手法を教えすぎるのは禁物である．

　中級　対象は一般技術者および若い職場の係長クラス．手法は初級の手法の
ほか以下の手法．

2.1 品質管理で用いられる統計的手法

1) 統計量の分布，統計的推定と検定
2) サンプリングによる推定，統計的誤差論，分散の加成性
3) 統計的抜取検査
4) 二項確率紙の使い方
5) 実験計画法入門（分割表を含み直交配列表の簡単な使い方，分散分析法）
6) 簡単な相関・回帰分析
7) 簡単な信頼性手法
8) 簡単な官能検査の手法

以上の手法は，これからの技術者の常識と考えている手法である．しかし対象者によって以上8項目中何項目かを省略してもよい．以上の手法を自由に駆使できるようになれば，一人前の技術者となれるし，多くの問題を解決できるようになろう．

上級　対象は特別な技術者，品質管理技術者の一部．手法は中級以下の手法のほか次の手法．

1) 高度な実験計画法
2) 多変量解析
3) 高度な信頼性手法
4) 高度な官能検査の手法
5) 時系列解析法，OR 手法
6) その他の手法

以上の手法を必要に応じて，特別な人に教育する．

さらに以上の手法をコンピュータの活用と結びつけながら，教育・訓練していく．

（2）　どんなところで統計的手法が活用されるか

日本の全社的品質管理では，統計的手法が広い分野で，あらゆる階層で広く活用されている．これは世界一であり，これが日本製品の多くのものが世界を制覇している1つの大きな要因である．すなわち初級の手法が全部門・全階層

で固有技術と結びつけ広く活用され，また高級な手法もコンピュータと固有技術と結びつけていろいろの解析が行われ，成果をあげている．なお統計的手法だけでは何も役にたたず，その仕事についての理論・技術・経験などの固有技術を結びつけて活用して初めて大きな成果をあげることができるのである．

品質管理および経営管理では，以下のようなところで統計的手法が活用されている．

1) 調査：市場調査，測定方法の調査
2) 方針・目標の決定
3) 解析と改善：工程解析と品質解析
4) 管理：工程管理，仕事の管理，経営管理
5) 品質保証と検査：品質保証(信頼性保証を含む)，統計的抜取検査，検査の管理

2.2 統計的な考え方

統計学は，近来非常な進歩を遂げ，また現在でも進歩しつつある．なかなかやっかいな学問であるが，われわれが品質管理をやっていくには，その理論を知る必要はなく，その使い方と考え方を理解していればよい．少なくとも，その考え方だけは理解しておかなければならない．この基本的な考え方を理解しないで，**理論や手法に走るのは数字，数式の遊戯**である．

本節では，主として品質管理および一般企業への統計的方法の応用という面からみた統計的な考え方について述べる．

2.2.1 統計的な考え方

統計的な考え方としては，とりあえず次の4つを理解しておけばよい．

1) われわれの仕事の結果は必ずばらつき・分布をもっていること

われわれの仕事，工程にはそれに影響する無限に近い原因があり，さらにサンプリング誤差や測定・試験・調査誤差があるので，データは必ずばらつきをもち，その背後にある仕事・工程の結果は分布をもっている．

たとえば工程管理の場合には，工程は必ず分布をもっているから，分布を考

2.2 統計的な考え方

えて判断しなければならないということである.

2) 誤差の基本的な考え方

社会・企業のデータには, 汚いデータ, 異常値やうそのデータがある.

3) データをとるときは, 必ずアクションをとるという目的がある

目的に応じて正しいデータをとり, 統計的に解析して, 目的であるアクショ
ンをとるということで, 近代統計学はある面からみると行動の学問であるとも
言われている.

4) 層別の基本的な考え方

すべて層別して考え, 層別してデータをとり, 層別して解析しなければな
らないということである. 一般にデータの合計や平均という値は, その中のば
らつきの情報を失ってしまう. 個々のデータ, 生のデータをいろいろに層別し
てみると, そのばらつきの現象や要因がわかってくるものである.

以上の考え方のうち, 本節では主として1)と3)について述べておこう.

(1) データをとる目的──行動

データをとる以上, 必ず目的があるはずである. そのデータを見て, なんら
かの行動をとる目的があるはずである. 言い換えると, 使わないデータはとる
必要がない. 通常, データをとる目的は, 次のいずれかにはいるはずである.

a) 解析用・調査用

b) 管理用

  ① 方針決定用

  ② 調節用

  ③ チェック用

c) 検査用

たとえば, 湿度を見てバルブを調節したり, 製品の品質を調べて, 設計や作
業がうまく行われているか否かチェックするために, あるいは品質, 販売高,
利益率などを見て企業がうまく運営されているかどうかをチェックするため
に, データをとっているはずである. ところが現在の日本の会社, 工場には,
目的のはっきりしない, 行動を伴わないデータが実に多い. 従来とっているデ

ータで多いのは，気休め用，歴史保存用，決算書作成用および検査用である．まず，すべてのデータについて，その**データをとる目的を再反省せよ**．われわれはデータをとるためにデータをとっているのではなく，使うために，行動をとるためにデータをとっているのだ，ということを十分反省することが統計的な考え方の第一歩である．この点を反省しただけで，データのとり方がすっかり変るものである．一般に，データを必要以上に，気休め的にとりすぎている．その責任と権限を考えて，細かいデータはなるべくとることを中止した方がよい．

　このように各部門でデータをとり，その情報網とそのフィードバック，その活用，アクションを考えるのが統計的な考え方の第一歩であり，この点報告制度とあわせて考えなければならない．

　（2）　データ，サンプル，母集団（目的）の関係

　われわれはサンプルについての知識を得，サンプルに対して行動をとるためにデータをとっているのではなく，母集団について知識を得，処置，行動をとるためにデータをとっているのである．

　われわれが製品や半成品の一部からサンプル（sample）をとって測定しているのは，たとえば

　1）　その製品ロットについてのことを知り，処置をとるためにサンプルをとり，測定しているので，ただとってきたサンプルについての知識を得るために測定や試験をしているのでないことは自明であろう．

　2）　たとえロットを全数検査しても，必ず検査ミス，測定誤差があるから，出てきたデータはロットの真の値ではない．たとえば，「この本のあるページにあるひらがなの「の」の字の数を5分間かけて勘定してごらんなさい．そしてもう一度いくつあったかチェックしてみてください．」全数検査に誤差はつきものである．このように，測定，サンプリング，実験などの誤差を通じて，目的とするロットや工程のことを知り，処置をとろうというのである．

　3）　工程から出てきた製品を試験するのは，工程の状態を知るためにデータをとっているのである．

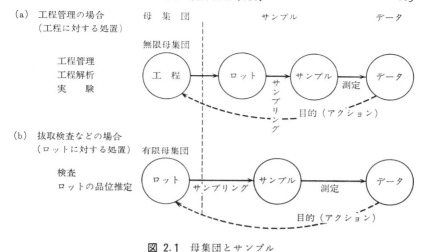

図 2.1 母集団とサンプル

4) 毎日の成績，毎月の成績のデータを出すのは，工場や会社の運営というプロセス（工程）がうまくいっているかどうかをチェックし，アクションするためにデータをとっているのである．

5) 実験を行ってデータをとるのも，その実験だけのデータを得たいためでなく，そのような条件での真の値を知り，それを採用するかどうか決めるためにデータをとるのである．

このように，製品あるいは半成品のロットについて，あるいは仕事・工程の状態，ある実験条件での真の値について，情報をえて，アクションをとることを目的としているのである．これらの目的としている集団を統計的に**母集団**(population, universe)という．すなわち，われわれは母集団のことを知り，これに対して処置をとるために，サンプルをとり，測定を行っているのである．この関係を図示すると，図2.1のようになる．

工程管理では，工程を管理して良い製品を作り出そうというので，常に工程を母集団と考えていくことになる．われわれは，工程という母集団のサンプルとして，ロットあるいはその一部，自分の責任範囲から次の責任者へ渡すものの特性をとって測定し，母集団である工程が，すなわち仕事のやり方がうま

いっているかどうかを測定し，工程に対し合理的な行動をとろうというのである．そして悪い製品ができる前に，工程から良い物ができるように，工程という母集団を管理してしまおうというのである．実験条件を変えて実験を計画的に行う場合も，種々の誤差によりデータがばらつくので，たとえば2つの実験条件ごとに1つの母集団分布があり，その2つの母集団の差を調べて選択するために実験を行っているのである．

また抜取検査では，ロットという母集団からサンプルをとり，そのロットの合否を判定しようというのである．

母集団には図に示したように，有限個の単位体から成り立っているとみられる **有限母集団** と，無限個から成り立っていると考えられる **無限母集団** とがある．工程管理や実験では，ある作業標準で行った工程というものを母集団と考える．そのような工程から出る製品は無限にあると考えられるので，統計的に無限母集団として取り扱い，毎日出てくるロットは工程という母集団からのサンプルと考える．

（3） データはすべてばらついている

われわれの得るデータは，すべて一定の1つの値ではなく，ばらついている．もし一定の値のみであるとすれば，それは多くの場合ウソのデータであり，ばらつかないデータはわれわれには役だたない．たとえば，ある製品からサンプルを何枚かとって，その強度を測定すれば，25, 20, 28, 30, 32 kg/cm² というようにばらつくであろう．われわれは従来，このデータをただ平均して，27.0 kg/cm² としていた．すなわち，**平均値の世界**に入ってものを考えていたのである．これをばらつきを考慮に入れて，すなわちばらつきの世界に入ってロットの品質を推定(estimate)し，ロットの合否を判定し，あるいはまた工程，仕事のやり方に異常がないか，ということを判断——統計的には検定(test)という——していこうというのである．

われわれの工程には，科学的にはばらつきを与える原因は無限にある．この中で技術的に押えているのはほんの一部であるから，われわれの工程からの製品がばらつくのは当然である．また，サンプリングや測定には誤差はつきもの

2.2 統計的な考え方

表 2.1 鉄板の厚さ（単位，mm）

3.88	3.88	3.84	3.82	3.83	3.93	3.86	3.84	3.90	3.97
3.84	3.85	3.90	3.87	3.94	3.89	3.87	3.87	3.86	3.87
3.84	3.84	3.85	3.88	3.89	3.96	3.84	3.79	3.81	3.84
3.88	3.83	3.84	3.85	3.93	3.81	3.87	3.83	3.89	3.87
3.81	3.91	3.90	3.86	3.83	3.90	3.87	3.90	3.86	3.86
3.78	3.92	3.98	3.74	3.88	3.81	3.94	3.91	3.97	3.75
3.88	3.94	3.90	3.88	3.85	3.87	3.90	3.78	3.86	3.87
3.88	3.79	3.80	3.80	3.79	3.82	3.86	3.84	3.92	3.83
3.90	3.90	3.83	3.84	3.95	3.84	3.97	3.89	3.86	3.90
3.84	3.81	3.84	3.98	3.99	3.86	3.85	3.79	3.87	3.78
3.93	3.84	3.88	3.85	3.91	3.89	3.84	3.88	3.89	3.97
3.83	3.90	3.93	3.87	3.90	3.92	3.91	3.70	3.79	3.73
3.97	3.89	3.78	3.83	3.87	3.90	3.84	3.76	3.81	3.82
3.85	3.83	3.81	3.83	3.76	3.77	3.90	3.79	3.83	3.90
3.89	3.86	3.84	3.89	3.83	3.80	3.86	3.80	3.89	3.83
3.90	3.77	3.79	3.83	3.85	3.85	3.89	3.84	3.83	3.95
3.88	3.87	3.81	3.91	3.89	3.84	3.79	3.86	3.78	3.89
3.81	3.77	3.73	3.85	3.80	3.77	3.78	3.83	3.75	3.83
3.94	3.90	3.75	3.77	3.83	3.79	3.86	3.89	3.84	3.99
3.83	3.94	3.84	3.93	3.85	3.79	3.84	3.88	3.83	3.80

であり，同じものを測定してもデータは必ずばらつく．このばらつきをすなお
に認めると，どのようになるのであろうか．

a) 分布のつかみ方

データがばらつくということは，**データが分布をもっている**ということであ
る．すなわち，母集団，たとえば工程が分布をもっているということである．

たとえば，圧延した鉄板200枚の厚さを測定した結果，表2.1のようなデータ
が得られた．

これだけでは何にもわからないので，これを3.695～3.725mm, 3.725～3.755
mm というように0.03mm ずつの級(cell)に分けて，その中にはいるデータ
の数を勘定すると，表2.2が得られる．

この 表2.2を **度数分布表**(frequency distribution table)という．このよう

第2章 統計的な考え方と簡単な統計的手法

表 2.2 度数分布表

級番号	級の境界値	級の中心値	チェック	度数	相対度数 %	累積度数
1	3.695〜3.725	3.710	/	1	0.5	1
2	3.725〜3.755	3.740	正 /	6	3.0	7
3	3.755〜3.785	3.770	正 正 ///	13	6.5	20
4	3.785〜3.815	3.800	正 正 正 正 正	25	12.5	45
5	3.815〜3.845	3.830	正 正 正 正 正 正 正 正 正	45	22.5	90
6	3.845〜3.875	3.860	正 正 正 正 正 正 正 //	37	18.5	127
7	3.875〜3.905	3.890	正 正 正 正 正 正 正 正 //	43	21.5	170
8	3.905〜3.935	3.920	正 正 ///	13	6.5	183
9	3.935〜3.965	3.950	正 //	8	4.0	191
10	3.965〜3.995	3.980	正 ///	9	4.5	200
			計	200	100.0	200

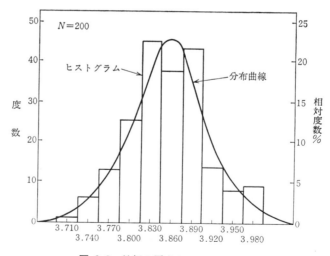

図 2.2 鉄板の厚さのヒストグラム

に表にすると,データが分布している様子,**分布の姿**がはっきりわかる.一般には,データを100以上集めて,これを10〜20くらいの級に分けて度数分布表を書くと,だいたいの分布の姿を知ることができる.

2.2 統計的な考え方

さらに，これをはっきりさせるために図に表すと，図2.2のようになる[1]．このように図に表したものを**ヒストグラム**(柱状図，histogram)という．

この図で，鉄板の厚さは分布をもっていることが明らかであろう．しからばこの鉄板を作った工程はどんな母集団であろうか．これにはこのような測定を無限に繰り返したときの分布を考えればよい．たとえば図2.2の曲線のような分布が考えられる．すなわち母集団は分布をもっている．われわれの母集団すなわち工程は，したがって工程から出てくる製品は常に分布をもっているということを考えて，仕事のやり方の良否を判断しなければならない．

b) 分布の数量的な表し方

平均値・範囲・標準偏差・分散などがよく用いられる(2.3，2A.2節参照)．

（4） ランダム・サンプリング

母集団が分布をもっているということは，母集団からサンプルをとるときに**ランダム・サンプリング**(random sampling)になるように注意しなければならないことになる．

たとえば，研磨した製品を見たときに，経験者が見れば良いところと悪いところの区別がつくと，作業者はサンプルとして良いところを選んでとりたがるであろう．また，検査員はややもすると，悪いものを選んでとりたがるであろう．これでは意志のはいったサンプリングであり，真に工程を代表するようなサンプルとはいえない．われわれは工程の状態を知るためにサンプルをとるのであるが，これには一般に選んでとるという方法ではダメで，ランダムに，でたらめにサンプルをとるのが最もよい．また，ランダム・サンプリングしたときに，サンプルの平均値や範囲，標準偏差など——これを **統計量**(statistic)という——がどのような値，どのような分布をとるべきかということが統計学によりわかっている(2A.3節，統計量の 分布参照)．われわれは，ランダム・サンプリングを行って，そのデータをこの統計量の分布法則により，判断していこうというのである．

良いところ，悪いところを選んでサンプリングしたのではランダム・サンプ

---

1) 度数分布表の作り方については，2A.1節参照．

リングにならない．ランダム・サンプリングということは，いうはやすくして実行はなかなかむずかしい．実際には，一般に一定間隔ごとにサンプルをとるようにすれば，だいたいランダム・サンプリングとなることが多い．

このランダム・サンプリングは，統計的手法を用いて品質管理やその他の管理を実施していくうえにおいて最も重要なことで，これが確実に行われていないと，あとでデータをいくら統計的に処理してもナンセンスに近いことになる．

（5） 工程にばらつきを与える2種類の原因

工程に影響を与え，製品にばらつきを与える原因には2種類ある．したがって，ばらつきにも2種類ある．その1つは，関係者が技術的にいつもと同じつもりで，みんなが正しい作業をしているのに，すなわち標準どおりにやっているのに，製品（結果）にばらつきを与える原因である．

これは，現在技術的に押えていないが科学的には無限に近くある原因で，これを不可避的原因，**偶然原因**，避けられない原因（chance cause）という．現在の作業標準や作業上の指図では，管理者として叱責してはならない原因である．

他の1つはこれに対して，工程に何か異常が起って，たとえば作業標準外のことが起ったり，これを守らなかったために，とくに大きなばらつきを与える原因である．これは，全関係者が協力して努力すれば，技術的に除去しうる原因で，これを**異常原因**，可避的な原因，突き止めうる原因，見逃せない原因（assignable cause）などという．作業標準などの標準類が完備している場合には，部下が指示どおり作業していない，標準外の材料がはいっている，治工具の摩耗，計器の狂いなどがあることを示すばらつきであるから注意し，管理者として，標準どおりうまくいくように，処置をとる責任のある原因である．しかし，一般には不完全な作業標準類が多いので，管理者やスタッフが処置をとらなければならない原因であることが多い．

この2つの原因により，工程の結果（製品など）にもやはり2種類のばらつきを与える．

作業標準どおりやっている場合，ランダム・サンプリングし，管理された測

2.2 統計的な考え方

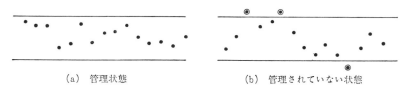

(a) 管理状態　　　　(b) 管理されていない状態

図 2.3 工程から生産された製品の2種のばらつき

定を行っていれば，偶然原因によって起る製品品質のばらつきはだいたい一定の分布，通常はだいたい正規分布をしている．これを**管理されたばらつき**(controlled variability)という．管理されたばらつきだけをもつ結果を生ずるような工程の状態を，**管理状態**，安定状態(controlled state)という(たとえば，図2.3(a)のような状態).

これに対し，異常な原因が起ると，たとえば工程に異常が起ると，その工程からの結果(製品)のばらつきが異常に大きなばらつきを示すようになる．この異常なばらつきを**管理されていないばらつき**(uncontrolled variability)といい，このようなばらつきをもつ結果を生ずるような工程の状態を，**管理されていない状態**，不安定状態(uncontrolled state)という．たとえば，図2.3(b)のような状態で，限界からとびだしている点が出たり，点の並び方にくせがあるときに，その工程は管理されていない(out of control)という．

このことは品質に限らず，工程の結果である歩留り，生産費，原価，販売量などにおいてもまったく同様に考えられる.

われわれは，従来この2つのばらつきを直感的に，経験的に判断して工程を管理してきたのであるが，いまや統計的手法により，ばらつきの世界に入って，これを客観的，経済的に識別し，工程の異常原因を放逐していくのである．この識別に用いられるのが，**管理図**(control chart)における**管理限界線**(control limit lines)である．図2.3の各一対の直線がこれに相当する．

管理図の活用としては，主としてこの管理限界線をいかに合理的，経済的に，実際に使いやすいように求め，管理ということを考えて，これをいかに使っていくべきかということを研究することになる．

以上は，2つの原因を，主として標準の守られている場合と，守られていない場合について述べたが，合理的な作業標準のできていない場合には，このように2つの原因を簡単に作業標準を守っている，あるいはいないと分けることは困難であろう．そのような場合には一応従来どおりの作業を行っている場合と，従来と変った作業を行っている場合に分けることもできよう．あるいは，相対的に大きなばらつきを与える原因と，小さなばらつきしか与えない原因とに分けて考える．この場合，大きい異常な原因を除去すれば，次にはそれまで相対的にあまり大きくないばらつきと思われていたものの中から，また相対的に大きなばらつきを分離することになる．この意味から，大きなばらつきを与える原因を，大きい方から順に識別して，除去していく方法とも考えることができる．

（6） 統計的判断

データが分布をもっているとき，2つのばらつきを判別し，これにより行動をとるためには，確率の概念，第1種の誤り，第2種の誤りの概念をもたなければならない．

確率(probability)というと，むずかしいと感じられるかもしれないが，確率によりわれわれが判断し，行動をとることは，実は従来の常識的判断とまったく同様である．次に，簡単にそれを例によって示そう．

いま，わたくしとあなたが，サイコロを振って賭をしたとしよう．偶数が出たらわたくしが勝ち，奇数が出たらあなたが勝ちと決めて始めた．わたくしがサイを振って，わたくしが読んだら次のように出た．偶，偶，偶，偶，偶数と．わたくしが5回続けて偶数が出たから「5回おごれ」といったら，あなたはどう判断するだろう．普通の人なら「きみはインチキをやっているだろう」というのであろう．この過程を分析してみると，もしわたくしがインチキをやっていなければ，1回サイを振って偶数の出る確率は1/2である．したがって，5回も続けて偶数の出る確率は，

$$\frac{1}{2} \times \frac{1}{2} \times \frac{1}{2} \times \frac{1}{2} \times \frac{1}{2} = \left(\frac{1}{2}\right)^5 = \frac{1}{32} \fallingdotseq 0.03$$

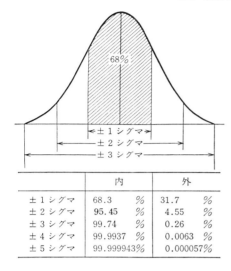

図 2.4 正規分布と確率

そこで，5回続けて偶数の出ることは，平均して100回に3回ぐらいしかないことになる．このように，小さな確率でしか起らないことが起るのはおかしい．すなわち，確率が1/2になっていない．これを直観的に，何かインチキをやっていると判断しているのである．従来はこんな計算なしで，常識的に何かインチキをやっていると判断していたのである．統計学では，このように確率をはっきり計算して判断しようという点が違うだけで，あとは常識的，経験的な判断とまったく同じである．この確率の計算に統計的手法が使われるのである．

これと同様に，データが分布をもっているということは，この分布からデータがランダム・サンプリングされていれば，一般に山の高い平均値に近いデータは出やすく，すその方のデータは出にくいことになる．すなわち，ある値よりすその方のデータの出る確率は小さい．したがって，このような確率の小さいデータが出れば，このデータはこの分布からのデータではなく，他の分布からのデータであると判断することになる．管理されたばらつきをもった分布があるときに，この分布の非常にすその方の，あるいはすそからとび離れた確率の小さいデータが出れば，このデータは管理されたばらつきとはみなせない．

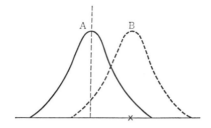

図 2.5 2つの分布と判断

そして管理されていないばらつきとみなすことになる．すなわち，管理された分布からのデータではなく，別の工程，別の分布からのデータであると確率的に判断することになる．

　われわれが通常接する分布は，図2.4のようなベル型をした分布——**正規分布**(normal distribution)——に近いものが多い．このような分布を標準偏差(シグマ)で図のように分けていくと，分布曲線に囲まれた全体の面積に対する割合がわかる．言い換えると，この面積はこのような分布をもったものからランダム・サンプリングしたときに，分布の各部分のデータが得られる確率を示している．図より明らかなように，±1シグマ内のデータの出る確率は約68％，これより外にデータの出る確率は約32％となる．同様に±3シグマ外にデータのとび出す確率は約0.3％，3/1,000であり，非常にまれなことである．こんなまれなことは通常は起らないから，3シグマよりデータがとび出すようなときに分布が変った，工程が変った，工程に異常があると判断するということになる．

　ここでもう一度前のサイコロの例に戻って考えると，もし5回偶数が続けて出たら，インチキをやっていると判断して100％正しいであろうか．サイコロを正しく振っていても5回続けて偶数の出ることは，平均して1/32はありうることである．したがってこの判断をしたときに1/32の確率で誤ることがあり，100％正しいとはいえない．この誤りを統計学では**第1種の誤り**という．これに対し，3回続けて偶数が出たときに，「きみは運がよいね」とすましていたらどうであろうか．相手にインチキをやられても，気づかずに過ごしてしまう

2.2 統計的な考え方

という誤りを犯す可能性がある．この誤りを統計学では**第2種の誤り**という．われわれが何か判断をするときに，常にこの2つの誤りを犯す可能性があるのだということが，統計的判断（検定，test）の基礎である．

ばらつきのある工程に対して，われわれが手を打とうとする場合について考えてみると，管理された分布Aのすその方で，たとえば図2.5の×点のデータが出たときに，確率が小さいからといって何か異常なばらつきを起す原因が工程に起っていると判断すれば，管理されたばらつき（A）であるのに，管理されていないばらつき（B）であると間違えて判断する誤り（第1種の誤りを犯す）がある．しかし，だからといって，工程は平常どおり管理されている（A）と判断すれば，実はそのばらつきは工程に異常な原因が起って，分布の平均値がBのようにずれているのに気づかずに過ごしてしまうという誤り（第2種の誤りを犯す）があるかもしれない．われわれの製品は平常どおりやっていてもばらつく，ということをすなおに認めると，管理責任者はこの2つの誤りを犯す可能性をいずれも0にすることはできない，ということを認めなければならない．

もし工程に異常があるのに気がつかず，ボンヤリしていることを避けることだけを気にして，少しでもデータがばらついたら工程に異常があるとすれば，仕事や工程に異常がないのに，標準どおりやっているのに，右往左往して一所懸命にむだな苦労をして原因を捜す誤り，第1種の誤り（したがってこれを**あわてものの誤り**ともいう）を大きくしている．これと反対に，あわてものの誤りをまったく犯さないようにするには，データがいくらばらついていても，まったく手をつけずにほうっておけばよい．しかしこれでは，もし本当に異常があってもほうっておくことになり，第2種の誤りを大きくして（したがってこれを**ぼんやりものの誤り**ともいう）工程がたいへんなことになる可能性がある．日本人には，特に経営者や管理・監督者には，ばらつきのセンスがないためにデータがちょっとばらつくと，一喜一憂したり，すぐに右往左往する肝っ玉の小さいあわてものが多い．たとえば，ちょっと売行きが下がったといっては騒ぎ，ちょっと歩留りが悪くなったといっては叱りとばす．これでは，現場からウソのデータを出すように奨励しているようなものである．

われわれは工程を管理していくときに，あわてものになりすぎても，ぼんや
りものになりすぎても困る．この2つの誤りを犯す可能性を認めて，しかも経
験的に，2つのばらつきを区分するように引かれたのが，たとえば管理図の管
理限界線である．われわれはこれを，判断の1つの基準ルールとして用いるの
である．管理図では，限界線を群内変動に対して3シグマに，すなわち第1種
の誤りを犯す確率を約0.003すなわち0.3%にとってある．したがって前に述べ
た確率の常識(サイコロの例でいえば7〜8回偶数が続けて出たのと同じ)から
いっても，限界外にとび出すようなばらつきを示せば，確実に工程に異常があ
ることを示している．したがって(統計的な)確信をもって，その原因を技術
的，統計的に徹底的に究明してこれを放逐し，管理責任を遂行していかなけれ
ばならない．管理限界線はこのように，**行動の基準を決めた1つのルール**であ
る．これによって判断すれば，だれでも客観的な判断ができるようになる．

管理者として，部下がちゃんと仕事をしているのに部下を叱りとばす誤り，
あわてものの誤りをすることは将来に非常に悪い影響を与え，各職場からウソ
のデータが出てくることになる．したがって管理図では，あわてものの誤る確
率を0.3%と非常に小さくしてある．

管理以外のときに，一般に統計的に検定するには，第1種の誤りを5%，1
%にとることが多い．この確率を統計的には，**危険率，有意水準**という．

（7） 母集団に対して行動をとる

以上のようにして，サンプルについてのデータにより判断したならば，最初
の目的である母集団に対して行動をとることになる．工程管理の場合には，工
程に確かに異常が起っているから，それを捜して除去し，再発防止することに
なる．

統計学は，ある面からいって**行動の学問**であるともいわれている．われわれ
はこの結論により，確実な行動をとって，初めて前に述べたデータをとった目
的を達成することができるのである．

以上が統計的な考え方のあらすじであり，このような考え方に立ってわれわ
れは，経営管理，品質管理，その他を統計的に管理して，企業を合理化してい

2.2　統計的な考え方　115

こうというのである．

2.2.2　管理面からみたときの注意

統計的な考え方について，管理面からみたいくつかの重要な問題 が あ る の で，それに少し触れておこう．

（1）　データの信頼性

管理する場合にしろ，検査・解析する場合にしろ，現場からウソのデータ，人為的に手を入れた信用できないデータが出てきたのでは問題にならない．従来会社においては，とくに本社集中主義の強い会社ほど，職人重役・職人部長の多い会社ほど，あるいはばらつきのセンスのはいっていない会社ほど，職場からのデータにウソがあり，データが真実を表していない場合が多い．これは統制経済の時代にも同様であった．性悪説的管理の下ではデータの信頼性は乏しくなる．

このようなウソのデータをいろいろ統計的に解析しても，あるいはサンプリング誤差や測定誤差の細かいことを論じても意味がない．むしろ，統計的手法を用いる前に，現場からの 真の データが 出てくるようにすることが 必要である．これには，

a)　データにはばらつきがあることを全員とくに上級管理者が認識する

b)　統計的推定，検定ということを考慮して，客観的に論議を進める

c)　権限委譲を行う

d)　上級管理者があまり細かいことをうるさくいわない．重役や部長が職人でなく経営者になる

ことが必要である．

またとくに数をたくさん取り扱うものでは，たとえば，たくさんのびんや部品を取り扱う場合には，その数を正しくつかめるようにならなければ品質はもちろんのこと，生産量も原価も管理できない．

これとは反対に，無理な命令，怒りすぎ，ワンマン，本社統制が強い，上司がウソをつく，ばらつきのセンスのない上役，下手な作業標準，評価方法が下手，チェック不足などはデータのウソを奨励する方法である．

QC が全社的にうまく行われるようになれば，ウソのデータはなくなり，みんながザックバランに話ができるようになる．

（2） データの歴史，ロットの歴史を明らかにすること——層別

もう1つ指摘しておきたいことは，以上述べたことでわかるように，統計的な考え方というのは，結果的に物を見て判断し，その原因を追求し，行動をとるという行き方をとるということである．たとえば，工程の結果である製品の品質のばらつき方を見て，工程にある多くの原因からその要因を捜し出して，行動をとるということである．

したがって，結果であるデータの歴史，言い換えると製品ロットの歴史がはっきりしていなければ，われわれは工程から原因を捜し出すことが困難になる．このデータの歴史，ロットの歴史をはっきりさせることが，品質管理ではぜひ必要である．すなわち

a）　ロットの概念をはっきりさせること

b）　ロットを層別すること(stratification)

c）　誰がサンプリングし，測定したかをはっきりさせること

が必要である．これは，たとえば容器や運搬方法を工夫したり，カード・システムをとることにより比較的容易に実施できる．初めは，少し無理があっても，強硬にこれを進めなければ QC は進まず，またそのデータもあまり役にたたない．

層別しなければ品質管理は進まない．

（3） 管理された工程をいかにして推定するか

管理された工程とはどのようなものであるかを知るには，その工程という母集団の分布を推定すればよい．

工程が長く管理された状態を示していれば，それからの結果（製品）のばらつきも管理されているはずである．したがって，われわれは結果のばらつきが長く管理されていれば，これから将来の分布を推定することができる．このことは工程を管理していくときに非常に重要で，もし将来の工程も同様に管理されていれば，やはり将来の管理状態の工程からの結果（製品）の分布も同様である

と推定できることになる．すなわち，過去のデータを解析して得た管理限界線をそのまま将来に延長すれば，工程が管理されているかぎり，工程のばらつきはこの限界内に入ってくるし，将来の工程の結果の分布の姿を推定でき，将来にわたって品質保証，信頼性保証ができることになる．

したがって，うまい状態に工程が管理されていれば，検査なしで品質が保証でき，また製品がどんなものであるかを安心して推定することができる．逆にこの限界内に将来も製品が入ってくれば，その工程はまず管理されていると判断してよいことを示す．もしこれよりもとび出すような製品ができるときには，工程にこれまでと変ったことが起っていると判断できることになる．したがって，将来もしこの限界よりデータがとび出せば，われわれはただちに工程の異常を捜し出し，処置をとることになる．

管理図により工程を管理していくという目的は，実はこのようにしてこれから将来の工程を管理してゆき，安心できる製品を社会に送り出そうというのである．

2.3 データの種類

われわれが得る測定値には，計量的なものと，計数的なものと2種類ある．たとえば，ボルト100本中不良品が3本あるとか，1枚の布に傷が5個あるとか，工場に1カ月に事故が何回あるとかいうような測定値は，1本，2本，…，1個，2個，…，1回，2回，…というように測定されて，1.6回とかいうような端数はなく，測定値はぽつぽつとんでいて不連続（これを離散的ともいう）である．このような不連続な値を**計数値**（attribute）という．また，200枚中に3枚不良があるときに，(3/200)×100＝1.5％より，不良率1.5％という表し方をすることがある．これは前のように，1, 2, … と整数にはなっていないが，1, 1.5, 2, 2.5, … とやはりとびとびの値で，1.1, 1.2, … などはないから，このような不良率もやはり計数値である．

これに対して，たとえば板の厚さ（mm），目方（g），水分（％），強度（kg/cm²），収率（製品重量/原料重量，％），あるいは作業時間（h）のような測定値

は連続的な値である. これは, 一見1.50mm, 1.51mm, 1.50と1.51と, とびとびのようにみえるが, 実際われわれが1.50mmといっているのは, 測定の精度の都合上, 1.495から1.505までの値を丸めて読みとっているにすぎないので, 実際の品物は連続的な値をとりうるのである. このように連続的な値をとりうる測定値を, **計量値**(variable)という.

計数値と計量値とでは, 統計的な性質も異なっており, 用いる統計的手法も管理図も変ってくることが多い. 分布も, 計数値は**不連続な分布**となり, 計量値は**連続分布**となる.

なお, 通常品質管理で出てくる計数値にも2種類ある. 良品・不良品と分けるような不良個数, 不良率の分布と, 1つの製品に欠点が何個あるかというような欠点数, 単位当り欠点数の分布とは統計的に違った分布となる.

不良個数や不良率の分布は, 統計的には二項分布(binomial distribution)になる. もし1級品, 2級品, 3級品などのように3種類以上に分類されるときには, 多項分布になる. これに対して, 欠点数や単位当りの欠点数の分布は, 統計的にはポアソン分布(Poisson's distribution)になる.

[注] 品質管理では, 合格・不合格, 不良と欠点の定義が厳重に区別されて使われているので注意しなければならない.

合格, 不合格はロットの合否に対して用い, 良・不良は検査単位一品ごとの判断に用いる.

欠点は1つの検査単位で規格や要求事項から外れている個所をいう.

2.4 分布の数量的な表し方[1]

サンプルについてのデータや母集団は分布をもっていることを2.1節で述べた. これは表2.2や図2.2のように表や図に表してもその分布のだいたいの姿はわかるが, これを数量的に表すといろいろ便利である.

分布は, その位置(中心的傾向), ばらつきの幅, すその引き方, 言い換えると分布の山の頂上が左右いずれかにかたよっているか(ゆがみ, skewness),

---

1) 2A.2節参照.

2.4 分布の数量的な表し方

山がとがっているか偏平か(とがり, peakedness, kurtosis；偏平, flatness)などにより決められる. 一般には, 位置とばらつきを数量的に表し, ヒストグラムなどで分布の形(ゆがみととがり)を見ればよい.

このような量を測定(measure)という.

（1）分布の位置を表す量

通常, 算術平均(平均値)あるいはメジアン(中央値, median)が用いられる.

平均値 $\bar{x}$(エックスバー)：たとえば, 表2.1のデータのうち, はじめの5個のデータ 3.88, 3.88, 3.84, 3.82, 3.83 をとると

$$\bar{x}=\frac{1}{5}(3.88+3.88+3.84+3.82+3.83)=3.850$$

一般式で表すと次のようになる.

$$\bar{x}=\frac{1}{n}(x_1+x_2+\cdots+x_n)=\frac{1}{n}\sum_{i=1}^{n}x_i=\frac{1}{n}\sum x_i$$

中央値 $\tilde{x}$(メジアン)：データを大きさの順に並べたときその中央番目の値, たとえば上のデータでは,

$$3.88,\ 3.88,\ 3.84,\ 3.83,\ 3.82$$

であるから, 3.84がメジアン. もしデータが偶数個のときは中央の2つのデータの平均値とする.

最多値(モード)：分布の山の頂上の値. 極大値・モードが2つ以上ある分布もある.

（2）ばらつきを表す量

範囲 R(レンジ, range)：データの最大値 x_{max} と最小値 x_{min} との差, 上例では,

$$R=x_{max}-x_{min}=3.88-3.82=0.06$$

R は, 一般にデータの数が10以下の場合に用いる.

偏差二乗和 S(偏差平方和, sum of squares)：偏差とは, 各データとその平均値との差をいい, その二乗の和を偏差二乗和という.

$$S=(x_1-\bar{x})^2+(x_2-\bar{x})^2+\cdots+(x_n-\bar{x})^2$$

$$= \sum (x_i - \bar{x})^2$$

$$= \sum x_i^2 - \frac{(\sum x_i)^2}{n}$$

この第2項を修正項(CT)という.

分散(variance), 不偏分散 V：偏差二乗和を データの 数 $n-1$ で割ったもの.

$$V = \frac{S}{n-1}$$

標準偏差 s または σ(standard deviation)：分散の正の平方根.

$$s = \sqrt{V} = \sqrt{\frac{S}{n-1}}$$

データ数が多いときは近似的に $n-1$ でなく n で割ってもよい.

2.5 度数分布の見方と使い方[1]

度数分布は最も簡単な, また最も多く用いられ, 最も多くの効果を発揮できる統計的手法である. 度数分布も使えないようでは, それ以上の統計的手法はとても使うことはできない.

われわれの周囲にはたくさんのデータがあるが, これを表2.1のように並べただけではよくわからないが, 表2.2や図2.2のように度数分布に表すといろいろのことがわかる. 度数分布は品質管理で非常によく用いられるから, 会社でいろいろの付記事項, さらに平均値や標準偏差を計算し記入できるような度数分布用紙を制定しておくとよい.

(1) 度数分布作成の目的

度数分布を作成する目的は主として

① 分布の状態を見やすくするため, すなわち分布の姿をつかむため

② 工程能力をつかむため

③ 工程解析や管理のため

---

1) 度数分布の作り方, 計算方法については 2A.1 節参照.

2.5 度数分布の見方と使い方

④　分布の平均値，標準偏差などを求めるため

⑤　分布が統計的にどのような分布型にあてはまるか検定するため

のいずれかである．とくに，分布の姿，工程やロットの状況が目で見て直観的に誰にでもわかりやすいので，①の目的でよく用いられる．たとえば，毎日，毎週，毎月あるいは1年間の成績を上長にわかりやすい形式で報告するため，どこにばらつきの原因があるかを解析するためなど，その用途は広い．

　度数分布，ヒストグラムには，標準値，目標値，規格値，管理図から求めた $\bar{x}\pm3\bar{R}/d_2$，あるいはヒストグラムから求めた $\bar{x}\pm3s$ などを記入しておくと見やすい．

（2）　度数分布の見方

度数分布の見方としては，次のような点に留意するとよい．

①　分布の位置（平均値）は適当なところにあるか．

②　分布の幅（ばらつき）はどうか．

③　標準値，目標値，規格値などとの関係はどうか．

④　$\bar{x}\pm3\bar{R}/d_2$，$\bar{x}\pm3s$ より出ているデータはないか．

⑤　途中に歯の欠けたようなところ，くしの歯のようなところはないか．

⑥　離れ島のようにとび離れたデータはないか．

⑦　分布の最大値や最小値はこれでよいのか．

⑧　分布が右か左へすそを引いていないか．左右対称か．

⑨　分布の右か左が絶壁型になっていないか．

⑩　分布の山が2つ以上ないか．

⑪　分布の山がとがりすぎていたり，平らすぎないか．

以上のことをいくつかに層別したヒストグラムを作成して比較してみると，さらにいろいろのことがわかる．以下，図2.6〜図2.9 により見方を学んでいただきたい．

（3）　度数分布の使い方

以上述べたような見方に従って，分布の姿，工程の実情を知るのに用いられるが，用途としては

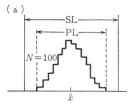

（a） PL は SL に十分入っており，工程平均もちょうどまん中に入っていて，ヒストグラムから求めた**標準偏差**のだいたい 4～5 倍くらいのところに SL があれば，理想的である．管理図が管理状態を示していれば，検査は不要である．

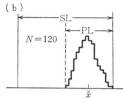

（b） PL は SL に入っているが，工程平均が規格上限に近すぎて，ちょっと工程が変化すると，規格外れのものが出るおそれがある．平均値を低くする必要がある．

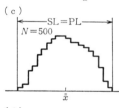

（c） PL は SL にちょうど一致している．あまり余裕がないから安心できない．注意が必要である．もう少し工程能力を向上させる必要がある．

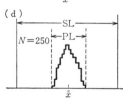

（d） PL に対し SL が広すぎる．非常に余裕があるから，SL を狭く変更するか，PL が広くなるようにすれば，工程が経済的になるときには，工程を変える．

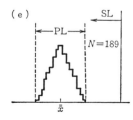

（e） SL がある値以下，または以上という形で与えられている場合，十分に満足している．必要ならば，（d）に述べたような処置をとる．

SL：規格限界，PL：製品の範囲

図 2.6 規格とヒストグラムの比較（規格を満足しているとき）

2.5 度数分布の見方と使い方　　　123

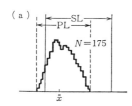

（a）工程平均が左へずれすぎている．技術的に，容易に平均値を変えることができるときには，SL の中心値を新しい $\bar{x}'$ として採用すればよい．

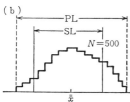

（b）工程のばらつきが大きすぎる．工程を変えるか SL を変えるか，全数選別をしなければならない．

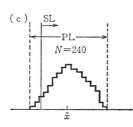

（c）規格が何 kg/cm² 以上などという場合．$\bar{x}$ を上げるか，ばらつきを小さくするかなどの変更が必要．

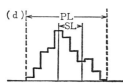

（d）規格の幅に対して工程能力が非常に足りない場合．この場合には，もし規格や工程がどうしても変えられなければ，いくつかに層別して，全数選別し，選択的に用いる．

図 2.7 規格とヒストグラムの比較（規格を満足していないとき）

（a） 歯抜け型・くし歯型
測定法や換算法に何かくせがないか．度数分布の級分けが不適当ではないか．

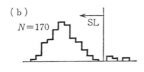

（b） 離れ島型
離れ島型は何か異常を示しているから，その原因を捜し，処置をとる必要がある．この離れ島さえなくせば，SLに十分あった製品を作ることができる．

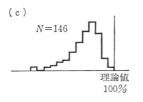

（c） 左へすそを引いている
理論値，規格値などで上限が押えられている場合によく起る．歩留り100％に近いとき，純度100％に近いときなど．このときは左のすそをなくすようにすれば，平均歩留りや純度はよくなる．
　また，丸棒などを削るときに，削りすぎるとオシャカになるので，少し大き目に削っておき，規格上限に入ると作業を中止するので，このような手直し作業をやっていると下限の方へすそを引く形となる．

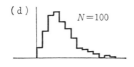

（d） 右へすそを引いている
不純分が0％に近い場合，不良や欠点が0に近い場合など，下限が何かの理由で押えられている場合．分布がすそを引いている場合には，その理由が技術的に理解できるか検討するとよい．

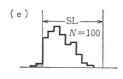

（e） 絶壁型
工程能力はないが，規格があるために全数検査をしている場合などによく出る型である．SL の左にわずかに出ているのは，測定誤差や検査ミスによる不良品の混入を示す．

図 2.8　ヒストグラムのいろいろな型

2.5 度数分布の見方と使い方

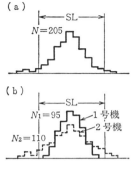

(a) 2台の機械から出た製品のデータを一緒にしてかいたヒストグラム．きれいな正規分布をしているように見えるが，規格はずれがだいぶ出ている．

(b) (a)のデータを機械別にかいたヒストグラム．
1号機のほうは規格にあっているが，2号機の方は精度（工程能力）が不足していることがわかる．

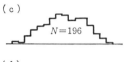

(c) 2人の試験員に標準試料を試験させたデータをプールしてかいたヒストグラム．ちょっと山が平らなような気がするが．

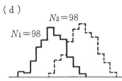

(d) (c)のデータを試験員別にかいたヒストグラム．ばらつきはほとんど同じであるが，平均値にかたよりがある．

図 2.9 層別したヒストグラム

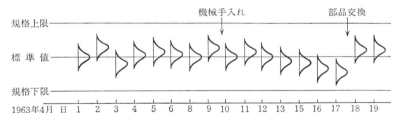

図 2.10 時間順に並べた度数分布：平均値とばらつきの変化の傾向がよくわかる

1) 報告用：品質月報などの報告書は，データの羅列でなくヒストグラムにし，そのデータの数N，平均値と標準偏差を併記しておけば，誰が見てもわかりやすい．

2) 解析用：人別，機械別，原料別，月日別などいろいろ考えられる原因別に，図2.9，図2.10のように**層別した度数分布**を作成すれば，その違いがすぐ

に判明する．層別した度数分布を作成するのが，度数分布作成のコツである．あるいは図2.8のような見方をすれば，たとえばとび離れたデータの原因をつかまえることもできよう．また，規格，標準値，目標値などの関係を容易につかむこともできる．

3) 工程能力・機械能力調査用：工程能力や機械・設備の質的，量的能力を示す場合によく用いられる．

4) 管理用：現場に度数分布を掲げ，場合によっては層別して毎日これにチェックしていけば，職長以下にばらつきの概念を与え，管理意識を向上させるのに役だつ．また，$\bar{x}\pm3\bar{R}/d_2=\bar{x}\pm E_2\bar{R}$ の線を引いておけば(3A.2節参照)，管理図の管理線と同様に管理に用いることができる．

（4） 度数分布の欠点

以上述べたように，度数分布の用途はきわめて広く，またその効果は大きいが，次のような欠点をもっている．

1) 時間的変化などがわからない．データを1ロット分，1ヵ月分というように全部まとめて度数分布にしてしまうので，1ロット中，1ヵ月中の変動原因などをつかむことができない．これを避けるためには，できるだけ時間的に層別した度数分布やチェックシートを作るか，後述の管理図などを用い，その管理状態を同時に調べるとよい．

2) 1)のことをもう少し統計的な言葉，管理図で使われる言葉でいえば，群内変動，群間変動の概念が薄いということである．

3) 度数分布を作成し，分布の姿をつかむためには，少なくとも50個以上，できれば100個以上のたくさんのデータが必要である．これは分布の姿やいろいろの実体をつかまえるためにはやむをえない．

これらの欠点にもかかわらず，層別するなどして，度数分布，あるいはその見方に熟練してこれをうまく用いてゆけば，度数分布は非常に役だつことを強調しておきたい．

2.6 パレート図, パレート曲線

(1) パレート図とは

パレート(Pareto)図というのは, 一種の度数分布である. たとえば, 不良, 手直し, ロス, クレームなどの件数, 損害金額やパーセントを, その原因別あるいは状況別にデータをとり, 図2.11のように大きさの順に並べた図をいう. このように並べ, さらに実線のようにつぎつぎ加えて曲線(累積曲線)を描いてみると, 不良のうち最初の2〜3の不良項目で不良の70〜80%以上を占める場合が多く, これを撃滅すれば不良の大半はなくなって, 不良率が非常に減少することがわかる. 一般に, 社会における不良, ロス, 事故, その他いろいろな問題は, 項目や原因は非常にたくさんあっても, そのうち2〜3の主な項目や原因が圧倒的に影響していることが多い. これをわれわれはパレートの原則 "vital few, trivial many, 重要な問題は数が少なく, くだらない問題はたくさんある", といっている. われわれはこのパレート図により, 現在最も大き

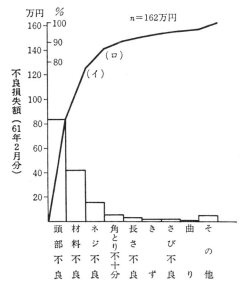

図 2.11 パレート図

な**問題点**を客観的に発見し，真に重要な問題を方針として取り上げることができる．これを発見し，退治すれば，大きな効果を上げることができる．このようにして真の問題点をつかまないと，たとえばこの例で5番目の長さ不良が問題だといって，これの解決を一所懸命やり，退治しても，月わずかに5万円程度の効果しか上げられない．このような努力は「重箱のすみをつつくような努力」である．最も大きな問題を，各部門が協力して退治する方がはるかに大きな効果を上げることができる．よくある例は，最も大きな原因や不良は多くの部門に関係しているからやっかいだといってこれを避け，小さな問題を一所懸命にやっている場合である．QC では大きな問題，大きな原因から順に，みんなが協力して退治していくという協力体制を築き上げてゆくことがたいせつである．

（2）　パレート図を作成する際の注意事項

1)　必ず合計件数，金額とデータをとった期間を記入しておくこと．

2)　できるだけ原因別，あるいは状況別に層別してデータをとっておくこと．どう層別するかは目的により変る．

3)　損害などを件数，ロス，不良率などよりも，なるべく金額で表すこと．問題によって各原因が与えるばらつきを分散(寄与率)で表すのもよい．

4)　どの程度の期間のデータを使うか目的によって考えること，あまり短すぎてもいけないし，またいろいろアクションをとったあまり長い期間もよくない．

5)　アクションをとったら，その前後でパレート図を作成しアクションの効果を確認すること．

6)　できるだけ時間別，機械別などに層別してパレート図を作ること．

7)　最も大きな問題をさらに分けて，パレート図を作る．

（3）　パレート図の見方と使用上の注意

1)　最も効果の大きい問題を取り上げること．

2)　これに関係のある各部門から人を出し，チームを編成し，各部門別にその解決策の検討を行わせ，協力して解決にあたらせること．

2.7 チェックシート

3) 毎月，毎期ごとに作成してみて

a) そのトップのものが急減少すれば，協力した改善が成功しているか，あるいは何もしないのに工程などが急変したことを示す．

b) 各項目がだいたい一様に減少しているときは，一般に管理がよくなったことを示している．

c) トップの不良は毎月かわるが，全体としての不良率があまり減少しないのは，言い換えるとパレート図が安定していないのは，管理されていない証拠である．

パレート図は簡単ではあるが，これは非常に役にたつ手法であるから，品質管理のみならずあらゆる面で広く活用するとよい．

2.7 チェックシート

（1） チェックシートとは

職場でデータをとるときに，数字をいちいち記入するのはなかなかやっかいな仕事であるし，また検査を行いながらデータを層別してとることは検査の能率にも影響する．傷の場所別などのデータは，実際問題としてなかなか層別してデータがとりにくい．このような場合，とくに層別してデータをとるのに用いるのがチェックシートである．ただチェックするだけで，簡単に層別してデータをとることができる．

（2） チェックシートの作り方の例

1) 度数分布：計量値のデータでも，たくさんのデータをとり，これから度数分布を作るのは二重の手間である．このような場合には，個々のデータはあまり必要でなく，分布の形，規格にあっているかどうかがわかればよい場合が多いから，度数分布用紙にあらかじめ数値を記入しておいて，表2.2のようなチェックだけを行わせるようにしておけば簡単に記録がとれ，測定が終ったときには度数分布ができあがっている．これも一種のチェックリストである．1回にとるデータの数が少ないときには，時間別にとるようにしておけば時間的変化もわかって便利である．

2) 不良項目別度数分布：不良項目がいろいろあるときに，ただ不良が全体で何個あったというのでは手の打ちようがない．これを不良の状況別，原因別に検査用紙に項目を記入しておき，これにチェックさせて，不良データを層別してとることができれば，解析にも，対策にも役にたつ．この際，もし2個以上の不良項目をもつ不良品があった場合には，解析のためには，いわゆる**分解検査**とし，全項目を検査し，チェックさせるとよい．これをさらに時間別にもチェックできるようにしておくのもよい．

3) 位置別チェックシート：たとえば傷，割れ，その他の欠点が問題になるときに，それがどの位置に出ているかがわかれば，原因追究や対策が容易にとれる場合が多い．このようなときにはその製品のスケッチ図や展開図を作り，これをいくつかに層別して区画を入れたものを準備しておく．この図に検査結果を直接に色別などしてチェックさせる．この際，区画はなるべく等分しておいた方がよい．このチェックを集計してみれば，欠点が位置別，製品別，時間別に集中しているか，散発しているかがすぐわかり，アクションをとることができる．

4) 特性要因図のチェックシート：特性要因図を，現場でわかりやすいように，原因や不良の状況がわかるように作成しておく．これを現場に渡し，その原因や状況がわかったら，各矢印のそばにチェックさせる．これにより，どの原因を押えればよいかがすぐわかる．

以上述べたのはチェックシートのほんの一例である．各現場の実情に応じうまいシートを作成すれば，容易に層別したデータが得られ，パレート図も作成できる．これは非常に役だつ手法であるから大いに活用していただきたい．

チェックシートを度数分布，パレート図，特性要因図などと共にうまく活用すれば現場の問題の80〜90％は解決できるといってよい．

2.8 工程能力図

工程能力図とは，品質についての工程能力(process capability)を表すための図である．機械などのときには，機械能力(machine capability)ともいう．

2.8 工程能力図

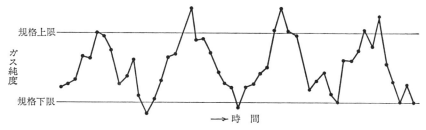

一定時間ごとに1個のデータが得られる場合．工程に相当大波があるので，工程能力が十分でないことを示す．この大波を押えれば，工程能力は相当よくなることを示す．

図 2.12　時間的変化を見るための工程能力図（1）

工程能力の問題は，品質管理において重要な問題であるから，4.7.7 節で詳しく述べるが，ここでは図のかき方とかく際の注意事項だけを述べておこう．一般に工程能力を図示するには，次の3つの方法がよく用いられる．これらの図により，工程の品質能力の実体をつかもうというのである．

a) 度数分布
b) 管理図
c) 規格値を入れたグラフ（図 2.12 および図 2.13 参照）

a)は能力の分布がすぐわかり，その平均値や標準偏差も求めやすいが，時間的変化はわからない．b), c)はデータを生産順にプロットするので時間的変化がよくわかるが，能力の分布はつかみにくい．しかし，図2.13のようにグラ

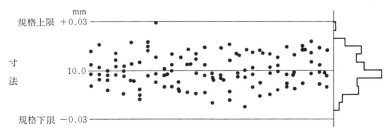

一定時間ごとにサンプルを $n(=4)$ 個ランダム・サンプリングしたデータの得られる場合．規格ぎりぎりいっぱいにはいっていることがわかる．よく注意して作業するか，あるいは工程能力をもう少し向上させる必要がある．

図 2.13　時間的変化を見るための工程能力図（2）

フの片側に度数分布を作成し，両者を併用することができる．b)の管理図に正しくかいたときに，それが管理状態を示すときには，工程能力が発揮されているという．

a), b), c) いずれにしても，工程能力をこれから求める場合には，十分解析され，管理されていて，その工程や機械が最高能力を発揮しているときのデータを用いなければならない．管理されていない状況のデータから求めただけのものは，真の工程能力とはいえない．

工程能力を表すのに工程能力指数 C_p を用いる(4.7.7節参照)．

2.9 散布図(相関図)

1つのデータについては，度数分布などにより，その分布のだいたいの姿をつかむことができるが，対になった1組のデータの関係はわからない．対になったデータの関係をつかむには散布図(scatter diagram)を用いるとよい．たとえば，温度と歩留り，加工前の寸法と加工後の寸法，材料の成分と不良率，製品の硬度と引っ張り強さなどのように，対になった，対応のある1組のデータの場合である．この場合，データは対になってとられている――これを**対応がある**という――ことが大切で，たとえ材料の成分と不良率のデータがあっても，どの材料を使ったときの不良率がどれであるかわからなければ，以下述べるような散布図はかけないし，解析も行えない．これには前にもたびたび述べたように，ロットの層別が不可欠である．

このような1組のデータがあれば，以下述べるような方法で，散布図あるいは相関表をかくことができる．

表2.3は，ある鉄製品の硬度とその材料の成分パーセントの値である．このデータは，ある材料ロットを用いたときに，平均硬度がいくらになったか対応をつけてとってある．これを図にプロットすると，図2.14のようになり，材料の成分が上昇すると平均硬度が上昇する様子がよくわかる．図2.14のような図を散布図という．しかし，材料成分が硬度に影響していることはよくわかるが，同じ成分でも，ほかにもいろいろ硬度に影響を及ぼす原因があるから，

2.9 散布図(相関図)

表 2.3 材料の成分(%)と硬度

($N=100$)

材料の成分 x	平均硬度 y	材料の成分 x	平均硬度 y	材料の成分 x	平均硬度 y	材料の成分 x	平均硬度 y	材料の成分 x	平均硬度 y	材料の成分 x	平均硬度 y
0.52	26.2	0.45	23.5	0.70	27.2	0.99	29.4	0.35	23.8	0.36	23.1
0.58	25.4	0.73	28.4	0.41	23.3	0.07	19.8	1.10	30.7	0.62	29.2
0.66	24.2	0.28	23.6	0.40	26.4	0.93	27.7	0.18	22.7	0.65	26.3
0.18	22.7	0.45	26.2	0.65	26.4	0.97	30.0	0.18	21.6	0.93	28.5
1.00	30.0	0.38	21.9	0.63	27.1	0.76	27.0	0.40	22.1	0.11	24.0
0.71	26.9	0.67	25.4	0.87	30.5	0.10	22.8	0.36	23.9	0.65	28.1
0.87	27.0	0.37	23.6	0.18	21.4	0.69	28.1	0.58	27.6	0.82	29.0
0.36	25.3	1.03	28.4	0.88	29.5	0.35	24.5	0.32	21.8	0.79	27.3
0.62	25.6	0.29	23.9	0.44	23.3	0.54	25.0	0.20	22.4	0.36	24.4
0.73	27.3	0.70	24.5	0.94	30.1	0.65	26.0	0.80	29.0	0.08	20.8
0.76	28.7	0.58	25.1	1.13	28.6	0.96	27.9	1.11	29.6	0.21	20.2
0.40	24.6	0.59	26.5	0.25	24.7	0.85	29.4	0.18	23.1	0.91	31.5
0.24	22.4	0.20	24.1	0.27	22.5	1.07	30.5	0.42	25.4	0.79	27.1
0.94	31.0	0.18	20.1	0.60	25.8	0.37	20.4	0.71	24.4	0.29	21.8
0.94	29.8	0.21	23.5	0.76	28.4	0.42	25.6	0.52	24.3	0.92	30.0
0.90	30.3	0.45	26.4	0.62	28.3	1.09	29.2	0.95	30.5	1.11	29.8
0.52	25.1	0.93	31.8	0.11	20.1	0.72	27.3				

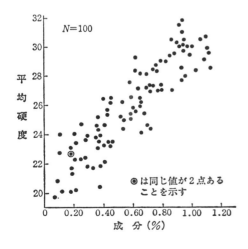

図 2.14 散布図(相関図)の一例:成分と平均硬度との関係

表 2.4 相関表の一例

成 分 (x)

級番号 ＼	境界値 x	1	2	3	4	5	6	7	8	9	10	11	度数
級番号 y ＼ 境界値 y		0 ～ 0.105	0.105 ～ 0.205	0.205 ～ 0.305	0.305 ～ 0.405	0.405 ～ 0.505	0.505 ～ 0.605	0.605 ～ 0.705	0.705 ～ 0.805	0.805 ～ 0.905	0.905 ～ 1.005	1.005 ～ ： ：	f_y
12	30.05 以上									//	/////	//	9
11	29.05～30.05								/	/////	////	///	13
10	28.05～29.05						///	//			//	///	10
9	27.05～28.05					/	/	/////	/	/		/	10
8	26.05～27.05				/	//	//	///	/				9
7	25.05～26.05				/	//	///	////					10
6	24.05～25.05			//	//	/	/	/	//				9
5	23.05～24.05		//	///	/////	///							12
4	22.05～23.05	/	//	///	/								7
3	21.05～22.05		//	/	//								5
2	20.05～21.05	/	//	/	/								5
1	19.05～20.05	/											1
	度数 f_x	3	8	10	12	8	7	13	12	8	12	7	100

（硬 度 (y)）

同じ硬度のものが得られていないこともよくわかろう.

いずれにしろ，このように図示してみただけで，表2.3のようなデータの羅列よりは，われわれにいろいろなことを教えてくれ，情報を与えてくれる.

（1） 散布図作成上の注意

1) 相関関係を調べるときは，データの組数はなるべく多い方がよい. 少なくとも50組以上，できれば100組以上あるとよい.

2) 横軸に原因(x)と思われるデータをとり，右方へいくほど大きな値をとるように目盛りをとる.

3) 縦軸には結果(y)と思われるデータをとり，上方へいくほど大きな値をとるように目盛りをとる.

4) x, y の目盛りの単位は，x のデータのばらつきと y のデータのばらつきが，だいたい同じ幅になるくらいにとっておくとよい. この際異常と思われデータは除いて考える.

2.9 散布図(相関図)

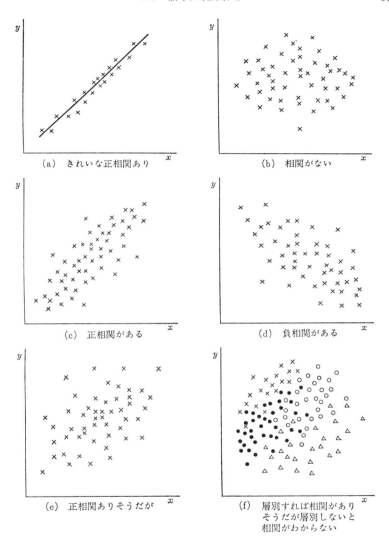

図 2.15 散布図のいろいろな型

136   第2章　統計的な考え方と簡単な統計的手法

5)　できるだけ層別して散布図をかくか，あるいは層ごとに色を変えて点を
　打っておくとよい．

（2）相　関　表

　両者の関係は散布図にしても よくわかるが，これは表2.4のような 相関表
（2次元度数分布）を作成しても，同じようによくわかる．表2.3のデータから
相関表を作成すると，表2.4のようになる．

　データ間のいろいろな関係の一例を，図2.15の散布図に示す．

　図2.15 (a)のようにきれいにデータが並んでいれば，相関関係があることは
すぐにわかる．このように，xが大きいときにはyも大きいという関係がある
ときには，これを**正相関**，xが大きいときにはyが小さく，xが小さいときに
はyが大きいという関係があるときには，これを**負相関**があるという．

　図2.15(b)は相関関係が認められない．

　図2.15(c)はデータはばらついているが，正相関が認められよう．

　図2.15(d)は負相関．

　図2.15(e)くらいデータがばらついていると，正相関がありといえるかどう
か疑問である．(c), (d), (e)くらい データがばらつくときには，相関ありとい
いきれるかどうかは問題である．このようなときには，統計的検定を行って判
断しなければ，いろいろな誤りを犯す(4A.8節参照)．

　図2.15(f)は，全体を見ると相関関係がないようにみえるが，材料別にマー
クを変えてプロットしたのを，各マークごとに見るといずれも正相関がありそ
うである．このようなときには層別して，散布図を作成してみないと，相関関
係があるのを見落とすことになるから注意を要する．

2.10　誤　差　と　は

　われわれはデータをもととして，いろいろ論じていくことが有利であること
はいうまでもないが，データを過信することも危険である．たとえば

1)　1,000個のロットからランダムに20個サンプルをとり，不良品がゼロだ
ったとしても，ロットに不良品がゼロであるとはいえないであろう．

2.10 誤差とは

2) 昨日までの平均不良率が10%だったが，今日は12%であった．今日はとくに悪い成績であるといえるか．

3) ある化学製品を分析したら，純度87.5%であった．その製品は本当に87.5%であるといえるか．

4) 温度計が850°Cを示している．炉の温度は真に850°Cといえるか．

以上，答えはいずれも「ノー」であろう．

それは，われわれがデータを得るまでには，サンプリング，測定，計算，四捨五入などいろいろの誤差があるからである．われわれはこれらの誤差を通じて，真の姿をつかまなければならない．

ところが従来は，この誤差をまったく考えなかったり，あるいは誤差という言葉が気軽に用いられていて，その意味がきわめて曖昧であった．これからは誤差を，次のように分けて考えなければならない．

a) サンプリング誤差

b) 測定誤差

c) 計算その他の誤差

サンプリング法が悪ければ，なんのためにデータをとっているのかわからず，またサンプリング誤差が大きければ，その誤差に隠れて工程の変化などはわからなくなってしまう．したがって，データにより数値的にいろいろな管理を行うときに，まず**サンプリング法を合理化**する必要がある[1]．日本人は，数字に弱いとよくいわれている．すなわち，数字を見せられるとそれで信じてしまうが，その裏に大きなサンプリング誤差があるのを忘れている．とくに品質管理をやるためには，サンプリング法を合理化し，データを正しくとる地固めをしておかなければならない．

同様に，**分析，測定，試験の誤差**も相当に大きい場合が多い．とくに日が違い，場所が違い，人が違い，装置が違うとすると，その誤差は恐るべきものになる．管理をやっていくには，この誤差が小さくなければならない．それに

---

1) これらの詳細については，石川馨：『サンプリング法入門』，日科技連出版社，参照．

は，広義の計測管理，分析管理を十分に行う必要がある．

データの写し違い，計算間違いなどは，数字を扱うときに常に起るものである．したがって，データの取扱いは十分注意して行うとともに，その間違いを容易に発見できるようなシステムにしておかなければならない．

また，別の分け方をすれば誤差は

イ）　信頼性

ロ）　精度

ハ）　かたより，正確さ

に分けられる．この分類は，以上述べたサンプリング，測定などの誤差を小さくするためにアクション（処置）をとるという面に重点をおいた分類法である．まず定義をしておこう．

誤差(error)：目的とする母集団の真の値と測定データとの差．

信頼性(reliability)：データが信用できるか否かという問題．すなわちサンプリング法が違ったとか，分析・試験の操作に間違いやミスという異常原因がないかという問題である．これは，精度の信頼性と正確さの信頼性とに分けて考えることもできる．いずれにしても信頼性を得るのは，サンプリングや測定作業の管理の問題である．

「このデータはおかしい？」，「これはサンプリングが悪いのだ」，「これは分析が悪いのだ」，「これは計算が悪いのだ」などというのは，すべて信頼性がない，管理されていないことを示している．データに信頼性がなければ，何の役にもたたない，気休めのデータである．

精度(precision)：ある測定法で同じものを無限回測定した場合，あるいはあるサンプリング法で同一ロットから無限回サンプリングした場合に，データは必ずばらつくが，そのばらつきの幅，分布の幅を精度という．精度は標準偏差，分散，2×標準偏差，範囲 R の管理限界，R の平均値その他いろいろの値で示される．従来の

「±0.5％くらいの誤差です」という表現は，定義がはっきりしないので，非常に曖昧で何をいっているのかよくわからない．

2.10 誤差とは

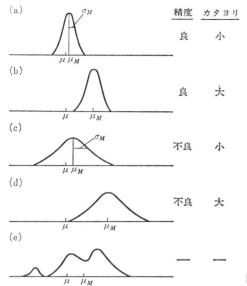

図 2.16 誤差の種類

かたより(bias), 正確さ(accuracy): ある測定法で無限回測定した場合には得られるデータの分布の平均値と, 真の値との差. たとえば「どうもうちのデータは, 平均して相手より 0.5 kg/cm² 高い」というのはかたよりである.

[注] 上記の error, accuracy, precision などの言葉は, 海外でも混乱して用いられているから, 文献などを読むときにその定義を注意して読まないと誤解する.

精度と正確さを確保するのは, 主として測定およびサンプリング技術, 統計的研究の問題である. 誤差を検討するには, イ)→ハ), すなわち信頼性, 精度, かたよりの順に検討するとよい.

誤差を以上のような概念に分けることにより, これを解析し, さらに小さくするにはどうしたらよいかがわかる. 信頼性のない場合は, たとえばうまいサンプリング法標準を作成し, これを実施させ, 管理する問題であり, かたよりのある場合には, 平均値を変えるような原因を捜してアクションすべきであり, 精度の悪い場合には, ばらつきを小さくするようなアクションをすべきである.

第2章　統計的な考え方と簡単な統計的手法

これら誤差の関係をわかりやすく図示すると，図2.16のようになる.

2A.1　度数分布の作り方

度数分布表やヒストグラムは，品質管理を始めとし，いろいろのデータをまとめていくのに，管理図と同様に重要な道具であるので，簡単にその作り方について述べる.

度数分布を作成する際に注意しなければならないのは

a)　級の数をいくつにとるか

b)　級の幅をどのように決めるか

c)　級の境界値をいかに決めるか

という点である.

（1）　級　の　数

級の数は，分布の姿をみるためには表2A.1のようにとればよい. 実際には，この表を参考にして級の幅や境界値を決めると決ってくる. 統計量を計算するためには，級の数の多いほうがよいが，データのサンプリング誤差ということを考えれば，だいたい表2A.1くらいでよい.

（2）　級　の　幅

級の幅は次のようにして決める.

手順1　データのうち，最大値と最小値を求める. ただしこの際，とび離れた異常なデータは除く. 表2.1のデータでは，3.99と3.70.

手順2　最大値と最小値の差を級の数で割る. この例では，$(3.99-3.70)/10=0.029$

手順3　手順2で求めた値に近い，測定の単位の整数倍の，都合のよい値を級の幅とする. この例では，測定の単位は0.01，したがって0.03と決める.

（3）　**級の境界値**

級の境界値は，次のようにして決める.

表 2A.1　度数分布の級の数

データの数	級　の　数
50～100	6～10
100～250	7～12
250 以上	10～20

2A.2 統計量の計算方法

手順1 境界値の単位としては，測定の単位の1/2をとる．

手順2 最大値および最小値が，両端の境界値からだいたい等間隔になるように決める．ただし，これはあまり厳密に考える必要はない．この例では，3.695〜3.725，…，3.965〜3.995 とすれば

$$3.70-3.695=0.005, \quad 3.995-3.99=0.005$$

[注] 規格などと比較したいときには，規格が境界付近にくるように決めておくと便利である．

（4） 表の作成

以上のようにして級分けを決め，これを表にまとめる．表2.2の左側2列のように，級番号，級の境界値を上から，小さい方から順に記入する．級の値を代表する**級の中心値**は，境界値の平均値をとる．この例では

$$\frac{3.695+3.725}{2}=3.710 \quad 等々$$

度数分布表を作成するだけなら，チェック，度数（必要ならば相対度数，累積度数）の列まで作成しておく．平均値や標準偏差を計算するのならば，表2A.2のような列まで作成する．

（5） チェック

生のデータを見ながら，チェック欄に〼印を記入していく．これは次のようにチェックする．「／」，「〢」，「〣」，「〤」，「〼」．このチェックは，間違いやすいから，必ず2度やってみる．

以上のようにして作成したのが表2.2である．

2A.2 統計量の計算方法[1]

（1） 平均値の計算法

平均値の計算は，通常のように全部のデータを加え，データの数で割ればよいので簡単であるが，以下の式を選んで用いると計算が楽になる．

$$\bar{x}=\frac{1}{n}\sum_{i=1}^{n}x_i \tag{2A.1}$$

---

1) 以下の計算は最近では，ミニコン，電卓で簡単に計算できる．

$$= a + \frac{1}{n} \sum (x_i - a) \tag{2A.2}$$

$$= a + \frac{h}{n} \sum \frac{(x_i - a)}{h} \tag{2A.3}$$

ただし，a, h は適当な常数.

[例]

(2A.1)式の場合	(2A.2)式の場合$(a=184)$	(2A.3)式の場合$\left(\begin{matrix}a=184\\h=1/10\end{matrix}\right)$
x_i	$x_i - 184$	$(x_i - 184) \times 10$
184.2	0.2	2
183.8	-0.2	-2
185.1	1.1	11
184.7	0.7	7
185.3	1.3	13
$n=5)\overline{923.1}$	$n=5)\overline{3.1}$	$n=5)\overline{31}$
184.62	0.62	6.2
$\bar{x}=184.62$	$\bar{x}=184+0.62=184.62$	$\bar{x}=184+6.2\times\dfrac{1}{10}=184.62$

手計算の場合には，(2A.2)式あるいは(2A.3)式の方が計算が非常に楽であり，たとえ計算間違いをしても誤差は小さくてすむ.

（2）　ばらつきの計算方法

ばらつきを表すには，範囲 R，偏差二乗和 S，分散 s^2，不偏分散 V，標準偏差 s，不偏分散の平方根 $\sqrt{V}$ などいろいろあるが，これらの計算方法を簡単に述べる.

1)　範囲 R(range)：$R=$最大値$-$最小値$=x_{max}-x_{min}$

[例]　8.8, 8.2, 8.4, 8.8, 8.3 というデータがあるとき，$R=8.8-8.2=0.6$

2)　偏差二乗和 S(二乗和，平方和，sum of squares)

これらの計算がいちばんめんどうであるが，計算法を工夫すると非常に楽になる.

$$S = \sum_{i=1}^{n} (x_i - \bar{x})^2 \tag{2A.4}$$

$$= \sum x_i^2 - \frac{(\sum x_i)^2}{n} = \sum x_i^2 - \frac{T^2}{n} = \sum x_i^2 - \mathrm{CT} \tag{2A.5}$$

ただし，$T = \sum x_i =$全体のデータの和.

$$\mathrm{CT} \equiv T^2/n$$

2.10 誤 差 と は

これを修正項(correction term)という.

$$S=\sum (x_i-a)^2-\frac{\{\sum (x_i-a)\}^2}{n}=\sum (x_i-a)^2-\frac{T^2}{n} \tag{2A.6}$$

ただし, $T=\sum (x_i-a)$ である.

$$S=h^2\left[\sum \left(\frac{x_i-a}{h}\right)^2-\frac{\left\{\sum \dfrac{x_i-a}{h}\right\}^2}{n}\right] \tag{2A.7}$$

上例について(2A.4)式の場合は

$$S=(8.8-8.50)^2+(8.2-8.50)^2+(8.4-8.50)^2+(8.8-8.50)^2+(8.3-8.50)^2$$

$$=0.30^2+0.30^2+0.10^2+0.30^2+0.20^2=0.32$$

$\bar{x}$ の桁が多くなると手計算の場合には, 計算が大変である(ミニコンなら問題ない).

(2A.5)式の場合

$$S=8.8^2+8.2^2+8.4^2+8.8^2+8.3^2-42.5^2/5$$

$$=361.57-1,806.25/5=361.57-361.25=0.32$$

計算が大変である.

(2A.6)式の場合, $a=8$ とすると

$$S=0.8^2+0.2^2+0.4^2+0.8^2+0.3^2-2.5^2/5=1.57-1.25=0.32$$

で計算がだいぶ楽になった.

(2A.7)式の場合, $a=8$, $h=1/10$ とすると

$$S=\frac{1}{10^2}(8^2+2^2+4^2+8^2+3^2-25^2/5)=\frac{32}{100}=0.32$$

3) 分散 V(sample variance)

$$V=\frac{1}{n-1}\sum (x_i-\bar{x})^2$$

$$=\frac{S}{n-1}$$

上例では, $V=0.32/4=0.08$.

n が多いときは $n-1 \fallingdotseq n$ でよい.

4) 標準偏差 s(sample standard deviation)

$$s=\sqrt{V}=\sqrt{\frac{1}{n-1}\sum (x_i-\bar{x})^2}$$

$$=\sqrt{\frac{S}{n-1}}$$

第2章　統計的な考え方と簡単な統計的手法

表 2A.2 度数分布表より $\bar{x}, s$ の計算

級番号	級の中心値	度数 f_i	u_i	$f_i u_i$	$f_i u_i{}^2$	累積度数	相対累積度数(%)
1	3.710	1	−5	− 5	25	1	0.5
2	3.740	6	−4	−24	96	7	3.5
3	3.770	13	−3	−39	117	20	10.0
4	3.800	25	−2	−50	100	45	22.5
5	3.830	45	−1	−45	45	90	45.0
6	3.860$=a$	37	0	(−163)	0	127	63.5
7	3.890	43	1	43	43	170	85.0
8	3.920	13	2	26	52	183	91.5
9	3.950	8	3	24	72	191	95.5
10	3.980	9	4	36	144	200	100.0
計	—	200	—	(129) −34	694	—	—
平均	200で割る			−0.170	3.470		

上例では，$\sqrt{V} = \sqrt{0.08} = 0.283$.

（3）　度数分布表による平均値と標準偏差の計算法

計算方法を手順により説明する(手計算の場合).

手順1　表2A.2のような形式の表を作成する.

手順2　u_i の欄に，だいたい平均と思われるところを0とし，それより上方に，−1, −2, …，下方に 1, 2, …，と記入する.

手順3　各級ごとに度数 f_i と u_i を掛け合わせて，$f_i u_i$ 欄に記入する. このとき，$u_i=0$ の欄は空欄にしておく.

　　　　この例では，たとえば級番号1の行では，$1 \times (-5) = -5$.

手順4　$u_i=0$ の行より上のマイナスの(全部マイナスになる)値を全部加えて，$u_i=0$ の行に記入する. $u_i=0$ の行より下のプラスの値を加えて，表のように記入する. この両者を加えて計の欄に記入する.

　　　　この例では $-163 + 129 = -34$.

手順5　手順4で求めた値をデータの総数(f_i の列の和)で割り，E_1 とする.

2.10 誤差とは

$$E_1 = \frac{1}{n} \sum \frac{x_i - a}{h}$$

$$= \frac{1}{n} \sum f_i u_i$$

$$= -\frac{34}{200} = -0.170$$

手順6 平均値を次式より計算する. (2A.3)式参照.

$$\bar{x} = a + h E_1$$

ただし, a は $u_i = 0$ の級の中心値, この例では $a = 3.860$. h は級の幅, この例では $h = 0.03$. E_1 は手順5で求めた値, この例では $E_1 = -0.170$.

$$\bar{x} = 3.860 + (0.03)(-0.170) = 3.860 - 0.0051 = 3.8549$$

手順7 各級ごとに $f_i u_i$ に u_i を掛けて, $f_i u_i^2$ 欄に記入する. この値はすべて0あるいはプラスになる.

手順8 $f_i u_i^2$ の和を求める. この例では 694.

手順9 手順8で求めた値をデータの総数で割り, E_2 とする.

$$E_2 = \frac{1}{n-1} \sum \left(\frac{x_i - a}{h} \right)^2$$

$$\fallingdotseq \frac{1}{n} \sum \left(\frac{x_i - a}{h} \right)^2$$

$$= \frac{1}{n} \sum f_i u_i^2$$

$$= \frac{694}{200} = 3.470$$

この例のように $n = 200$ のときは, $n-1$ でなく n で割ってもよい.

手順10 標準偏差 s を次式より計算する. (2A.7)式参照.

$$s = h \sqrt{E_2 - E_1^2}$$

$$= 0.03 \sqrt{3.470 - (0.170)^2} = 0.03 \sqrt{3.441} = 0.03 \times 1.855$$

$$= 0.0556$$

[注] 以上の計算は, 各級内の値を, 級の中心値にあると考えて――4捨5入のように――簡便計算したものであるが, 実用的にはこれでさしつかえない.

[備考1] 表2.2のように, 度数の百分率を求め, **相対度数**で示すと分布の姿がつかみやすく, とくにデータの数の異なるいくつかの分布を比較するのに便利である.

[備考2] 表2A.2の右から2列のように, ある値(境界値)以下のデータの数を累積

的に順に加えたものを**累積度数**という．これは規格と比較したり，統計的に分布曲線を求めるのに便利である．その相対度数を示したのが最右列で，これを**相対累積度数**という．これは，ある値以上というように，大きい方から累積的に加えた方が便利な場合もある．たとえば，規格がある値以下という場合．

［**備考3**］ コンピュータを用いて計算するときは，手順2において，級番号1のところを $u_i=0$ とし，以下下方へ $1, 2, \cdots$ とするとよい．

2A.3 統計量の分布

母集団からランダム・サンプリングすると，サンプルについてのデータはばらつく．したがって，これからとった平均値，範囲，不良率などの統計量もばらつく．この統計量の分布は，一定の法則に従っている．

表 2A.3 統計量の分布（計量値）

無限母集団（母平均 μ，母分散 σ^2）

名　称	統計量	仮　定	平均値 E( )	標準偏差 D( )	分　散 V( )	分 布 の 形
平　均　値	$\bar{x}$	な　　し	μ	$\sigma/\sqrt{n}$	σ^2/n	n が大きくなると正規分布に近づく．
分　　散	V	正規分布	σ^2	$\sqrt{\dfrac{2}{n-1}}\sigma^2$	$\dfrac{2}{n-1}\sigma^4$	大きい方へすそを引く[1]
標準偏差	s	〃	$c_2{}^*\sigma$	$c_3{}^*\sigma$	$(c_3{}^*\sigma)^2$	〃
範　　囲	R	〃	$d_2\sigma$	$d_3\sigma$	$(d_3\sigma)^2$	〃

1) $c_2{}^*, c_3{}^*, d_2, d_3$ は，それぞれ正規分布の場合の係数で，n により変わる値．数値表（表 2A.5 および 表 3.3 参照）から求められる．母集団が正規分布から少し変化しても，あまり変わらない値．

表 2A.4 統計量の分布（計数値）

名　　称	統計量	母 数	平均値 E	標準偏差 D( )	分　布	分 布 の 形
不　良　率	p	P	P	$\sqrt{P(1-P)/n}$	二　項	
不　良　個　数	$r=pn$	P	nP	$\sqrt{nP(1-P)}$	二　項	右へすそを引く
単位当り欠点数	$u=c/n$	U	U	$\sqrt{U/n}$	ポアソン	n が大きくなると正規分布に近づく
欠　点　数	c	C	C	$\sqrt{C}$	ポアソン	

この統計量の分布は，統計的手法の1つの重要な基礎的な性質である．

2.10 誤 差 と は

表 2A.5 標準偏差の分布の係数

サンプルの大きさ	平均値 C_2*	標準偏差 C_3*	サンプルの大きさ	平均値 C_2*	標準偏差 C_3*
2	0.798	0.603	10	0.973	0.232
3	0.886	0.463	15	0.982	0.187
4	0.921	0.389	20	0.987	0.161
5	0.940	0.341	30	0.991	0.131
6	0.952	0.308	40	0.994	0.113
7	0.959	0.282	50	0.995	0.101
8	0.965	0.262	100	$1-1/4n$	$1/\sqrt{2n}$
9	0.969	0.246			

　これらの分布は，その分布の平均値（期待値 E（ ）），ばらつき（標準偏差 D（ ）あるいは分散V（ ））および分布の形により決まってくる.

　表2A.3および表2A.4にこれを示す.

第3章　管理図の作り方と使い方

3.1　管理図とは

　管理図とは，広義にいえば管理に用いる図，グラフということもできるが，Dr. W. A. Shewhart が1926年に，初めて管理図(control chart)という名称をつけてから長く用いられている．「統計的に求めた限界線をもつ管理に用いられるグラフであり，1つの統計的手法である」とでも定義しておこう．ここでは，定義をあまりうるさくいわず，以下述べるような方法でかいたグラフが管理図である．管理図は，品質管理以外にもあらゆる管理に活用できるので，品質管理図という名称は用いない方がよい．

　管理図の管理のサークルにおける基本的な役割については1.5節で述べてあるが，そのほかいろいろの用途もある．

　　[注]　管理図でよく誤用されているのが，3.9.1節で述べる調節図で，調節図と管理図の区別だけははっきりさせておく必要がある．

3.2　管理図の種類

　管理図には，いろいろの統計量・データをプロットするもの，いろいろの統計的手法で限界を求めるものなど非常に多種類あるが，ここではその最も基本的な，また最も実際的な，多く活用されている3シグマ管理限界を用いる管理図について述べる．この管理図をうまく活用すれば，ほとんどすべての管理をうまく行うことができる．

　2.3節で述べたように，計数値と計量値とでは，統計的な性質も異なっており，また計数値でも不良率や不良個数の分布と欠点数の分布も異なっており，用いる管理図も変ってくる．この測定値の性質により，管理図を大きく3種類

に分ける.

（1） $\bar{x}$–R 管理図, $\tilde{x}$–R 管理図, x 管理図(3.3, 3A.1, 3A.2節)

この管理図は，その工程の特性が長さ，目方，強度，純度，時間，生産量などのような計量値の場合に用いる．しかし，それ以外のデータにも用いることができる．

$\bar{x}$ 管理図は，主として分布の平均値の変化を見るために用いる．$\bar{x}$ 管理図の代りに $\tilde{x}$ (メジアン)管理図を用いることもある．R 管理図は，分布の幅，ばらつきの変化を見るために用いる．R 管理図の代りに，非常に特殊な場合には s (標準偏差)管理図を用いることもあるが，本書では省略する．

$\bar{x}$ と R 管理図は通常一緒に用いるが，この両者により初めて工程の状態の変化を分布として見ることができる．したがって，各管理図の中でいちばん多くの技術的情報を与えてくれるので，技術的解析・工程能力研究などに役だつ．しかし一方だけでは，分布の変化を，すなわち平均値の変化とばらつきの変化を見ることができない．$\bar{x}$–R 管理図は，とくに品質管理を行う初期において，最も基本的な，役だつ管理図である．初心者は，まずこの管理図を縦横に使用することにより，工程の管理法を修得するとよい．

x 管理図は，個々の計量値のデータをそのままプロットしていく場合に用いるが，誤用が多いから使用する際には十分注意しなければならない．

（2） p 管理図, pn 管理図(3.4, 3.5節)

たとえば，鉄板100枚中3枚不良品であるというように，計数値の場合で製品やサンプル何枚の中に不良品が何枚ある，何個あるというような特性を問題にする工程を管理するには，p 管理図あるいは pn 管理図を用いる．そのほか出勤率，スナップ・リーディングによるデータ，故障中の機械の台数などにも用いられる．しかし，良・不良というデータであるから，これを用いるにはその仕事について多くの技術的情報をもっている必要がある．

サンプル中にある不良品の数を**不良率 p** (fraction defective)で表したときには p **管理図**を用い，**不良個数 pn** (number of defectives)で表したときには pn **管理図**を用いる．

3.2 管理図の種類 151

一般にサンプルの大きさ(sample size)——サンプル中に含まれる製品 の 個数——を n で表すと，n が 一定のときには pn 管理図を，n が変化するときには p 管理図を用いる．不良率 p や 不良個数 pn は，統計的にいうと二項分布(binomial distribution)という分布をする．この管理図は誰にでもわかりやすいし，データもとりやすい場合が多いので，作業者用，職場長用，工場長用などの管理図として活用するとよい．

　[備考1]　1日の製品を全数検査した場合にも，その製品ロットは工程からの1つのサンプルであるから，この工程には p または pn 管理図を用いる．

　[備考2]　純度や歩留りのようにパーセントで表されるデータでも，1個1個数えられない計量値の場合のパーセントは，p 管理図を用いず，$\bar{x}$-R または x 管理図 を用いる．

（3）　c 管理図，u 管理図(3.6，3.7節)

計数値の場合で，ある1つの製品の中に欠点(defects)が何個所あるかというようなことを問題とするときに用いられる．たとえば，鉄板1枚の中に，割れ，裂けが何個所あるか，傷やよごれが何個所あるか，あるいは紙 $10\ cm^2$ 中に何個ごみが入っているか，あるいはペンキ仕上げや メッキ の ピンホール の数，自動車1台に何個所欠点があるか，などのばらつきを問題にするときに用いる．製品の品質以外に，工場のけが人数，事故数，計算間違い数，帳簿の写し間違い数などの変化を問題とするときにも用いられる．

p および pn 管理図とよく似ているが，異なる点は，p および pn 管理図では n 個中不良品 r 個というように n が指定されている場合で，r が n より大きくなることはないが，c および u 管理図は欠点数 c が n より大きくなることがあり，統計的にいうとポアソン分布(Poisson's distribution)するときに用いられる．

c 管理図は，サンプルの大きさが一定のとき，たとえば一定面積の板あるいは5mの布地，1台のテレビをサンプルとしてとるときに用いられる．計算間違い，写し違いなど，鉛筆や紙の使用量などを各人ごとに求めたときは，c 管理図を用いる．この点，pn 管理図とよく似ている．

u 管理図は，サンプルの大きさが一定でないとき，たとえばサンプリングし

た板や紙の面積がときにより異なるときに用いる．また，在籍員の異なる工場の各課のけが人数，各課ごとの文房具の消費量など，ある単位当りの欠点数の変化を見たいときにも用いられる．この点，p 管理図とよく似ている．

以上述べたようなことを考えて，われわれの測定値がどの性質をもっているかを検討すると，いずれの管理図を用いるべきかが決まってくる．

3.3 平均値と範囲 ($\bar{x}$–R) の管理図の作り方

管理図の用途には，3.9節に述べるようにいろいろあるが，まず過去の データを集めて管理図をかく手順，すなわち**過去のデータ解析のための管理図の作り方**の手順について述べる．

最も重要な $\bar{x}$–R 管理図の作り方を述べるが，作るときの考え方や態度は，p, pn, c, u 管理図においてもまったく同様である．管理図を作るには，いろいろな工夫や経験が必要であるが，まず機械的に管理図をかく方法を述べる．

（1） データを集める

管理という考え方に立って，技術的，統計的に工程について重要な知識を与える特性(結果)ついて，比較的最近の，技術的にだいたい今後の工程と同じと考えられる条件でのデータを100以上集める．データが少なければ50，20でもよいが，なるべく100以上あった方がよい．データが少なく，50あるいは20で，まず管理図を作成したときは，データがたまってきたならば，必ずもう一度計算し直してみること．この場合，できるだけデータの歴史，ロットの歴史をはっきりさせておく必要がある．集めたデータは，数ばかりではなく，これらの質が大切である．

（2） 測定時間順，ロット順などに，できれば工程別に層別して並べる

たとえば表3.1は，板の厚さを毎時5枚ずつ25組測定したデータを，上段左から右へ順に並べたものである．

（3） データを群(subgroup)に分ける

1) 集めたデータを3〜5個くらいずつに分ける．この分けたものを群という．群のことを管理図では，サンプル・試料(sample)ともいう．

3.3 平均値と範囲($\bar{x}$-R)の管理図の作り方

表 3.1 板の厚さ (mm)

(データの数 $N=125$)

2.1	1.9	1.9	2.2	2.0	2.3	1.7	1.8	1.9	2.1
2.1	2.1	2.2	2.1	2.2	2.0	1.9	1.9	2.3	2.0
2.1	2.2	2.0	2.0	2.1	2.1	1.7	1.8	1.7	2.2
1.8	1.8	2.0	1.9	2.0	2.2	2.2	1.9	2.0	1.9
2.0	1.8	2.0	1.9	2.0	1.8	1.7	2.0	2.0	1.7
1.8	1.9	1.9	3.4	2.1	1.9	2.2	2.0	2.0	2.0
2.2	1.9	1.6	1.9	1.8	2.0	2.0	2.1	2.1	1.8
1.9	1.8	2.1	2.1	2.0	1.6	1.8	1.9	2.0	2.0
2.1	2.2	2.1	2.0	1.8	1.8	1.8	1.6	2.1	2.2
2.4	2.1	2.1	2.1	2.0	2.1	1.9	1.9	1.9	1.9
2.0	1.9	1.9	2.0	2.2	2.0	2.0	2.3	2.2	1.8
2.2	2.2	2.0	1.8	2.2	1.9	1.9	2.0	2.4	2.0
1.7	2.1	2.1	1.8	1.9					

1つの群に含まれるデータの数を，**群の大きさ，サンプルの大きさ**(sample size)といい，通常 n で表す．表3.2では，表3.1のデータを順に $n=5$ の群の大きさで群分けしてある．群分けしてできた群の数を，**群の数**(number of samples)といい，k で表す．表3.2では $k=25$ である．

2) **群への分け方**(subgrouping)は(3.9.2節参照)，層別のやり方とともに管理図の生命を支配する重要な項目である．多くの場合，1日のデータ，1交替，1工程，1ロットごとのデータなど，技術的に群の中では比較的ばらつきが小さくなるように，すなわち群の間に工程に大きな影響を与える原因があるように，群分けすればよい．この例では，1時間に5枚ずつ測定しているので，これを $n=5$ として群とした．以上が群分けの原則であるが，技術的にいろいろ意味がつけにくいときには，時間順，測定順に群分けしてもよい．実際に，技術的に考えていろいろ群分けをやってみて，管理に都合のよいものを用いるようにすればよい．

3) 群の大きさ n は，各群とも同じ大きさにするとよい．過去のデータがある日は4個，ある日は5個という場合には，日ごとにとくに差があると考えられないようなときは，データを時間順に，たとえば $n=5$ として一定の大きさ

154 第3章 管理図の作り方と使い方

表 3.2 $\bar{x}$-R 管理図のデータシートの一例

工場長	部長	課長	係長	係員	職長

$\bar{x}$-R 管理図用
様式1号　　　　品質管理記録 No.0208

品　名　　　　板
品質特性　　　厚さ
測定者　　　昭和太郎
測定方法　　（器具番号）No.3
測定値の単位　　0.1 mm

×　×　　工場
△　△　△　　課
検　　査　　係
自　年　月　日
至　年　月　日

群番号	日 時	x_1	x_2	x_3	x_4	x_5	$\bar{x}$	R	検印
1	1 — 9	2.1	1.9	1.9	2.2	2.0	2.02	0.3	
2	10	2.3	1.7	1.8	1.9	2.1	1.96	0.6	
3	11	2.1	2.1	2.2	2.1	2.2	2.14	0.1	
4	12	2.0	1.9	1.9	2.3	2.0	2.02	0.4	
5	14	2.1	2.2	2.0	2.0	2.1	2.08	0.2	
6	15	2.1	1.7	1.8	1.7	2.2	1.90	0.5	
7	16	1.8	1.8	2.0	1.9	2.0	1.90	0.2	
8	2 — 9	2.2	2.2	1.9	2.0	1.9	2.04	0.3	
9	10	2.0	1.8	2.0	1.9	2.0	1.94	0.2	
10	11	1.8	1.7	2.0	2.0	1.7	1.84	0.3	
11	12	1.8	1.9	1.9	2.4	2.1	2.02	0.6	
12	14	1.9	2.2	2.0	2.0	2.0	2.02	0.3	
13	15	2.2	1.9	1.6	1.9	1.8	1.88	0.6	
14	16	2.0	2.0	2.1	2.1	1.8	2.00	0.3	
15	3 — 9	1.9	1.8	2.1	2.1	2.0	1.98	0.3	
16	10	1.6	1.8	1.9	2.0	2.0	1.86	0.4	
17	11	2.1	2.2	2.1	2.0	1.8	2.04	0.4	
18	12	1.8	1.8	1.6	2.1	2.2	1.90	0.6	
19	14	2.4	2.1	2.1	2.1	2.0	2.14	0.4	
20	15	2.1	1.9	1.9	1.9	1.9	1.94	0.2	
21	16	2.0	1.9	1.9	2.0	2.2	2.00	0.3	
22	4 — 9	2.0	2.0	2.3	2.2	1.8	2.06	0.5	
23	10	2.2	2.2	2.0	1.8	2.2	2.08	0.4	
24	11	1.9	1.9	2.0	2.4	2.0	2.04	0.5	
25	12	1.7	2.1	2.1	1.8	1.9	1.92	0.4	
計							49.72	9.3	
平　均							$\bar{\bar{x}}$=1.9888	$\bar{R}$=0.372	

$\bar{x}$ 管理図：（CL）　　　　$\bar{\bar{x}}$=1.989
　　　　（UCL）　$\bar{\bar{x}}+A_2\bar{R}$=2.204
　　　　（LCL）　$\bar{\bar{x}}-A_2\bar{R}$=1.774
R 管理図：（CL）　　　　$\bar{R}$=0.372
　　　　（UCL）$D_4\bar{R}$=2.115×0.372=0.79
　　　　（LCL）$D_3\bar{R}$=（考えない）

$A_2\bar{R}$=0.577×0.372
　　　=0.215

管理図番号 AC103

3.3 平均値と範囲($\bar{x}$-R)の管理図の作り方

で群分けしていけばよい．しかし，技術的に日ごとの差が大きいと考えられるときには，日ごとに $n=4$, $n=5$ と群分けした方がよい．一般に n の異なった群分けをすると，管理図の作成法も，使用法もやっかいになるので，できるだけ等しくするとよい．たとえば過去のデータが，$n=5$ と $n=4$ とあるときは，$n=5$ の中からランダムに1つのデータを除いて $n=4$ にそろえるとよい．ここでは，n の一定な場合について述べる．n の一定でない場合については省略する．

4) 群の大きさは，特別な場合には $n=6\sim10$ くらいにすることもあるが，これは5以下のいくつかの群に分ける方がよい．通常よく用いられるのは，$n=2\sim5$ である．

（4） データシート（データ記録用紙）の準備

データは，一定の形式の用紙に，初めから記入するように決めておけば便利である．日報などから写しとるのはめんどうであり，不経済であり，間違いも多くなるので，表3.2のように日報の形式を，群分けしてすぐいろいろの計算ができるように設計しておくとよい．これには，工程やデータに関係ある，できるだけ多くの事項を記入できるようにしておく．

（5） 平均値 $\bar{x}$ の計算

各群ごとの平均値 $\bar{x}$ をおのおの計算する．第1群については，次のような計算になる．

　[注] 数値の丸め方

　この計算において，群の大きさ n が4, 5であると割り切れるのであまり問題ないが，$n=3, 6$ の場合には割り切れない場合が多い．管理図においては，一般に各群の平均値を求める計算は，測定の桁より2桁下まで計算して最後の桁を丸め，1桁下まで求めておけば十分である．たとえば，このデータで $n=3$ に群分けしたときには次のような計算でよい．

$$(2.1+1.9+1.9+2.2+2.0)/5=10.1/5=2.02$$
$$(2.1+1.9+1.9)/3=5.9/3=1.966\fallingdotseq1.97$$

平均値などを求めるときにかたよりを生ずるから，次の原則による．

　a） 丸めるべき桁が4以下ならば切り捨てる．6以上ならば切り上げる．
$$1.976\longrightarrow1.98, \quad 1.834\longrightarrow1.83$$

b） 丸めるべき桁が5のときは，それ以下の桁による．

イ） 0以外のときは切り上げる．

2.0451——→2.05, 2.04501——→2.05

ロ） 0だけ，または数字のないときは，丸めるべき桁より1桁上の桁が偶数ならば切り捨て，奇数ならば切り上げる．

2.0250——→2.02, 2.01500——→2.02

2.025 ——→2.02, 2.015 ——→2.02

c） 丸めるべき桁の数によって丸めるべきで，さらにその下の桁からの丸めた結果によるものではない．

$$2.5498——→2.550——→2.55 \begin{cases} →2.5 \text{ が正しく} \\ →2.6 \text{ ではない} \end{cases}$$

2.4502——→2.5

（6） 範囲 R の計算

各群について最大値より最小値を引いて，範囲(range) R を計算する．

第1群については，2.2−1.9＝0.3.

［注］ R は0以上の値となり，負の値は絶対にとらない．たとえば，−1，−3，−5，−4という群の場合にも，$(-1)-(-5)=4$.

（7） 総平均 $\bar{\bar{x}}$ の計算

各群の平均値 $\bar{x}$ より，総平均 $\bar{\bar{x}}$ を計算する．

［注］ 総平均 $\bar{\bar{x}}$ の桁数は，一般に測定値の桁数より3桁下まで計算して，丸めて2桁下まで求めておけばよい．

（8） 範囲の平均値 $\bar{R}$ の計算

各群の R より，範囲の平均値 $\bar{R}$ を求める．

［注］ $\bar{R}$ の桁数は，測定値より2桁下まで求めておけば十分である．R の管理図に記入するときは，1桁下まででよい．

（9） 管理線の計算

$\bar{x}$–R 管理図において，$\bar{x}, R$ 管理図のおのおのについて**管理線**(control lines)が必要である．管理線は，各管理図について次の3本がある．

上部（あるいは上方）管理限界(upper control limit)　UCL

中心線　　　　　　　　(central line)　　　　　CL

下部（あるいは下方）管理限界(lower control limit)　LCL

3.3 平均値と範囲($\bar{x}$-R)の管理図の作り方

表 3.3 $\bar{x}$-R 管理図のための係数表

群の大きさ n	$\bar{x}$ 管理図 A	$\bar{x}$ 管理図 A_2	R 管理図 D_1	R 管理図 D_2	R 管理図 D_3	R 管理図 D_4	$\hat{\sigma}$ と $\bar{R}$ の関係 $\hat{\sigma}=\bar{R}/d_2$ d_2	$1/d_2$	d_3
2	2.121	1.880	—	3.686	—	3.267	1.128	0.886	0.853
3	1.732	1.023	—	4.358	—	2.575	1.693	0.591	0.888
4	1.500	0.729	—	4.698	—	2.282	2.059	0.486	0.880
5	1.342	0.577	—	4.918	—	2.115	2.326	0.430	0.864
6	1.225	0.483	—	5.078	—	2.004	2.534	0.395	0.848
7	1.134	0.419	0.205	5.203	0.076	1.924	2.704	0.270	0.833
8	1.061	0.373	0.387	5.307	0.136	1.864	2.847	0.351	0.820
9	1.000	0.337	0.546	5.394	0.184	1.816	2.970	0.337	0.808
10	0.949	0.308	0.687	5.469	0.223	1.777	3.078	0.325	0.797

管理限界線とは，上部および下部管理限界線の2本のことである．この限界内にプロットした点が入っていれば管理状態にあることを示し，限界線上に点が打たれるか，あるいは限界より外にとび出せば，工程に何か異常が起っていることを示す．

管理線は，次のようにして求める(表3.2参照)．

1) $\bar{x}$ 管理図の管理線

中心線　　　　　$CL = \bar{\bar{x}}$

上部管理限界　$UCL = \bar{\bar{x}} + A_2\bar{R}$

下部管理限界　$LCL = \bar{\bar{x}} - A_2\bar{R}$

ただし，A_2 は群の大きさ n より決まる値．$n=5$ ならば表3.3より $A_2 = 0.577$．

$A_2\bar{R}$ の計算の桁は $\bar{\bar{x}}$ の桁と同じに2桁下まで求めておく．$\bar{x}$ の管理限界が R(群内のばらつき)により決められている点に注意．

2) R 管理図の管理線

中心線　　　　　$CL = \bar{R}$

上部管理限界　$UCL = D_4\bar{R}$

下部管理限界　$LCL = D_3\bar{R}$

ただし，D_4，D_3 は群の大きさにより決まる値．たとえば $n=5$ ならば表3.3

より $D_4=2.115$, $D_3=$(考えない).

R 管理図の UCL, LCL は $\bar{R}$ に加減せず，直接掛け算によって求める点が $\bar{x}$ 管理図と違う．$n \leqq 6$ のときは LCL は考えない.

$D_3\bar{R}, D_4\bar{R}$ の計算の桁数は，$\bar{R}$ の桁，すなわち測定の桁より1桁下まで有効数字を求めておけばよい.

(10) 管理図用紙の準備

管理図は，方眼紙にかく．たとえば，横目盛り2mm～3mm目，縦目盛り1mm目ぐらいが最も使いやすい．目盛りの線はあまり太いと管理線，点などが見にくいから，なるべく細い，薄い色がよい．あとでコピーのとれるものにしておくと便利である.

$\bar{x}$-R 管理図を上下に並べるが，一般に縦は15cmもあれば十分であり，時間的に長く続ける場合が多いので，横に長い方がよい．下方には，記事を記入する余地を十分にあけておくこと．紙質も，同じ用紙を長く用い，かつ保存ということを考えると，なるべく上質の方がよい．品質管理が本格的に行われてくるようになれば，データシート，管理図用紙を決めて印刷しておくとよい.

(11) 管理線の記入

管理図用紙上方に $\bar{x}$ 管理図，下方に R 管理図をそろえて並べておく．横軸に群の番号(あるいは月日，ロット番号)を書く.

$\bar{x}, R$ 管理図とも，管理限界の幅，すなわち上下管理限界線の間隔を**30mm前後**になるように目盛りをとり，**単位を記入する**．したがって，$\bar{x}$ 管理図とR管理図とでは目盛りの単位が異なることがある．従来の技術者的な考え方で管理図をかくと，管理限界の幅を10cm以上にもとっているのをよく見うけるが，管理図では多くの場合，**点が限界内にあるか，外にあるか**が問題になるのであって，限界内での個々の点のわずかな動きを大きく引き伸ばして問題にするのは間違っている．むしろ長い期間を通じての傾向を見るために，なるべく小さく，長く1枚に記入できるようにかくべきである．群の間隔，すなわち横軸での点の間隔も2～3mmぐらいで十分で，点と点とが区別できればよい.

管理図は，使いやすいように，見て気持ちのよいように，美しくかくべきで

3.3 平均値と範囲($\bar{x}$-R)の管理図の作り方

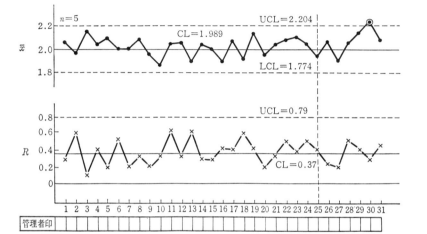

図 3.1 $\bar{x}$-R 管理図

ある.しかし使用中油まみれになる汚れは必要である.

表3.2のデータより,管理線を記入したのが図3.1である.

管理線は,過去のデータを解析し,そのデータについて引く場合には

　　中心線は実線(―――)で

　　限界線は破線(-----)で

引く.

これは，いずれの管理図についても同様である．

以上の管理線は，解析に用いたデータの群番号のところまで引いておく．

（12）　点の記入（プロット）

次に，群番号順に各群の平均値 $\bar{x}$ と範囲 R を，おのおの $\bar{x}$ 管理図，R 管理図にプロットする．1つの群の $\bar{x}$ の点と R の点は，同じ縦軸上にプロットする．点のプロットについては，次のことに注意する．

1)　点ははっきり打つこと．目盛りにとらわれて小さな点を打つより，点の動きが一目でわかるように，障害にならないようにやや大きいぐらいに打つ．

2)　$\bar{x}$ の点と R の点は区別して打ったほうがよい．たとえば $\bar{x}$ については「・」，R については「×」印で打つ．

3)　もし各群が交替別，機械別，組別などに群分けしてあるときは，層別して色を変えたり，記号を変えたりして，その識別ができるようにしておくと，いろいろのことがわかりやすい．

4)　管理限界線上にのるか，あるいは限界より出た点（異常な点）は，「⊙」，「⊗」，赤丸をつけるとか，はっきりわかるようにしておくこと．

5)　中心線の近くにある点は，「⦿」，「⊙」などと，上下いずれにあるか区別できるようにしておくとよい．

6)　プロットした点は，群番号順に細い実線で結んでおく．1日あるいは1週に何点もあるようなときには，1日ごと，1週ごとの点だけを結んでおき，各期の間は結ばずにおくと見やすい．

要するに，点を見やすいように，必要ならば層別して点をプロットすればよい．

（13）　その他の必要事項を記入する

$\bar{x}$ 管理図の左端の目盛りのところには，$\bar{x}$ と記入する．

R 管理図の左端の目盛りのところには，R と記入する．

管理図の上部には，何のどの品質特性，測定単位，管理責任者，記入者，データの期間，管理図番号など，その他必要関係事項を記入する．

$\bar{x}$ 管理図の左上に群の大きさを，たとえば $n=5$ と記入しておく．

3.3 平均値と範囲($\bar{x}$-R)の管理図の作り方

管理線には，図3.1のように，それぞれ UCL, CL, LCL と記入し，さらに
その数値を記入しておく．

(14) む　す　び

以上が $\bar{x}$-R 管理図のかき方であるが，これでわかるように，統計学そのも
のはなかなかむずかしいものであるが，管理図は簡単な加減乗除でかけるの
で，わが国でも品質管理の進んだ工場では，職場長などの管理責任者はもちろ
んのこと，女子作業員が管理図をかいて，使っている．

このような管理図にすると，従来のグラフと異なる点は

1)　データが群分けしてある．
2)　$\bar{x}$ と R 両方の変化がわかる．
3)　管理図には統計的に意味のある管理限界線がある．

また，グラフ化することによる効果も大きく，従来の数字の羅列である日報
よりも，はるかに工場の実態をつかむことができ，また限界線により，工程に
容易に処置がとれるようになる．

[備考]　以上は通常，過去のデータの解析を行うときに管理図をかく手順である．し
かし，工場内で品質管理の講習会などを行うときには，サンプリングによるばらつきの
概念，管理限界というものをわかりやすく説明するために，**チップ実験**や現場の実際の
データを用いて講習を行うとよい．このときには，聴講者に理解しやすくするために，
次の順序で管理図をかかせるとよい．

1)　データシートの準備
2)　チップ実験，データの群分け
3)　管理図用紙の準備
4)　$\bar{x}$ の計算
5)　$\bar{x}$ のプロット（このとき，管理限界の幅が30mm ぐらいになるように，目盛りを
　　とらせておくこと）
6)　R の計算
7)　R のプロット（このとき，管理限界の幅が30mm ぐらいになるように，目盛りを
　　とらせておくこと．同じ群の R と $\bar{x}$ は，同じ縦軸上にプロットさせる）
8)　$\bar{x}$ の計算，記入
9)　$\bar{R}$ の計算，記入
10)　$\bar{x}$ の管理限界の計算，記入
11)　R の管理限界の計算，記入

162　　　　　　　　第3章　管理図の作り方と使い方

12)　その他の項目の記入

3.4　不良率(p)管理図の作り方

p管理図は，たとえば100枚，100個，一般にはn個の製品，半製品などの良，不良を試験したときに，その中に不良品が5個，一般にはr個（あるいはpn個）あったとき，これを不良率 $p=5/100=0.05$ あるいは5％（不良百分率）で表されるようなデータのとれる工程を管理するのに用いられる．良品率(q)でもよい．この管理図の作成は，次の手順による．

（1）　データを集める

不良率についてのデータをなるべく多く集める．このとき，検査個数nと不良個数pnのわかったものでなければならない[1]．データの数はなるべく多い方が，工程を解析したりするのにも便利でよいが，少なくとも20ロット分，すなわち不良率の数（群の数）が20以上は欲しい．不良の種類はいくつあってもよいが，なるべく不良の状況別，原因別に層別して管理図をかくとよい．

（2）　群 分 け

合理的な群へ分けることが必要で，3.3節 で述べたとおりである．一般的にいって，ロットの概念を合理的にして，各ロットごとに群分けするとよい．たとえば，出荷ロットでなく，工程管理のための小さいロットを編成するとよい．各群の大きさが一定ならば使いやすい．また，あまりnが小さすぎると，統計的にみて管理図の検出力が悪くなる．nが大きすぎるときは，いろいろに層別して群分けする．

（3）　各群の不良率 p_i を計算する（表3.4 参照）

$$p_i = \frac{\text{不良個数}}{\text{サンプル個数（群の大きさ）}} = \frac{r_i}{n_i}$$

（4）　平均不良率 $\bar{p}$ を求める

平均不良率 $\bar{p}$ は，総不良個数を総検査個数（サンプル総数）で 割ったもので

---

1)　あとで管理限界線の計算の式でわかるように，100枚中不良品が5枚あったということと，200枚中不良品が10枚あったということとは，同じ不良率0.05でも統計的に分布が違うから．

3.4 不良率(p)管理図の作り方

表 3.4 不良率・不良個数管理図用データシートの一例

pn / p 管理図用	工場名_____ 年月日_____

製品名_____　　製品番号_____
工程_____　　工程責任者名_____
検査方式_____　　検査責任者名_____
不良の種類_____　　備考_____

群番号	検査個数 n	不良個数 pn	不良率 p	UCL	LCL
1	50	3	0.06		
2	〃	8	0.16		
3	〃	3	0.06		
4	〃	5	0.10		
5	〃	4	0.08		
6	〃	10	0.20		
7	〃	10	0.20		
8	〃	9	0.18		
9	〃	4	0.08		
10	〃	6	0.12		
11	〃	9	0.18		
12	〃	8	0.16		
13	〃	12	0.24		
14	〃	6	0.12		
15	〃	8	0.16		
16	〃	8	0.16		
17	〃	10	0.20		
18	〃	13	0.26		
19	〃	9	0.18		
20	〃	5	0.10		
21	〃	7	0.14		
22	〃	9	0.18		
23	〃	5	0.10		
24	〃	3	0.06		
25	〃	13	0.26		
計	1250	187	───	───	───
平　均	$\bar{n}=50$	───	$\bar{p}=0.150$	0.302	───

CL　　$\bar{p}$　　　　　　　$=0.150$

UCL　$\bar{p}+3\sqrt{\bar{p}(1-\bar{p})/n}=0.150+0.152=0.302$

LCL　$\bar{p}-3\sqrt{\bar{p}(1-\bar{p})/n}=0.150-0.152=$(考えない)

ある．一般には，各群の不良率 p_i の平均値 $\bar{p}$ とはならない．ただし，各群の大きさが等しい場合には，各群の p_i の算術平均となる．

$$\bar{p}=\frac{\text{総不良個数}}{\text{総検査個数}}=\frac{\sum r_i}{\sum n_i}=\frac{\sum p_i n_i}{N} \qquad (\text{ただし } N=\sum n_i)$$

この例では，$\bar{p}=\dfrac{187}{1,250}=0.150.$

（5） 管理限界を計算する

p 管理図の3シグマ管理限界は，次式より求める．

上部管理限界　$\mathrm{UCL}=\bar{p}+3\sqrt{\dfrac{\bar{p}(1-\bar{p})}{n_i}}$

下部管理限界　$\mathrm{LCL}=\bar{p}-3\sqrt{\dfrac{\bar{p}(1-\bar{p})}{n_i}}$

ただし，$\mathrm{LCL}<0$ なら LCL は考えない．この例では

$$\bar{p}\pm3\sqrt{\frac{\bar{p}(1-\bar{p})}{n_i}}=0.150\pm0.152$$

$\mathrm{UCL}=0.302$

$\mathrm{LCL}=(\text{考えない})$

この式から，n_i が変化すると管理限界の幅が変化し，でこぼこ となること がわかる．したがって，各ロットについての検査個数 n_i が変るときには，1本の直線的な管理限界とはならず，各群に対しておのおの限界を求めて記入しなければならない．したがって，工程管理のときは，なるべく n_i が変らないようにした方が簡便である．

　[注1]　n_i が変化しても，中心線 $\bar{p}$ は変らない．

　[注2]　同じ $\bar{p}$ に対しては，n_i が大きくなれば限界の幅は狭くなり，$\bar{p}$ が大きくなれば幅は広くなる（$\bar{p}\leqq0.5$ のとき）．

　[注3]　実用的には，各群の大きさ n_i が，各ロットの平均検査個数 $\bar{n}$

$$\bar{n}\doteqdot\frac{n_1+n_3+\cdots+n_k}{k}$$

に対し，2倍あるいは1/2以下程度ぐらいの変化なら，たとえば $\bar{n}=100$，最大の $n_i=$ 200，最小の $n_i=50$ ぐらいの変化のときには，一応 $\bar{n}=100$ で限界線を引いておき，次のようなときだけその n_i に応じてチェックすればよい．

3.5 不良個数(pn)管理図の作り方

1) $n_i > \bar{n}$ のときに，点が限界線のすぐ内側にプロットされたら，その n_i について精密に計算する．限界線より少しでも外側に出たら，必ず限界外にある（これは，n_i が大きいときは限界の幅が狭くなるから）．

2) $n_i < \bar{n}$ のとき，点が限界のすぐ外側にプロットされたら，その n_i について精密に計算する．限界線より少しでも入っていれば，点は必ず限界内にあるから精密計算はいらない．

［注4］ p 管理図では，限界の幅は $\bar{p}$ 自身によって決まる．この点，$\bar{x}$ 管理図では $\bar{R}$ により決まってくるのと異なっている．

［注5］ 不良百分率のときには，限界は次のようになる．

$$100\bar{p} \pm 3\sqrt{\frac{100\bar{p}(100-100\bar{p})}{n_i}}\,\%$$

［注6］ n_i によりおのおの限界を計算するのがやっかいなので，いろいろの図や表が考案されている．たとえば『日科技連数値表(A)』（日科技連出版社）．

［注7］ $\bar{p} \leqq 0.1$，すなわち不良百分率が10%以下のときは $1-\bar{p} \fallingdotseq 1$ とみなして，限界は近似的に次式で計算してよい．

$$\bar{p} \pm 3\sqrt{\frac{\bar{p}}{n_i}}, \quad 100\bar{p} \pm 3\sqrt{\frac{100\bar{p}}{n_i}}$$

（6） 管理図をかく

中心線，管理限界など3本の管理線を記入し，それぞれ数値を記入し，これに各 p_i をプロットする．管理限界の幅は $\bar{x}$-R と同じく，約30mm となるようにとる．n_i により限界が異なるから，群の大きさの変化するときには，群番号の下に群の大きさ n_i を記入しておく．

3.5 不良個数(pn)管理図の作り方

不良率管理図と非常によく似ているので，とくに注意すべき点だけを述べよう（図 3.2 参照）．

pn 管理図の管理線は，次式より求める．

$$中心線 = 平均不良個数 = \frac{総不良個数}{群の数} = \frac{\sum r_i}{k} = \frac{\sum p_i n_i}{k} = \overline{pn}$$

$$上部管理限界 \quad UCL = \bar{p}n + 3\sqrt{\bar{p}n(1-\bar{p})}$$

$$下部管理限界 \quad LCL = \bar{p}n - 3\sqrt{\bar{p}n(1-\bar{p})}$$

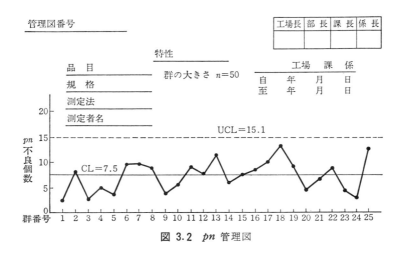

図 3.2 pn 管理図

上式でわかるように, pn 管理図では中心線 pn も n により変化する. したがって, n が変化する場合には, 中心線も限界もすべて変化し, また点の位置も非常に変ってしまい, とても使いにくい管理図になってしまうので, pn 管理図は各群の大きさ n が**一定の場合**にのみ用いる. n が一定ならば, 不良個数 pn をそのままプロットすればよいので, 職場で用いるのに適している.

3.6 単位当りの欠点数 (u) 管理図の作り方

織物にある傷の数, 塗装面のピンホールの数, 線や紙のように長い製品中の欠点の数, あるいは機械, 電気器具, テレビ, 家具, そのほか組立完成品中の欠点の数, 事故の数, 機械の故障の数, 薬品や溶剤中のごみの数, 印刷の誤植の数, 毎日のお客様の数などで管理するのに用いられる. サンプルの大きさが一定のときには c 管理図, 変化するときには単位当りの欠点数 u に換算して, u 管理図を用いる.

(1) データのとり方

製品をサンプリングし, その欠点数 c と, 板や糸や薬品, 溶液のような場合には, その面積, 長さ, 重さ, 容量などを測定しておく. 組立品のときには,

その個数を数えておく. 事故などのときは, 一定期間あるいは一定人数, 一定機械台数ごとのデータを集める. 欠点の種類は2種以上あってもよいが, その場合には, 互いに相関のある欠点は一緒にしない. なるべく欠点を現象別, 原因別に層別して管理図をかく.

（2）群 分 け

データを合理的な群に分ける. 同じロット, 同じ系統からのものを1群とする. 群の中に含まれる単位 n_i の数, たとえば何m, 何m², 何g, 何l, 何台, 何人は, 一定な値でなくともよいが, その数ははっきりさせておく.

（3）各群ごとに単位当りの欠点数 u_i を計算する

$$u_i = \frac{群に含まれる単位についての総欠点数(c_i)}{群に含まれる単位の数(n_i)}$$

たとえば, 5m² あるときに, 単位を1m² とすると, n_i は5となる.

（4）$\bar{u}$ を求める

$$\bar{u} = \frac{各群の\ c_i\ の和}{各群の\ n_i\ の和} = \frac{\sum c_i}{\sum n_i}$$

これが中心線となる.

（5）管理限界を求める

$$\bar{u} \pm 3\sqrt{\frac{\bar{u}}{n_i}}$$

LCL が0より小さくなるときは, LCL を考えない.

n_i が変ると, p 管理図のように, 限界線は群ごとにでこぼことなる.

以下の手順は p 管理図と同じ.

3.7 欠点数（c）管理図の作り方

c 管理図は, 欠点数 c をそのままプロットするもので, n が一定の場合に便利である. u_i を求めず, c_i のままでよい点と, 管理線が次のように 表される点が異なるだけである.

$$中心線\quad \bar{c} = \frac{全群の総欠点数}{群の数} = \frac{\sum c_i}{k}$$

168　　　　　第3章　管理図の作り方と使い方

表 3.5　欠点数管理図用データシートの一例

| c u 管理図用 | 工場名＿＿＿＿＿＿ 年月日＿＿＿＿＿＿ |

製品名＿＿＿＿＿＿＿＿＿＿＿　　　製品番号＿＿＿＿＿＿＿＿＿＿＿
工程＿＿＿＿＿＿＿＿＿＿＿　　　　工程責任者名＿＿＿＿＿＿＿＿＿
検査方式＿＿＿＿＿＿＿＿＿＿＿　　検査責任者名＿＿＿＿＿＿＿＿＿
欠点の種類＿＿＿＿＿＿＿＿＿＿＿　備考＿＿＿＿＿＿＿＿＿＿＿

群番号	群の大きさ	欠点数 c	単位当り欠点数 u_i	備　考
1		18		中心線　$\bar{c}=16.8$
2		13		UCL$=\bar{c}+3\sqrt{\bar{c}}$
3		13		
4		15		$=16.8+3\times4.1$
5		21		$=29.1$
6		17		LCL$=\bar{c}-3\sqrt{\bar{c}}$
7		28		
8		10		$=16.8-3\times4.1$
9		23		$=4.5$
10		16		
11		15		
12		22		
13		18		
14		12		
15		24		
16		11		
17		19		
18		16		
19		13		
20		14		
21		12		
22		25		
23		16		
24		13		
25		15		
計		419		
平　均		$\bar{c}=16.8$		

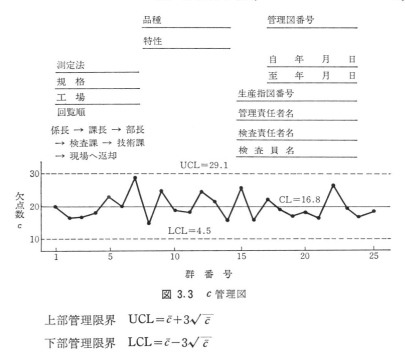

図 3.3 c 管理図

上部管理限界　$\text{UCL} = \bar{c} + 3\sqrt{\bar{c}}$

下部管理限界　$\text{LCL} = \bar{c} - 3\sqrt{\bar{c}}$

　　　　　　　　＝（考えない）　　（$\bar{c} < 9$ の場合）

例を表 3.5,図 3.3 に示す.

3.8 管理図の見方

　管理図はかいただけでは何の役にもたたず,これをよく見て,これから品質,工程,作業に関する状況,情報を読みとって,異常原因を捜し,除去しなければ何の役にもたたない.このためには,管理図の見方を覚え,点の動きから情報をくみとる訓練をする必要がある.そして一見して,工程の状況がどうなっているか,いかなる分布の変化が起ったか,どのような原因が起っているかが判断できるようになる必要がある.

　次に,管理図の見方の原則だけを簡単に述べる.

1) 管理図上の点を点として見ずに,**分布として見る**こと.すなわち,その

背後にある工程（母集団）の分布がどうなったかを考えること.

2) 限界内の点の動きをあまり気にしてはいけない. 異常原因がなく, 同じように仕事をしていても, 結果は限界内でランダムにばらつくものである.

3) 点が限界内に入っていれば, 原則として工程は**管理状態**(controlled state)とみなす.

[注] 厳密には, $\bar{x}$ 管理図では中心線を中心として, 管理限界内に正規分布をしてランダムな順に並んでいる場合が管理状態である. 6)以下参照.

4) 点が限界外に出たときには, 工程に確かに異常な原因が起っている(**アウト・オブ・コントロール**, out of control)ことを示す. 限界線上にのった点も, アウト・オブ・コントロールとみなす.

このような状態を**管理されていない状態**(uncontrolled state, out of control)という.

5) 解析用の管理図においては, 次のような状態にあるときには, これを一応管理状態とみなし, その管理線を工程の状態と推定して管理線を将来に延長し, その管理図を工程の管理に用いることができる.

点が一応ランダムに並んでいて

   a) 連続25点以上管理限界内にある場合

   b) 連続35点中限界外の点が1点以内の場合

   c) 連続100点中限界外の点が2点以内の場合

この場合でも限界外の点については, その異常原因を捜さなければならない.

6) 点が中心線に対して一方の側に連続して現れた場合, これを**連**(run)という. 中心線の一方の側(上または下)に, 連続して長く点が並ぶのは異常である. 一般に点が**7点以上連続**したら, 異常原因ありと判断する. ただし, 一方の管理限界がない場合(たとえば n が6以下の R 管理図の LCL)には, その側の連(たとえば $\bar{R}$ より下の連)は7点でも, 異常があるとの判定はしない.

7) 解析用の管理図において, 点が下記のように中心線に対して同じ側に多く出る場合は, 工程に異常の起っている可能性がある.

3.9 管理図の使い方

a) 連続11点中少なくとも10点が

b) 連続14点中少なくとも12点が

c) 連続17点中少なくとも14点が

d) 連続20点中少なくとも16点が

中心線に対して同じ側にある場合.

8) 点が上昇あるいは下降の傾向(trend)を示す場合に,異常が起っていることがある.

9) 点が半分以上限界外にとび出していたり,点が中心線から限界までの距離の半分以内にほとんど入っているような管理図は,群への分け方,あるいは層別のしかたが悪い管理図であることを示しているから,群への分け方,層別をかえて管理図を書きなおしてみる.

10) $\bar{x}$–R 管理図では,R 管理図から先に検討する.

3.9 管理図の使い方

3.9.1 管理図の用途

管理図は,いろいろの面からみて,管理の中心的な統計的手法といってよい.とくに 管理図の 統計的品質管理における地位は,端的にいうと,「品質管理は管理図に始まって管理図に終わる」といってよいであろう.

管理図の用途を大別すると,次のように分けられる.

(1) 管理用 ◎

(2) 解析用 ◎

(3) グラフ ○

(4) 調節用 ×

(5) 検査用 (|

以上のような用い方をされているが,**管理図の神髄**はやはり工程の管理用であり,それに次いで解析用である.解析はある面からみれば,管理のためにうまく使える管理図を作成する準備段階であるといえる.工程の解析については第4章で述べる.

172　　　　　　　　　第3章　管理図の作り方と使い方

　（3）の**グラフ**というのは，データを管理図としてグラフ化し，限界線は入れ
てあるが，点が限界外にとび出してもただながめているにすぎず，異常原因も
捜さず，アクションもとらないような管理図をいう．ただ命令されるままに機
械的に管理図をかいてるのがこのタイプで，工程解析や標準化が十分行われて
いない多くの工場でかかれているのは，この種のものである．これは，形式的
には管理図であるが，実質的には管理図とはいえず，グラフというべきもので
ある．しかし，データをグラフ化，管理図化したために工程の時間的変化がわ
かる．また精神的効果は相当大きいから，このような図を全廃しろというので
はない．グラフ化したための効果が大きければ，これは大いに活用すべきであ
る．しかし，このような管理図をかいていることにより，管理をやっている，
品質管理をやっていると誤解されては困る．また，このような管理図は長く続
けると必ず飽きがきたり，管理図無用論が起るから，できるだけ早く工程を解
析し，標準化を行い，管理図にかくべき特性を再検討し，管理のための異常原
因の捜し方やアクションのとり方の責任と権限などを標準化して，管理用の管
理図とするように努力しなければならない．

　調節用の管理図というのは，たとえば管理図がアウト・オブ・コントロール
を示すと，異常原因を捜したり，これに対してアクションをとるということを
せずに，温度やバイトを調節したり原料の配合を変えるという使い方である．
これは管理図本来の使い方ではなく，またこの調節限界（管理限界ではなく）と
して3シグマ限界が適当であるかどうかは，まったく別の面から検討されなけ
ればならないことであり，むしろ3シグマ限界は，調節限界として不適当なこ
とが多い．これを管理図と区別して，**調節図**といおう．

　調節限界は，工程のランダムな変動，工程平均の動き方，サンプリング間
隔，調節可能量とその効果，フィードバックの時間などを考慮して，自動制御
のときと同じように検討して決めるべきものである．

　検査用というのは，たとえば管理図が異常を示したら，そのロットの処置方
法を変えたり，そのロットは全数選別したり，以後の検査方式を変えたり，何
か検査的な立場で管理図を使うというやり方である．もちろん，たとえば検査

3.9 管理図の使い方

が非常に緩和され，チェック検査に移った場合には，これを管理図にプロットし，もしアウト・オブ・コントロールを示したならば，並みあるいはきつい検査に戻るという使い方など，工夫すれば役だつこともある．しかし，ロットの処置，たとえば全数選別するなどという判定は，管理限界ですべきものではなく，選別型抜取検査の判定基準で行うべきものである．また，このように検査的立場で管理図を使うというタイプは，とくに電機や機械工業に多い検査重点主義の旧式な品質管理をやっている工場に多いので，ぜひ再反省していただきたい．このような意味において，十分検討されたものならば別であるが，通常は検査用として管理図を使うことはあまり勧められない．ただし検査作業の管理，検査工程の管理に管理図を使うことは非常に役だつから，これらの管理には，管理用として管理図を大いに活用されたい．

3.9.2 解析のための管理図の使い方

解析のための管理図としては，大きく2つに分けて考えられる．

1) ばらつきの原因の発見や除去のための解析

2) 工程管理準備のために管理された工程（工程能力）を推定するための解析

まず，1) については以下 (1)〜(3) で述べ，2) については (4) で述べる．1) は主として群への分け方，層別，修正した管理図などをいろいろ工夫して作成し，アウト・オブ・コントロールや差の検定によりばらつきの原因を発見し，除去していこうというのである．

（1） 群への分け方

群への分け方をいろいろと変えてみることは，ばらつきの原因発見には非常に重要な方法である．群への分け方はサンプルのとり方とも密接な関係があるが，これにより多くの原因が発見でき，またこれの上手，下手がとくに工程管理用の管理図の死命を制するほどである．この際に考えなければならないことは

a) どのような原因が群内のばらつきに影響を与えており，どのような原因が群間のばらつきに影響を与えているかを，特性要因図を書くなどして，技術的に十分区別して管理図を検討すること．たとえば，$\bar{x}$ がアウトにな

るのは、主と群間にばらつきを与える原因であり、R がアウトになるのは、主として群内にばらつきを与える原因である.

b) 一般に群内は、できるだけ均一に、ばらつきが小さくなるように、すなわち同じような条件で生産された製品についてのデータを1つの群にまとめるとよい. 言い換えると、群間のばらつきが大きくなるように群分けする. このことは、工程解析の際に特に重要である.

c) サンプリング法も、これに応じていろいろ変えてみるとよい.

d) どのようなばらつきを発見したいのか、管理したいのか、その目的をはっきりさせ、そのようなばらつきがなるべく群内に含まれないようにする.

e) 群への分け方は、技術的に考えられる原因を考慮して、いろいろ分け方を変えてみて、その管理状態や $\bar{R}$ などを比較検討すること.

以上の検討を経て、工程管理用として都合のよいサンプリング方法や群への分け方を発見する. このようにしてうまく分けた群を、**合理的な群**(rational subgroup)という.

（2） 層　　別

工場において何台かの機械があるときに、その機械にはおのおのいろいろな特徴やくせのある場合が多いであろう. あるいは、原料の種別・産地別、副原料別、季節別、月別、天候別、作業状況別、人別、直別、機械別、作業量別など、工程にくせのある影響、ばらつきを与えると思われるような原因があるときはその原因別に分けて、別々に管理図をかいてみるとよい. あるいは、不良・欠点や故障などの種類別、状況別に管理図をかくのもよい. このようにいくつかの層に分けることを、**層別**(stratification)という.

解析するには、技術的に、このように大きな影響を与えると考えられる、主として計数的な原因別にいろいろ層別した管理図をかいてみることが非常に役だつ. 管理図による管理、層別による解析がうまくいくかどうかは、この層別にあるといってもよい. 多くの例をみると、解析や管理に成功しているのは、原料から製品に至るまでを十分層別して工程を流し、データをとり、解析し、

3.9 管理図の使い方

層別した管理図をうまく使っている場合である.

このように層別した管理図をかいて，管理図の管理状態の比較，平均値($\bar{x}$, $\bar{R}$, $\bar{p}$, $\bar{c}$ など)の比較検討を，層別の前後，各層間について行う.

このとき

a) 層別するときは，なるべく群の大きさを等しくしておくとよい.

b) R 管理図においては，$\bar{R}/d_2$ の大きさはうまく層別すれば小さくなる．もし $\bar{R}/d_2$ が小さくなれば，その層別は効果があり，層間に何か差のある場合が多い．また，群への分け方が合理的になっていれば，層別すると各層の $\bar{R}/d_2$ の大きさの違いがはっきりわかってくる場合が多い．このときごく大ざっぱにいって，たとえば2つの層の R の平均値を $\bar{R}_A$, $\bar{R}_B$ としたとき，全体の R の平均値 $\bar{R}$ に対し，$\bar{R}_A$, $\bar{R}_B$ いずれも20%以上違っている場合は，層のばらつきは確かに違っているといってよい．詳しい方法は3A.4節参照.

c) 一般に，層別後の管理図の管理状態が，層別前の管理図よりもよくなれば，その層別に意味があり，層間に差のある場合が多い.

d) 層の平均値間に差があれば，層別後の各 $\bar{x}$ には差が出てくる．各 $\bar{x}$ 間の差は直感的に判断できる場合が多いが，あやしいときには3A.4節の方法により，平均値間に差があるかどうかを検定してみるとよい.

e) 層の $\bar{R}$ や $\bar{x}$ に確かに差のあることが判定されたら，その原因を追求して差がないように処置をとり，標準などを改訂しなければならない．そしてアクションをとったら，必ずその効果をチェックするために，もう一度層別した管理図を作成して検討することが必要である.

f) もしどうしても層間に差を与える原因を除去できない場合，あるいはその工程の管理責任外の問題であれば，その差だけデータを修正して管理図を作成し，さらに検討を続ける．しかし，会社全体としてみると，その原因を除去する責任は社内のどこかにあるはずである.

（3） 管理図による解析の一般的注意

管理図を用いて解析する際の一般的注意事項について述べる.

a) 工程解析の際には，とくに $\bar{x}$-R 管理図について，群分けや層別後の管理図の管理状態，ならびに $\bar{R}$ に注目せよ．そして，まずなるべく $\bar{R}$ が小さくなるように，R が管理状態を示すように工夫せよ．

b) 層別した管理図による解析は，主として計数的な原因についてその影響の有無，大きさを調査し，それに対する処置を決定するために用いる．

c) 工程解析の場合には，群への分け方と層別をいろいろ工夫して，実際にやってみるのが最も効果的な場合が多いから，技術的に大きな影響を与えると考えられる原因を，大きいと思われるものから片っぱしから解析してみよ．そしてもし各層間に差があれば，それに対して処置をとり，その差だけよい方の条件にデータを修正して，また次の原因について解析を行う．

d) ばらつきの世界では，R（範囲）が工程のばらつきの基本になり，多くの場合 $\bar{R}$ が自由に調節できるようになれば，$\bar{x}$ は自ら望む値とすることができるようになる．したがって，工程の解析の場合はもちろんのこと，工程管理の場合も，その目標は **R 退治**からといってよい．

R 退治には次のようなことが役だつ．

 i) 群への分け方を変える．

 ii) 層別する．

 iii) サンプリング（集合体の場合）や測定のばらつきを小さくする．

 iv) 工程の解析ならびに管理を十分に行う．

 v) これでもどうしても $\bar{R}$ が小さくならないときには，実験計画的に工場実験などを行って，標準の改訂，装置の改造など，技術的に根本的な改良を図る．このとき，分散分析の誤差分散と $\bar{R}/d_2$ の二乗とを比較してみるとよい．

一般に R が大きい原因はきわめて身近なところに，毎日の作業の短期間の中にあるから，身近なところから丹念にその原因を捜してみるとよい．

e) 一般に群への分け方を変えたり，層別してみて，R が小さくなれば，その群分けや層別は効果があったのである．このとき何が群間変動になった

3.9 管理図の使い方

かを検討する.

f) p, c などの管理図においても，以上述べたことはだいたい同じであるが，次の点に留意すること.

    i) 悪い方へのアウト・オブ・コントロールはもちろんであるが，良い方へのアウト・オブ・コントロールにも注目しなければならない．良い方へのアウト・オブ・コントロールは，①工程などが真によくなった場合，②検査基準がゆるくなった場合，③サンプルがランダムにとられておらず，良いところが選んでとられている場合，などによって起る．いずれにしろ，良い方へのアウト・オブ・コントロールについても原因を追求し，その情報を活用し，処置をとらなければならない.

    ii) 群への分け方が悪く，群の大きさが大きいと，多くの点がアウト・オブ・コントロールになってしまうことがある．このときには，もっとデータを分けてとり，いろいろに層別して小さい群とし，あるいは層別した管理図を作るといろいろの情報が得られる.

（4） 工程管理の準備のための解析の手順

ここで解析し，準備を行って，そのまま次節3.9.3工程管理に進めていく．

重要な $\bar{x}$–R 管理図を中心として述べるが，他の管理図についてもこれとだいたい同じである.

1) 管理図にかくべき特性を決定する

前に述べたように，われわれの管理責任範囲からの結果，すなわち何でチェックしたらよいかを検討する．品質については，たとえば製品に多くの品質特性があるときには，どの品質特性が重要であるか，チェックしたらよいかを決定する．重要な品質特性が多くあれば，それを全部選んでもよい．消費者（次の工程）が要求する重要な品質特性も考慮しなければならない．その中から解析の結果，後に工程管理のための管理図にかくべきいくつかの特性を選定する.

この場合，旧来の技術的な考え方をもって，原因について管理図をかいてい

る場合が多いが，これは間違いで，その多くの場合は単なるグラフにすぎない．しかしこの場合でも，もちろんグラフとしての効果はあり，また原因について解析のために管理図をかく場合もあるが，これは管理図の本来の目的ではない．

2)　使用する管理図の決定

特性が決まれば，その特性の性質を考えて，$\bar{x}$-R, pn, c, u 管理図などのいずれを用いるかを決定する．

3)　データを集める

工場においては多くの場合，過去にあるデータを集めれば十分であるが，そのデータは歴史のはっきりしているものでなければならない．もし歴史がまったく不明の場合には，管理したい目的により，ロット別などに層別したサンプリング法を決めて新しくデータをとることになるが，歴史のわからないデータでも解析してみると，何か役にたつ．データは，できれば100個以上集める．

4)　管理図などにより過去のデータを解析する．本節(1)〜(3)に述べたとおり．

5)　管理の準備のための管理図

4)でいろいろ調べた知識と，工程を管理する目的を考えて，管理図のかき方を決定し，管理図をかいてみる．この管理図がだいたい管理状態であれば(3.8節の5)参照)，将来工程管理のための管理図の管理限界などを求めることができる．もし管理状態になければ，いろいろ工夫して，なるべく管理状態に近い状態の，しかも使いやすい管理図をかくように努力する．この状態にするための作業標準を作成して，部下にはっきり示す．しかし，管理状態にない管理図が得られても，限界を将来に延長して点をプロットしていき，アウトになったら原因をあくまで追求して，それを除去するという使い方をすれば用いることができる．

新しく標準を作成したり，改訂したりした場合には，その標準によりデータを20群くらいとって管理図を作成して検討し，工程管理のための管理限界を求める．

3.9 管理図の使い方

[注] この際データは，100個あるいは20群以上あった方がよい．データの多いほど，工程（管理線）の推定の精度がよくなるからである．しかし，データが少なくても一応限界を求め，さらにデータが集まったら限界を再計算すればよい．

6) 規格，目標との比較(2.4節参照)

製品の規格や目標が合理的に与えられていれば——現在合理的に与えられているものは少ないが——，その規格や目標に対して5)で求めた管理状態（工程能力）で満足であるか否かを，ヒストグラムや管理図によって調べる．規格や目標が合理的に与えられていない場合には，消費者，次の工程および幹部と相談してこれを決めなければならない．

3.9.3 管理のための管理図の使い方

解析を終わったら，管理に移る．

（1） 管理のための管理図の準備

データの解析が終わったら，解析で求めた管理線（1点鎖点・—・—・）を管理図用紙に記入して，将来の工程などの管理の準備をする．

（2） 毎日データを集める管理図にプロットする

決めた方法で作業を行わせ，サンプルをとり，測定し，群ごとの $\bar{x}$, R などを計算して，管理図にプロットする．この場合は，管理線を引いておいてから点をプロットすることになる．いつ，誰がサンプリングし，測定し，誰にどのように報告し，誰がプロットし，誰が使用するかを決めておく．

（3） 管理状態の判定(3.8節参照)

プロットした点が限界内にあれば，工程は管理状態にある．限界外に出たならば，工程に何か異常な原因があって，そのために結果である特性が大きなばらつきを示したのである．

R管理図の点が限界外に出れば，製品の分布のばらつきの幅を大きくするような変化が工程に起っていることを示し，$\bar{x}$ 管理図の点が限界外に出れば，主として平均値を変化させるような原因が工程に起っていることを示す．しかし，ばらつきが大きくなって，$\bar{x}$ の点が限界外に出ることもある．

p管理図で点が UCL(上部管理限界線)からとび出せば，工程に不良を多く

する異常原因が発生したことを示し，LCL からとび出せば，不良を少なくする異常原因が発生したこと，あるいは検査がルーズになったことを示す．

一般に限界から点がとび出した場合に，サンプリング，測定，検査に異常が起っている場合も多いから注意する．

通常，工程管理の場合には，限界外に点がとび出したときだけ異常原因があると判断する．場合によっては，連の見方を応用することもある．

各管理図について，いかなるときに異常原因ありと判断すべきかという判定基準や，管理図を誰が見るべきか，必要に応じてどのように回覧すべきかなどを決めておく．

（4） 原因の追求

工程が管理状態にないことが判明したならば，管理責任者は，ただちにその工程の原因を追究する責任がある．この原因の追究には，技術的知識や統計的ないろいろの手法が必要であるが，管理図から与えられる情報を利用すると有利である．解析を十分に行って，異常原因追究の順序を標準として決めておく．

（5） 処置（アクション）

原因を追究し，それが判明しただけでは管理しているとはいえない．原因が判明したならば

a） ただちにその原因を除去し，工程を安定な状況に復旧せしめるとともに，

b） 今後同様な原因による異常が起らないように，再発防止の抜本的な処置をとらなければならない．これを怠れば，同じ原因で再び工程に異常なばらつきを生ずることになる．たとえば，その原因が作業者の不注意にあれば，教育を行い，馬鹿よけ（フールプルーフ）の治工具を考えるとか，また作業標準が不備であればそれを改訂するなど，徹底的な処置をとらなければならない．この**再発防止の処置を確実にとる**ということが，管理を行っていく場合，最も重要な点である（1.5 節，図 1.14 参照）．

c） 各管理図について，処置（異常原因除去）のとり方などの手順，誰の判断

3.9 管理図の使い方

（権限）でどこまでのことを行ってよいのか，上長への報告方法 や 様式（異常報告書）などを決めておく．報告により組長，職長，係長，課長な ど の とるべき処置を決めておく．

（6） アクションの結果をチェックする

ただちに異常原因と思われるものを除去した場合も，標準を改訂するなどという再発防止のアクションをした場合も，そのアクションが正しかったかどうか，結果がどうなったかを，再チェックしなければならない．

一般に何かアクションをとった場合に，アクションのとりっぱなしでは管理しているとはいえない．アクションをとったら必ずその結果をチェックするというのが管理の原則である．

（7） 管理線の再計算

管理線を記入しておいて，点をプロットしながら工程を管理していくが，ときどきこれを再計算して，現在の工程にマッチした管理線を利用するように心がけなければならない．

1）　技術的に工程が明らかに変化したと考えられる場合

2）　工程に変化がなくとも，工程の管理を始めてから一定期間た っ た 場 合 （たとえば1ヵ月ごと，データ100個ごと）

3）　管理図から判断して，工程に明らかに変化が起ったことが判明した場合は管理線を再計算しなければならない．

この再計算を行わず，工程が相当に変化しているのに3ヵ月や半年も管理線を再計算しないで，点が限界からとび出したり，あるいは長い連が出ているのに，ながめているにすぎないというグラフ的な使い方をしてはならない．再計算の時期や方法，決定は，管理図使用のための標準に決めておき，これを確実に実行しなければ管理図は死んでしまう．

管理線を再計算するときに，限界外の点は次のように処理する．

a)　工程の異常を示している点の原因がわかり，それに対して処置のとれるデータ，あるいは群を除いて再計算する．

b)　原因不明あるいは原因がわかっても，処置のとれないデータはそのまま

182   第3章 管理図の作り方と使い方

含めて再計算する.

(8) 管理標準の作成

管理標準について第5章で詳しく述べるが，以上述べた よ う に，い つ，誰が，どのようにして管理していくかという管理のための標準（管理標準）を，各管理図について決めておく．これがないと管理図はうまく使えないし，管理はうまく行えない．いずれにしろ，管理図は長が見て使うべきものである．

管理図は，各部門の長にとって，品質管理のみならず，いろいろな管理に有効に使える有力な道具である．

3A.1 メジアン($\tilde{x}$)と範囲の管理図

(1) メジアン管理図の作り方

メジアン(median, 中央値)とは，データを最大値から最小値へと大きさの順に並べたとき，その中央番目のデータをいい，$\tilde{x}$ で表す．データの数が偶数のときは，中央の2個のデータの平均値をとる．

$\tilde{x}$-R 管理図の使い方は，通常の $\bar{x}$-R 管理図とほとんど同じ.

$\tilde{x}$ 管理図の管理限界は，通常(3A.1)または(3A.2)式のいずれかを用いて求める.

$$\tilde{\bar{x}} \pm m_3 A_2 \bar{R} \tag{3A.1}$$

$$\bar{\tilde{x}} \pm m_3 A_2 \bar{R} \tag{3A.2}$$

ただし，$\bar{\tilde{x}}$ はメジアンの平均値．$m_3 A_2$ は $\bar{R}$ からメジアンの管理限界を 求める係数．n により変る値で，表3A.1に示してある.

[例]　$n=5$ で $\bar{\tilde{x}}=120.020$, $\bar{R}=2.292$ ならば

$m_3 A_2 = 0.691$

$m_3 A_2 \bar{R} = 0.691 \times 2.292 = 1.584$

したがって

UCL$=120.020+1.584=121.60$

LCL$=120.020-1.584=118.44$

(2) R のメジアン($\tilde{R}$)を用いる場合

これまでは，ばらつきを推定するのに $\bar{R}$ を用いる方法について述べてきたが，R を大きさの順に並べて，Rのメジアンを用いてばらつきを推定し，管理限界を求めることもできる．

3A.1 メジアン($\tilde{x}$)と範囲の管理図

表 3A.1 $\tilde{x}$-R 管理図の係数表

群の大きさ n	$\tilde{x}$		$\bar{R}$ を 用 い る と き					
			$\tilde{x}$	x	$\tilde{x}$	R		
	m_3	$m_3 A_2$	A_3	E_3	$m_3 A_3$	d_m	D_5	D_6
2	1.000	1.880	2.224	3.14	2.224	.954	—	3.864
3	1.160	1.187	1.091	1.89	1.265	1.588	—	2.744
4	1.092	.796	.758	1.52	.828	1.978	—	2.375
5	1.198	.691	.594	1.33	.712	2.257	—	2.179
6	1.135	.549	.495	1.21	.562	2.472	—	2.055
7	1.214	.509	.429	1.13	.520	2.645	.078	1.967
8	1.160	.432	.380	1.07	.441	2.791	.139	1.902
9	1.223	.412	.343	1.03	.419	2.916	.187	1.850
10	1.177	.363	.314	.99	.369	3.024	.227	1.808

$\tilde{x}$ については $\tilde{x} \pm m_3 A_3 \bar{R}$ \qquad (3A.3)

$\bar{x}$ については $\bar{\bar{x}} \pm A_3 \bar{R}$ \qquad (3A.4)

R については $\mathrm{UCL} = D_6 \bar{R}$ \qquad (3A.5)

$\mathrm{LCL} = D_5 \bar{R}$ \qquad (3A.6)

ただし, $\tilde{x}$ は $\tilde{x}$ のメジアン, $\bar{\bar{x}}$ は $\bar{x}$ のメジアン, $m_3 A_3$, A_3, D_6, D_5 は $\bar{R}$ を用いて管理限界を求めるための係数. n により変る値で, 表3A.1に示してある.

[注] $\tilde{x}$, $\bar{\bar{x}}$, $\bar{R}$ は, それぞれ管理状態のときには $\tilde{x}$, $\bar{\bar{x}}$, $\bar{R}$ より母数推定の精度は悪いが, アウト・オブ・コントロールがあるときにはその影響の受け方が少なく, 推定の精度がよくなる場合が多い.

$\bar{R}$ により母標準偏差を推定するときには

$\hat{\sigma} = \bar{R} / d_m$ \qquad (3A.7)

ただし, d_m は $\bar{R}$ より σ を推定するときの係数. n により変る値で表3A.1に示してある.

(3) $\tilde{x}$-R 管理図の使い方

1) 管理図の見方, 使い方は, $\bar{x}$-R 管理図とまったく同じ.

2) $\tilde{x}$ は計算が不要であるから, 現場で職長や作業員に管理図を使わせるときに便利である. このときには, n を奇数にしておくとよい.

3) 図3A.1のように生データを直接管理図にプロットさせて, メジアンを図上で求

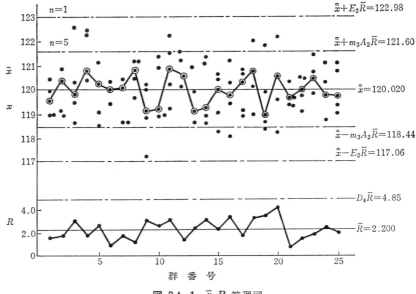

図 3A.1 $\bar{x}$-R 管理図

めさせるのもよい.

4) このときには個々のデータがプロットしてあるから,3A.2節で述べる x の管理限界も併用しておくとよい(図3A.1および3A.2参照).

3A.2 個々のデータの管理図

3A.2.1 x 管理図の作り方

個々の測定値 x をプロットする管理図を,個々の測定値の管理図,あるいは x 管理図という.これは通常,移動範囲 R_s あるいは $\bar{x}$-R 管理図と併用する.

この管理図の作り方で問題になるのは,管理限界線をいかにして求めるかということである.限界の求め方以外は,通常の管理図とまったく同じ.

(1) データを群分けする方法(図3A.2参照)

通常の $\bar{x}$-R 管理図と同様に合理的に群分けし,$\bar{x}$, R; $\bar{\bar{x}}$, $\bar{R}$ を求め,次の式より限界を求める.この限界の求め方が適当である場合が多い.

群の大きさの一定の場合,x の管理限界は

3A.2 個々のデータの管理図

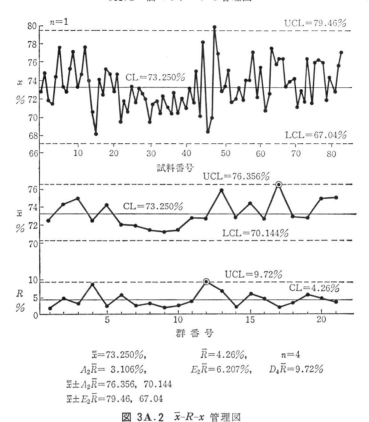

$\bar{\bar{x}}=73.250\%$, $\bar{R}=4.26\%$, $n=4$
$A_2\bar{R}=3.106\%$, $E_2\bar{R}=6.207\%$, $D_4\bar{R}=9.72\%$
$\bar{\bar{x}} \pm A_2\bar{R}=76.356, 70.144$
$\bar{\bar{x}} \pm E_2\bar{R}=79.46, 67.04$

図 3A.2 $\bar{x}$-R-x 管理図

表 3A.2 E_2 の表

群の大きさ n	E_2
2	2.660
3	1.772
4	1.457
5	1.290
6	1.184
7	1.109
8	1.054
9	1.010
10	0.975

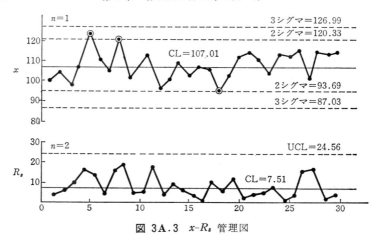

図 3A.3 x-R_s 管理図

$$\bar{x} \pm 3\frac{\bar{R}}{d_2} = \bar{x} \pm E_2 \bar{R} \tag{3A.8}$$

ただし，E_2 は表 3A.2 より群の大きさ n により決まる値．

(2) 移動範囲 R_s を用いる方法（図 3A.3 参照）

たとえば，データが 18.3, 19.1, 18.5, 18.8, 19.3, … とあれば，$n=2$ の移動範囲は

$$R_s = 19.1 - 18.3 = 0.8\,;\,19.1 - 18.5 = 0.6\,;\,18.8 - 18.5 = 0.3\,;\,\cdots$$

となる．

通常 x-R_s 管理図では，$n=2$ の 移動範囲を用いて，次式より x 管理図の 管理限界を求める．

$$\bar{x} \pm 3\frac{\bar{R}_s}{d_2} = \bar{x} \pm A_2\sqrt{n}\,\bar{R}_s = \bar{x} \pm E_2\bar{R}_s = \bar{x} \pm 2.66\bar{R}_s \tag{3A.9}$$

ただし，d_2, A_2 は通常 $n=2$ のときの値で，表 3.3 より $d_2=1.128$, $A_2=1.880$.

R_s 管理図の限界線は，$n=2$ の R 管理図と同様にして求める．

$$\text{UCL} = D_4\bar{R}_s = 3.267\bar{R}_s$$

R_s を相隣る x の間の縦軸上にプロットする．

移動範囲より限界を求める方法は，次のような場合に用いる．

a) 合理的な群分けがどうしてもできない場合
b) データの得られる間隔が非常に長い場合．たとえば，1週間，1カ月に1個というとき

3A.2 個々のデータの管理図

c) 工程が大波をもった変化をする場合

（3） ヒストグラムから求めた標準偏差を用いる方法

この方法は用いない方がよいから省略する.

（4） サンプリングおよび測定誤差を基準として限界を求める方法

この方法は，とくにサンプリング誤差などが問題になる集合体の管理のときに用いることのある特別な方法である. たとえば，有機のバッチ式合成反応工程で，あるいはコークス，石炭，肥料などの工程で， n インクリメントを集めて混合試料を作成し， 1 回分析して， 1 個のデータの出る場合，このデータ x の限界を次式より求める.

$$\bar{x} \pm 3\hat{\sigma}_s \tag{3A.10}$$

ただし， $\hat{\sigma}_s$ は混合試料のサンプリングの精度. たとえば，インクリメント間の ばらつきを σ_i として， n インクリメントをランダム・サンプリングし，縮分および分析の精度を σ_R, σ_M とし， 1 回分析すれば

$$\hat{\sigma}_s = \sqrt{\frac{\sigma_i{}^2}{n} + \sigma_R{}^2 + \sigma_M{}^2} \tag{3A.11}$$

σ_s を確かめるために，相当長期間にわたって予備実験，チェック実験を行う 必要がある. この方法は，サンプリング誤差が比較的大きく，工程が比較的管理されているときに用いる.

　[注] サンプリングや測定誤差が大きく，これを小さくすることが困難，あるいは測定を何回も行うことが技術的，経済的に困難，あるいは不可能なときには，いわゆるチェック実験方式で，すなわち同じような方法で n インクリメントずつランダムに 2 サンプルをとり，これを別々に測定し，これを群として $n=2$ の $\bar{x}$-R 管理図をかくと有効な場合がある. しかし通常は，この $\bar{x}$ 管理図が管理状態を示すようでは，そのサンプリング法あるいは測定法は精度が悪すぎる場合である.

3A.2.2 x 管理図の使い方

（1） 長　　所

1) データが 1 つ出れば，ただちにプロットできるので，工程の状態を早く判定でき，早く処置をとることができる.

2) 工程の変化をグラフ化してみることは，管理図としてうまく用いることができなくとも，時間順にグラフ化したための**精神的効果**は大きい.

3) 工程に大波や周期的な変化があるときに，あるいは工程平均が急激に大きく変化したときに，その変化状況がわかりやすく，また管理図としても比較的検出力がよくな

188　　　　　　　　　第3章　管理図の作り方と使い方

る場合がある.

（2）短　　所

1)　第2種の誤りが大きい. すなわち**検出力が悪い**. $\bar{x}$ 管理図では一般に群の大きさ n が小さくなるほど, 異常原因を検出する能力が悪くなるものである.

2)　管理図の最も大きな特徴である. **合理的な群**に分けるという概念が曖昧である. 群内変動, 群間変動の観念が曖昧である.

3)　平均値をとっていないので, 母集団分布が正規分布でないときには点の並び方がゆがんできたり, 誤りを犯す確率が変ってくる.

（3）使 い 方

1)　限界を求める方法は——工程のばらつきを推定するには——, まず1)の合 理 的に群分けする方法を考える. もしこれができないときは, 時間順に意味のあるように群分けする. これがうまくいかないとき, あるいは工程が大波的変動を示すときには, 2)の移動範囲の方法を用いる. 工程によっては, 4)のサンプリング誤差を対象として, ばらつきを求める.

2)　なるべく $\bar{x}$-R 管理図と併用する.

この場合, $\bar{x}$, R 各1点に対し, x 管理図では各 n 点を順に打点できるように十分な幅をとっておかなければらない. $\bar{x}$-R 管理図のかけない場合には R_s 管理図を併 用する.

3)　$\bar{x}$, R についてはもちろん3シグマ限界を用いるが, x 管理図も原則として3シグマ限界を用いる. x 管理図は検出力が悪いから, 第2種の誤りがとくに問題になるときは, 2シグマ限界を用いることもある. しかし, ばらつきの推定方法を十分検討しないで, 幅が広すぎるというので勝手に2シグマ限界をとるという態度はよくない.

4)　$\bar{x}$, R, x いずれかの管理図で, 限界外に点がとび出したならば, 異常原因 を 除く処置をとる.

5)　場合によっては, x 管理図は, 周期性, 傾向, 連などグラフ的な用い方をしてもよいが, 第1種の誤りを犯さないよう注意しなければならない. またもとの分布がゆがんでいると, 点の並び方にくせが出るから, ヒストグラムにより分布型をチェックしておかなければならない.

6)　データのグラフ化という意味で効果が大きい場合には, グラフとしてどしどし用いてよいが, **グラフと管理図との相違**を幹部や現場員などに, 十分教育しておかなけれ

3A.3 管理図の統計的な見方

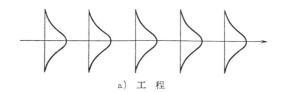

a) 工 程

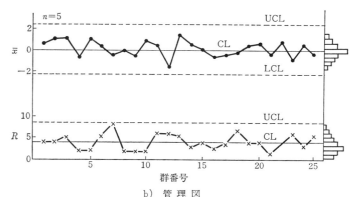

b) 管 理 図

図 3A.4 完全な管理状態

ばならない．

7) x 管理図を使うというときには，多くの場合次のような混乱がある．
   a) 調整と異常原因除去ということを区別していない．
   b) アクションとして，今後異常原因が再び起らないようにするのが重点となるべき測定値に対して，ただちにアクションしなくてはいけないと誤解している．

3A.3 管理図の統計的な見方

工程が変ると，その結果である特性の分布が変化する．この分布の変化は平均値の変化とばらつき（群内のばらつき）の変化となって現れる．これが実際に管理図上の点の動きにどのようになって現れるかを検討してみよう．

(1) 完全な管理状態

工程平均もばらつき（群内のばらつき）も変らない場合（図 3A.4）
1) 点は限界内にランダムに並んでいる．中心線の上へきれいに並ぶわけではないことに注意する．

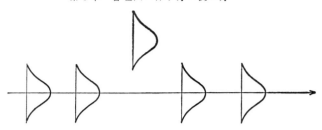

図 3A.5 工程平均が突発的に大きく変化した場合

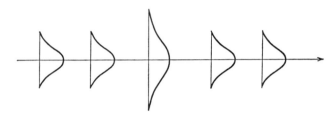

図 3A.6 ばらつき(群内)が突発的に大きく変化した場合

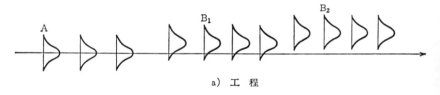

a) 工 程

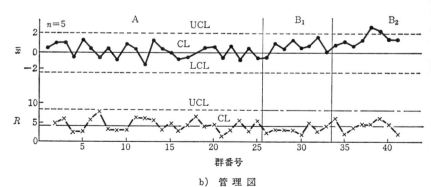

b) 管 理 図

図 3A.7 工程平均が段階的に大きくなった場合

2) 限界外にとび出す点はない．
3) $\bar{x}$ 管理図では中心線の近くに点が多いが，限界線の近くにもいくつか点が出る．
4) R 管理図では中心線より下の点が多く，分布がゆがんでいる状況がわかる．

（2） 工程平均値が突発的に大きく変化した場合(図3A.5)

1) R 管理図：図3A.4と同じ．
2) $\bar{x}$ 管理図：限界外にとび出す点もある．

（3） ばらつき(群内)が突発的に大きく変化した場合(図3A.6)

1) R 管理図：点が限界外にとび出す．
2) $\bar{x}$ 管理図：点の上下の動きが激しくなり，点が限界からとび出すことがある．

（4） 工程平均が階段的に大きくなった場合(図3A.7)

1) R 管理図：変化なし．
2) $\bar{x}$ 管理図：$\bar{x}$ の点が，全体的に中心線の上側に増加し，連が出るが，B_1 では点が限界外にとび出していない．B_2 では点が限界外にもとび出す．
3) このような場合には，(7)に述べるように，A，B_1，B_2 と層別して別々に管理図

a) 工 程

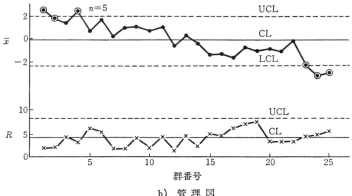

b) 管 理 図

図 3A.8 工程平均が傾向をもって変化する場合

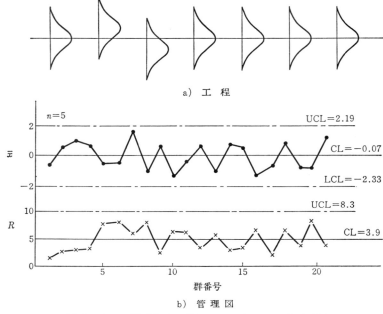

図 3A.9 工程平均がわずかにランダムに上下した場合

をかいてみると，その違いがわかる．

(5) **工程平均が傾向をもって変化する場合**(図3A.8)
1) R管理図：変化なし
2) $\bar{x}$管理図：点は上下にばらつきながら，次第に下降している．限界外の点および連が現れている．

(6) **工程平均がランダムに変った場合**
(a) 工程平均がわずかにランダムに変った場合(図3A.9)
1) R管理図：変化なし．
2) $\bar{x}$管理図：点の上下の動きがランダムではあるが激しくなり，限界点近くの点の数が増加する．この場合には，限界外に出ている点はない．
(b) 工程平均が大きくランダムに変化した場合(図3A.10)
1) R管理図：変化なし．

3A.3 管理図の統計的な見方

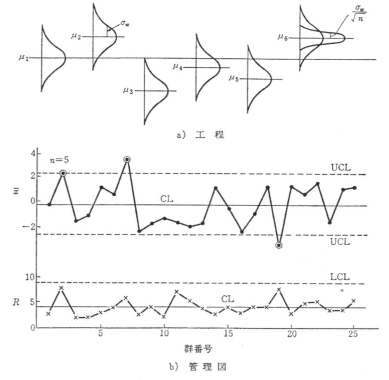

a) 工 程

b) 管 理 図

図 3A.10 工程平均が大きくランダムに変化した場合

2) $\bar{x}$ 管理図:点の上下の動きが激しくなり,限界外にとび出す点が増加する.

この場合,群内のばらつきを σ_w(群内分散 σ_w^2),群間のばらつき σ_b(群間分散 σ_b^2)とすると(群間のばらつきは工程平均(μ_i)間のばらつきを示す),R 管理図は群内のばらつきを示すから,σ_w は変化がないので管理状態であり,$\bar{R}/d_2$ で σ_w を推定できる.R 管理図は,群内のばらつきを管理するための管理図である.

ところが $\bar{x}$ のばらつき $\sigma_{\bar{x}}^2$ は,群内変動によるばらつき σ_w^2/n と,工程平均 μ_i が動くためのばらつき σ_b^2 とが一緒になったものにより動くことになる.これを式で表すと次のようになる.

$$\sigma_{\bar{x}}^2 = \sigma_b^2 + \frac{\sigma_w^2}{n} \tag{3A.12}$$

194 第3章 管理図の作り方と使い方

この場合，工程平均がまったく変化しない完全な管理状態ならば，$\sigma_b = 0$ となり

$$\sigma_{\bar{x}}{}^2 = \frac{\sigma_w{}^2}{n} \qquad \text{（完全な管理状態）} \tag{3A.13}$$

$\bar{x}$ 管理図の限界は，$A_2\bar{R}$，すなわち群内変動をもとにして引いてあるから，$\bar{x}$ 管理図では σ_w を基準にして，工程平均の動き，群間変動 σ_b の変化を検出することが主な目的となっている．このことは，p, pn, c, u 管理図のいずれの場合も同様である．これが管理図の大きな特徴である．

また，個々のデータ x のヒストグラムを作り，それから求めた標準偏差を s_H とすると，$s_H{}^2$ は近似的に次のように表される．

$$s_H{}^2 \fallingdotseq \sigma_b{}^2 + \sigma_w{}^2 \tag{3A.14}$$

一方，（3A.12)式を n 倍とすると

$$n\sigma_{\bar{x}}{}^2 = n\sigma_b{}^2 + \sigma_w{}^2 \tag{3A.15}$$

また

$$\hat{\sigma}_w{}^2 = (\bar{R}/d_2)^2 \tag{3A.16}$$

したがって，$\bar{x}$ のヒストグラムを作り，その標準偏差を $s_{\bar{x}}$ とすると

$$C_f = \frac{\sqrt{n}\,s_{\bar{x}}}{(\bar{R}/d_2)} \qquad \left(C_f' = \frac{s_H}{(\bar{R}/d_2)}, \ C_f'' = \frac{\sqrt{n}\,s_{\bar{x}}}{s_H} \right) \tag{3A.17}$$

は，$\sigma_b = 0$ でないかぎり，一般に1より大きな値となることが多い．この C_f は，だいたい工程の管理状態を示す値であるから，これを管理係数という．

通常 C_f が 1.3〜1.4 以上になれば，確かに管理状態にないといえる．また C_f が 0.8〜0.7 以下になれば，（9）に示す例のように，工程平均の相当違ったものを1つの群としている．すなわち，群への分け方が悪く，群内に異質のデータの入っていることを示す．

（7）　**ばらつき（群内）が変化した場合**

a)　ばらつきが大きくなった場合（図3A.11）

1)　R管理図：点は全体的に上昇し，限界外の点も出る．

2)　$\bar{x}$ 管理図：点の上下の動きはランダムで激しくなるが，だいたい上下に同じように分布し，限界外の点も出る．

b)　ばらつきが小さくなった場合（図3A.12）

1)　R管理図：点は全体的に下降し，中心線より下の点が増加する．

3A.3 管理図の統計的な見方

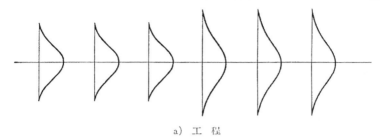

a) 工 程

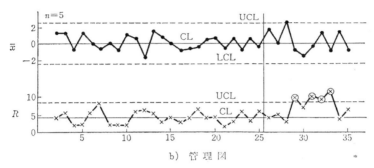

b) 管 理 図

図 3A.11 工程のばらつきが大きくなった場合

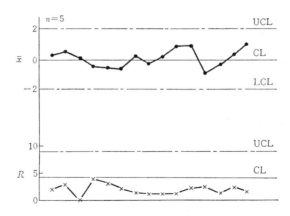

図 3A.12 工程のばらつきが小さくなった場合

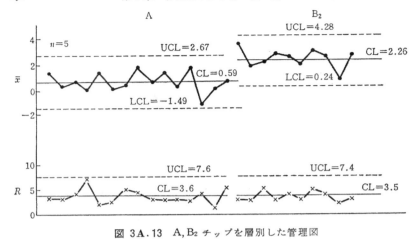

図 3A.13　A, B₂ チップを層別した管理図

2) $\bar{x}$ 管理図：点の上下の動きはランダムで小さくなるが，だいたい上下に同じように分布し，中心線近くの点が多くなる．

このように，群内のばらつきが違っていると思われるときには，それを層別して2つの R 管理図を作って，2つの $\bar{R}$ を求めて検討するとよい．このやり方については，3A.4節参照．

(8) 層別した管理図

図 3A.7 のデータをAと B₂ に層別した管理図をかき，両者を比較すると（図 3A.13）
1) R 管理図：変化なし
2) $\bar{x}$ 管理図：A, B₂ いずれも管理状態ではあるが，平均値に差が認められる．

このように層別した $\bar{x}$ 管理図をかいたときに，2つの層の工程平均値に差があるかどうかを統計的に検定するには，3A.4節を参照されたい．

(9) 工程平均の極端に異なった分布のデータを1つの群にすると（図 3A.14）
1) R 管理図：点は中心線の近くに集まる．
2) $\bar{x}$ 管理図：点は中心線の近くに集まる．

このようなときは，群内に異質のデータ，工程平均の相当に違ったものが含まれている場合が多いから，群内のデータをさらにいろいろと層別して検討するとよい．

3A.4 管理図による平均値の差の検定法

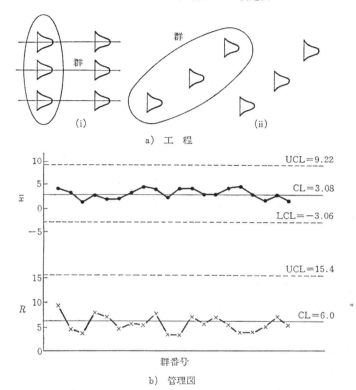

図 3A.14 母平均の非常に異なった3つの分布からのデータを群とした場合

3A.4 管理図による平均値の差の検定法

いくつかの層別した管理図をかいたときに,各層の工程平均や群内のばらつき σ_w に差があるかどうかは,層別した管理図をかいたときに,直観的に差がある,あるいはないと判断できる場合もあるが,統計的にデータに基づいて差ありといえるかどうかを検定するとよい.

(1) バラツキ (σ_w) の差の検定

手順1 A,Bに層別した管理図を作成し(群の大きさは違ってもよい), $\bar{R}_A, \bar{R}_B$ を求める.

手順2 次式より F_0 を求める.

第3章　管理図の作り方と使い方

表 3A.3　範囲を用いる検定の補助表

k \ n	1	2	3	4	5	10	15	20	25	30	$k>5$
2	1.0 1.41	1.9 1.28	2.8 1.23	3.7 1.21	4.6 1.19	9.0 1.16	13.4 1.15	17.8 1.14	22.2 1.14	26.5 1.14	0.876k+0.25 1.128+0.32/k
3	2.0 1.91	3.8 1.81	5.7 1.77	7.5 1.75	9.3 1.74	18.4 1.72	27.5 1.71	36.6 1.70	45.6 1.70	54.7 1.70	1.815k+0.25 1.693+0.23k
4	2.9 2.24	5.7 2.15	8.4 2.12	11.2 2.11	13.9 2.10	27.6 2.08	41.3 2.07	55.0 2.06	68.7 2.06	82.4 2.06	2.738k+0.25 2.059+0.19/k
5	3.8 2.48	7.5 2.40	11.1 2.38	14.7 2.37	18.4 2.36	36.5 2.34	54.6 2.33	72.7 2.33	90.8 2.33	108.9 2.33	3.623k+0.25 2.326+0.16/k
6	4.7 2.67	9.2 2.60	13.6 2.58	18.1 2.57	22.6 2.56	44.9 2.55	67.2 2.54	89.6 2.54	111.9 2.54	134.2 2.54	4.466k+0.25 2.534+0.14/k
7	5.5 2.83	10.8 2.77	16.0 2.75	21.3 2.74	26.6 2.73	52.9 2.72	79.3 2.71	105.6 2.71	131.9 2.71	158.3 2.71	5.267k+0.25 2.704+0.13/k
8	6.3 2.96	12.3 2.91	18.3 2.89	24.4 2.88	30.4 2.87	60.6 2.86	90.7 2.85	120.9 2.85	151.0 2.85	181.2 2.85	6.031k+0.25 2.847+0.12/k
9	7.0 3.08	13.8 3.02	20.5 3.01	27.3 3.00	34.0 2.99	67.8 2.98	101.6 2.98	135.3 2.98	169.2 2.97	203.0 2.97	6.759k+0.25 2.970+0.11/k
10	7.7 3.18	15.1 3.13	22.6 3.11	30.1 3.10	37.5 3.10	74.8 3.09	112.0 3.08	149.3 3.08	186.6 3.08	223.8 3.08	7.453k+0.25 3.078+0.10/k

（細字は ϕ, 太字は c を示す）

$$F_0=\frac{(\bar{R}_A/c_A)^2}{(\bar{R}_B/c_B)^2} \tag{3A.18}$$

ただし，$\bar{R}_A/c_A$, $\bar{R}_B/c_B$ の大きいほうを分子にとる．c_A, c_B は，群の大きさ n_A, n_B と群の数 k_A, k_B とにより，表3A.3から求められる係数．

手順3　この F_0 の値を F 分布表の ϕ_A, ϕ_B の0.01％の値 $F(\phi_A, \phi_B;0.01)$ と比較し，$F_0 \geqq F(\phi_A, \phi_B;0.01)$ ならば，危険率2％でAとBの群内のばらつき σ_w には差ありといえる．$F_0 < F$ ならば，差ありとはいえない．

ただし ϕ_A, ϕ_B は $n_A, k_A; n_B, k_B$ により表3A.3から求められる自由度．F の値は，多くの統計数値表にある．

（2）　平均値 μ_A と μ_B の差の検定

A, B に層別した $\bar{x}$-R 管理図を作成し（この場合は，群の大きさを 等しくとっておかなければならない），次の式によって検定する．

$$|\bar{x}_A-\bar{x}_B| \geqq A_2\bar{R}\sqrt{\frac{1}{k_A}+\frac{1}{k_B}} \tag{3A.19}$$

が成立するときには，A工程とB工程の工程平均 μ_A と μ_B は，確かに差があるといえ

3A.4 管理図による平均値の差の検定法

る. ただし, k_A, k_B : 各 A, B の群の数.

$$\bar{R} = \frac{k_A \bar{R}_A + k_B \bar{R}_B}{k_A + k_B}, \quad k_A = k_B \quad \text{ならば} \quad \bar{R} = \frac{\bar{R}_A + \bar{R}_B}{2}$$

これを用いるときには, 次の条件

a) 層別した管理図が管理状態を示していること

b) $n_A = n_B$

c) k_A, k_B が十分大であること. 少なくとも各10以上

d) $\bar{R}_A, \bar{R}_B$ に(1)で述べたような差のないこと

e) もとの分布がほぼ正規分布をしていること

がだいたい満足されていること. この条件が満足されていないと, 精度が落ちたり, 別のめんどうな計算法で検定しなければならない.

[注] 工程解析の際には, 平均値の差が有意と認められたときには, アクションをとったらよくなる方の平均値(たとえば $\bar{x}_A$)となるように, 悪い方の個々のデータ x_B あるいは $\bar{x}_B$ に $\bar{x}_A - \bar{x}_B$ だけ加えて修正し, さらに解析を続けるとよい. これを修正した管理図ともいう.

第4章　工程の解析と改善

4.1　工程の改善と管理

　管理とは，広義にいえば1.5節で述べたように現状維持ではなく，再発防止に重点をおけば一種の改善であるが，どちらかというと，現在の能力をフルに発揮させて，これを保持していく仕事である．これに対し改善というのは，この能力を向上させていく仕事である．したがって，管理と改善とは互いに異なった仕事のようにみえ，たとえば管理はラインの仕事，改善はスタッフの仕事などともいわれているが，実はそうはっきり区別はできない．たとえば身近な改善は，ラインにおける QC サークル活動で多く行われている（図1.18 参照）.

　多くの場合，現在の仕事が十分に管理されておらず，確実に仕事を行っていないので，その能力を十分に発揮していないということである．管理をちゃんと行うようになれば品質や工程は次第に改善され，人・品質・量・納期およびコストの面などで工程能力を十分発揮するようになる．

　また，仕事が管理されておらず，たとえば毎日の仕事のばらつきが大きければ，どこを改善したらよいか見当もつかず，たとえ改善をしてもその効果ははっきりしない．

　折角の改善案を作っても十分実行できず，みんな気ばかりあせって不良撲滅だ，増産だといって右往左往して，結局何も改善できなかった，ということになっていることが多い．これは**管理と改善の混乱**である．したがって改善をねらうなら，まず管理を十分に行うことが必要である．管理が十分に行われて，初めて大改善を行うことができる．

　また，改善案は十分に検討を加え，管理して実行し，管理状態になるまで努力を続けなければ折角の改善案も水泡に帰してしまう．すなわち改善は，それ

が管理状態を長く続けるようになって完了したということになる．従来，多くの場合，改善が応急対策のみに終り，あるいは管理の定着までいかず，中途半端で終っている．

また，改善も各人がよいと気がついたことを勝手に実行したのでは，標準がくずれてしまう．従来，現場などでは各人が勝手に改善だと思い込んで標準外の仕事をバラバラに行い，改善どころか改悪してしまっている場合が多い．したがって改善も，組織的に，関係部門と打ち合わせ，正式の手続きを経て技術的，統計的に十分解析を行い，仮標準として，あるいは標準を改訂してから実施に移さなければならない．

このように管理と改善は表裏一体のものであり，車の両輪のようなもので，互いに切り離して考えることはできない．

改善の筋書きについては，1.7.2節で述べた．ここでは工程を中心として改善のやり方と注意事項を説明する．なお以下述べることは，品質改善，新製品開発の場合にもほとんどそのまま適用できる．

4.2 改善の種類と手順

4.2.1 改善の種類

改善にはいろいろあるが，これをいくつかに分類して考えよう．

消極的な改善──不良手直し，調整を減らす，歩留りを上げる，コストを下げる，異常原因の除去

積極的な改善──現状打破，品質を向上させる，工程能力を向上させる，消費者に魅力ある前向きの品質（セールスポイント）をはっきりさせ，向上させる，販売高を増加する

身近な改善──思いつき的改善，QC サークルによる改善，職場での改善

重点的な改善──組織的に会社・工場・部などとして大きな問題をみんなで協力して重点的に改善する，QC チームによる改善，スタッフによる改善

4.2 改善の種類と手順

目的の改善──品質を良くする，不良の半減・仕事が楽になる，工程能
　　　　　　　力や生産能力を増加する，コストダウン，納期の短縮

方法の改善──工程の改善，作業方法や設備の改善，組織の合理化，標
　　　　　　　準・規定の改訂

以下，これらについて簡単に説明を加えよう．

消極的な改善　たとえば不良品を減らしたり，手直しを少なくしたり，調整
作業を簡単にすむようにしたり，従来気がついていなかった消費者や次の工程
の要求を聞いてこれを解決していくなどというように，当然やらなければなら
なかったことを実行して，工程能力を十分発揮させていくような改善をいう．

積極的な改善　新製品や新規事業開発，品質をこう変えたら，形や図面をこ
う変えたら，消費者は使いやすくなるだろう．消費者が使いやすくなる，気持
がよくなる，買いたくなるように前向きの魅力ある品質を向上させる．材料な
どを変えて信頼性・耐久性・保全性・保守性を向上させたり，新しい治工具・
設備の考案，その他新製品，新しい工程やシステムの考案など，これまでなか
ったようなものを新しく積極的に開発し，品質や工程能力を向上していくよう
な改善をいう．

身近な改善　各人の周囲には，身近に感じているいろいろな不合理，不具合
な点があり，気がついていながらこれが放置されている．これらをちょっとし
た思いつき，個人の創意工夫，簡単な提案や意見具申などで行う改善である．
これらは，とくに現場関係者・作業員あるいは一般事務員などからも出てこな
ければならない改善で，これがどしどし出るようになれば，**チリも積もれば山
となる，チリの中にもダイヤモンドあり**で，大きな効果を発揮するものであ
る．この活動は主として職場での改善，QC サークル活動などによって行われ
ることになる．

　しかし，これらの改善は，ややもすると，自分のところの不良は減ったが次
工程ではかえって不良が増加したり，品質は良くなったが生産量が減ったりす
ることになりがちである．したがって，これらの改善案を実行する前に，次工
程や関係部門と打合せ，正規に，広い目でみた検討を行わなければならない．

すなわち，身近な改善を常に心がけ，また改善案がどしどし出るような雰囲気にしなければならない．また，これを提案制度と結びつける必要がある．ただし，「自分のところに最もよいことが，必ずしも全体として最もよいことにはならず，かえって他部門では具合の悪いことが多い」ということに注意しなければならない．

重点的な改善　会社・事業所・工場として何が最も重要な問題であるかということを組織的に調べて，会社・事業所・工場などの方針として選んだ重要問題を攻撃していく改善で，これは設計・資材・研究・技術・製造・営業など，関係者がみんなで協力してチームワークで解決していかなければならない．品質管理の推進のためにも，最も重要な改善である．この改善の味，協力して総攻撃する味をみんなが覚えれば，品質管理はぐんぐん進む．この改善は企業として重点を方針決定し，方針展開を行って技術部，生産技術部，製造部など各部門が分担して行うが，QC チーム，プロジェクトチームを設置して，いわゆる重点管理として実施していくとよい場合が多い．

目的の改善と方法・手段の改善　表1.3で述べた目的と手段の区別である．何を改善したいのか，どこに問題があるのか，何が目的かということを決定して，しかる後どんな方法で改善したらよいかが決まる．したがって，目的が決まらなければ，必要性がなければ，方法・手段の改善は考えられない．すなわち，目的が必ず先行しなければならない．方法が先行すると，たとえば規定や標準はたくさんでき，あるいは OA でコンピュータを沢山使うようになっても，効果のあまり上がらない形式的な QC，形式的な OA になってしまう．ところが従来は方法・手段の改善だけに夢中になって，たとえばトンチンカンな改善案を出してみたり，組織を変えたり，規定をたくさん作ったり，作業標準を作成したり，改訂したり，折角方法は変ったが，効果はちっとも上がらなかったということになりがちであった．これには，**目的と手段の混乱**を整理し，目的をはっきりさせることがたいせつである．目的というのはわかりやすいようで，実際に各職場における具体的な目的(一種の代用特性)を決めるには，いろいろな技術的，統計的解析が必要である．また，いくら目的がはっき

りしても，あとの半分，すなわちその改善を具体的にどう実行していくかという方法や手段すなわち工程の改善が行われなければ，いわゆる旧式な目標管理，精神的管理となり，実際に効果を挙げ，それに永続性をもたせることはできない．目的を達成するための具体的な方法，手段，工程の改善が重要である．この工程の改善には，しっかりした解析を行うことがたいせつであるが，それには知恵，経験，技術的知識および統計的手法が大きな役割を果たす．

しかし，日本人のクセで，形式や方法が整えば自然に精神や目的もしっかりしてくることが多いので，とくに封建的な雰囲気のところでは，QC の導入時期においては形式や標準化から進めていくのも１つの方法である．しかし，しばらくしたら目的的に推進していかなければならない．

品質についていえば，本章では主として実際の品質（図1.7参照）の向上について述べ，設計・企画の品質の向上については第6章で述べる．また本章で述べることは，ハードの製品の品質の改善についても，サービスなどソフトの品質の改善についてもまったく同様に考えることができる．

4.2.2　改善をはばむもの

品質を始めとし，いろいろの改善が行われて，初めて進歩・前進がある．現在のようにテンポの激しい技術革新・経済革新の時代には，現状維持，あるいは根本的な改善があまり行われないということは，退歩を意味している．従来の「石橋をたたかずに渡る」，「石橋をたたいても渡らない」というやり方では，激しい競争から脱落してしまうことは，企業の盛衰の歴史が証明している．むしろ**「いかに早く石橋をたたいて渡るか」**という時代である．

それでは，どうして積極的改善・前進が行われないのであろうか．改善の敵は人間である．

① 社長・事業部長・工場長・営業部長・課長を初めとし，その部門の長の消極性の責任である

これにつきるといってもよいが，そのほか細かくいえば

② 現在すべてうまくいっている，何も問題がないと思うこと

③ 自分のところが最もよくいっていると思うこと

④　慣れていることがいちばんやりやすい，いちばんよいと思うこと，自分の経験だけを信用する人

⑤　現状に満足している人

⑥　自分のこと，自分のところのことだけしか考えない人，人の意見を聞く耳をもたない人

⑦　部外・社外から刺激のないこと

⑧　アキラメ・ヤキモチ・ソネミ

⑨　センスの悪い上長・先輩・三等重役，面目つぶれを考える

⑩　セクショナリズム

⑪　抜駆けの功名心

⑫　技術的および統計的知識・頭脳・知恵・独創性・評価力・実行力の不足

⑬　何かを変えると失敗することが多いので，失敗をおそれる人は何もしない

⑭　上司が部下の失敗を責めるが，成功を少しもほめない習慣

⑮　最も封建的なものは，実務をとっている人々，センスの悪い職場や労働組合

等々のように折角改善していこうとしてもそれをはばむ壁は非常に多いものであり，しかも その大部分は 人である．したがって，これを 打ち破っていくには，自信・勇気・協調精神・熱烈な開拓者精神・現状打破の精神・それを突破していく作戦・戦略と戦術および絶えざる努力が必要である．

　新製品や新方法など改善に対する最大の敵は社内にあり／　この社内の敵陣を突破(breakthrough)しなければ前進はない．

4.2.3　改善の基礎条件

　改善をやっていくには，4.2.2節 に述べたことの逆をいえばよい．基礎条件としては主として人間の態度の問題で，次のことが考えられる．

　1)　経営者が先頭に立って改善意欲を出し，基本方針(社是など)，具体的目標を示し，社内全体にはつらつたる開拓精神・改善精神・現状打破にみちみちた雰囲気を作ること．

4.2 改善の種類と手順

2)　適材適所に人員を配置し，大幅に権限を委譲すること．

3)　長と名のつく人々が常に何か問題はないか，もっとよいものはないか，もっとうまい方法はないかを捜し求め，改善運動の先頭をきること．失敗の責任を上司がとってやること．そして「出るクイは打たれる式の雰囲気」をなくすこと．

4)　社内外の現状に対する不満の声や困っていることを積極的に集め，よく検討し，取り上げていく雰囲気とシステムを作り上げること．

5)　他から刺激を受けること．たとえば，自由競争，不況，貿易・資本の自由化，社外重役の設置，コンサルタントなどによる診断と勧告，消費者からのクレーム，他部門の人やスタッフに見てもらい意見を聞くなど．

6)　提案制度・創意工夫・標準類の改訂，ブレーン・ストーミング運動を起す．

7)　人事の配置転換，組織の改善をときどき行う．

8)　賞罰制度，特に表彰制度をはっきりさせる．

9)　協調精神とチームワークの味を覚えさせる．

10)　教育，特に QC の考え方と手法についての教育の徹底．

要するに全社員，もし無理ならば自分の職場だけでも，現状に満足せず，絶えざる闘志をみなぎらせて上司を突き上げ，現状を打破し，前進を続ける開拓精神をみなぎらせればよい．新製品開発，工程管理，改善もすべて人にあり．人の考え方・精神が変らなければ，絶えざる改善・前進は行えない．ただし，人間の態度は重要であるが，精神運動，無手勝流ではダメで，以下述べるように固有技術や統計手法などを活用し，工程解析を行い，事実をつかみながら科学的に改善を行わなければならない．

4.2.4　工程の解析・改善の手順

改善を行っていくために，その要因の集合である工程を解析しなければならない．初めに4.2.1節で触れた目的と方法の混乱を避けるため，工程解析（プロセス解析，仕事のやり方の解析）の目的を整理しておこう．広く考えれば，

①　経営計画を立案するため

② 品質設計を行うため

③ 品質および信頼性保証のため

④ 工程改善のため

⑤ 工程管理(安定化, 最適化)のため

が目的となろう. その焦点をしぼって解析を行う必要がある.

次にここでもう一度, その手順を述べよう.

① 問題点発見のための調査

② 問題点・目標の決定, 現状把握

③ 改善のための組織の編成と分担の決定

④ 現状把握

⑤ 改善方法の検討・突破作戦計画(特性要因図, 工程能力研究, 等々)

⑥ 試行案の作成, 仮標準

⑦ 予備試行・チェック・標準類の改訂・管理

⑧ 結果の確認

⑨ 再発防止対策・標準化・歯止め

⑩ 管理の定着

⑪ 残った問題点と反省

⑫ 今後の計画

すなわち, 問題点の発見に始まって目的とする状況まで到達し, この管理状態が長く, **通常1年間続く**ようになって, 初めて改善は完了したといえる. 1年間以上たたなければ安心してはならない.

以上のステップの中, ③改善のための組織を先につくるか, 問題点が決定してからつくるかは場合によって異なる(4.5節参照).

以下, これら各項の説明を加えていこう.

4.3 問題点発見のための調査

4.3.1 一般的注意

問題を発見し決定するやり方は, 1.5.2および1.7.3節参照.

4.3 問題点発見のための調査

（1） 問題点発見の任務は長にある

従来，多くの企業・現場では何が問題であるかを考えようとせず，調べようともせず，毎日の突発事故のために右往左往したり雑務に追い回されている．たとえば，一時的に増産に追いまくられたり，減産や計画変更，あるいはちょっとしたクレーム処理に右往左往しているのはこの典型的な例である．

長と名のつく人々は，権限を委譲し，十分管理を行ってなるべく暇をみつけ，現在自分のところ，あるいはさらに目を広げて会社として，何がいちばん問題であるか，将来いかにしたらよいかを落ち着いてよく考え決定しなければならないという本務を忘れている．級の上の長ほど，この将来を考えるという仕事が多くなければならない．部長になれば少なくも 3～5 年後どうするか，ということを考えていなければならないと思っている．

従来は思いつき，聞きかじりにより小さな問題を大きな問題と錯覚し，方針をクルクル変え，効果を上げていないし，これでは真に大きな問題を抜本的に解決・改善していくことはできない．もちろん長以外にも，スタッフおよび部下は，常にそのような情報を集め整理して，上長にサービスし，上長を説得する責任があるし，そのほか全従業員も改善点を捜し，これを上長に報告する責任がある．いずれにしろ社長から組長まで，長たる者は常に問題意識をもつことが重要である．

ウチには問題がない，ウチには問題がたくさんあるというのは，いずれも何が重要な問題であるかもわかっていない証拠である．

（2） 問題点発見のためのデータ・情報の収集

問題点発見のためのデータ・情報の収集の任務はスタッフおよび部下にある．従来この種のデータは少ないか，あるいは折角あっても適当に途中でもみ消されたり，ウソのデータとなり，一部の情報が時期はずれに，あるいはにっちもさっちもいかなくなってから伝わってくるものである．たとえいくらりっぱなクレーム処理規定ができており，営業部からのクレームが集まってきていても，氷山の一角であったり，時期遅れにきていることが多い．消費者の潜在クレームはもちろん集まらないし，折角のクレームも，小売店，問屋，セール

スマンと通ってくる間に，情報が間違ってしまったり，消えてしまったりしている．そして，セクショナリズムが強いため，本当に意見をいいたい人の意見が，聞かなければならない人のところに届いていない．従来会社全体として，あるいは部門として，問題点発見のための情報・データがないため，あるいは不足しているために，重要問題が見つからなかったり，重点方針が決められない場合が多い．

たとえば，工場で不良品や手直し品が何個あったかわからなかったり，あるいはビンや材料の本数の帳じりが合わなかったり，あるいは合いすぎたり，何個製品ができたのかわからないようでは，すなわち数や量の姿（事実）がつかめないようでは，とても品質管理などできない．

このような情報では問題点を決めることは困難であろう．この目的のためには，まずサンプルについてでよいから，正しい情報をつかまえる必要がある．

1) これらの情報は，特殊な場合を除いて，ある程度の期間を通じてのデータが必要である．従来のように，1日の出来高や不良率，クレームなどに気をとられて右往左往してはならない．たとえば，1週間，1ヵ月，1期，1年などを通じてのデータから——一般には，下級管理者は比較的短期間，上級管理者は比較的長期間のデータを用いる——問題点を見つけだすことになる．このようにしないと，突発的な問題，管理上の問題に引きずり回されて，重箱のスミをつつくような問題に右往左往することになり，儲る問題がたくさんあるのに，放置しておくことになりやすい．

2) 問題点発見に使われるデータは，主として 特性・結果の データ（品質，量，コスト，利益など）であり，原因のデータではない．

4) 当然のことであるが，これらのデータは解析できるように層別されていなければならない．毎日少しずつでもよいから，問題点を発見するという気持で層別した データをとることが 必要である．そして，この データを パレート図，度数分布，チェックシート，グラフ，管理図などにより解析する．

（3） 現 状 把 握

問題点を発見するには，現状の真の姿，実態をしっかりつかまえることが必

4.3 問題点発見のための調査

要である．あやしいデータや情報にまどわされることなく，実際に現場をよく見て，現状を確実につかまえることが必要である．従来は現状，結果を十分把握せずに，すぐ原因に走り，これを次々と動かしすぎては失敗している．

（4） 衆知の利用

提案制度，意見具申制などで改善案を集めてもよい．もちろんこれもよいことであり，どんどん進める必要があるが，もっと根本へさかのぼって問題点，困っていることを大ぜいからどしどしいわせるのも役だつ．そのためには改善提案だけでなく問題点提案を提案制度の1つに入れることを勧めたい．それらのデータをパレート図にまとめてみるとよい．何がいちばん問題か，というブレーン・ストーミングもよいであろう．

（5） 問題点の発見は金額換算で

できるだけ共通特性である金額に換算して行うこと．金額は概算でもよいが，本来ならこのような問題点を捜すために行うのが原価計算・管理であり，このような情報をサービスするのが計算課，原価管理課の最も大きなサービス任務であろう．不良件数が少なくとも致命欠点で，経済的に大きな損失になっていることも多い．原価計算表から，原価が高いのか，歩留り，不良率，手直し，調整作業，機械の稼働率などに何が最も大きく影響しているかが，わかるようにしておく必要がある．

（6） 問題点の所在

問題点は，あきらめているところ，何でもないと思っているところにある．また，**問題点は慢性的損失のところにある**（4.3.3節参照）．

4.3.2 層別のやり方

層別なくしては改善も管理も行えない．層別は管理のためにも問題点発見のためにも，また改善策検討のためにも必要なことをたびたび述べたが，ここでは共通的に層別のやり方の原則を述べる．

1） 不良，ロス，出欠貫，その他問題の起りそうな発生状況別，原因別，場所別，あるいはロット別などに層別してデータをとる．たとえば，不良や欠点の種類別，原材料別，日別，直別，時間別，組別，人別，機械装置別，工程

別, 作業方法別, 天候別, 計器別, 治工具別, 等々いくらでもある. 不良や手直しが全体で何個あったというデータだけではあまり役だたない. チェックシートなどを用いて, できるだけ層別してデータをとる.

2) 部品, 製品あるいは運搬箱などに, 番号, カード, 伝票, 色やマークなどをつけて, 他のものと混在しないようにする. たとえば, ロット別, 箱別に工程を流す.

3) 運搬方法, 製品倉庫・倉庫へのおき方などを工夫し, みんなで注意してロットが混合しないようにする.

4) 不良品, 手直し品, スクラップなど, その不良や欠点の状況別, 原因別に分けて区別して, 整理できるように箱に入れておく. あとで専門家がときどき現場を回ってそれをチェックし, 記録をとる.

5) うまい伝票システムを作る.

6) 検査のときに, いわゆる解析のための**分解検査**(6.8節 参照)を行うことにしておく.

そのほかいろいろの 工夫が考えられるが, これらは 全関係者が(職場の人々も含めて)層別の 重要性を 認識し, 伝票システム, ロットの区別, 運搬方法などにちょっと気をつけるようにすれば, そんなに手間をかけずに実行可能なことである.

4.3.3 グ ラ フ

グラフの特徴は, 時間的変動がよくわかること, 数字の羅列よりも図式の方が直感的にいろいろなことがわかりやすいこと, 異常な変動がわかりやすいことなどである. さらに管理図となれば, もっとわかりやすい. 初心者にはまずグラフに慣れさせるとよい. できれば管理限界を引いておき, アウト・オブ・コントロールの点が出たならばその点だけ赤丸を打って注意を求めるようにするのもよい.

グラフの見方にはいろいろあるが, ここでは典型的な不良のいろいろな型を図4.1に示す.

図4.1(a) ある日から 不良が急増していることがわかる. この場合には, そ

4.3 問題点発見のための調査

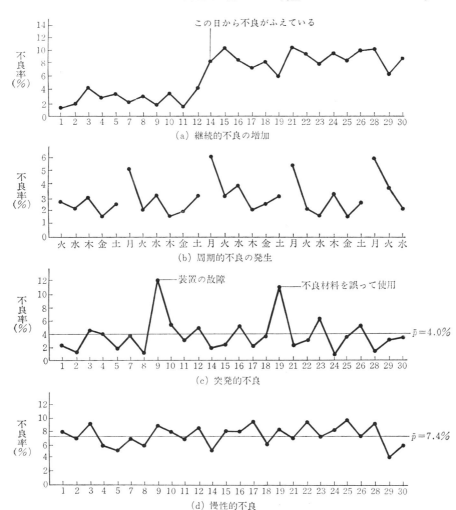

図 4.1 不良発生の形を示すグラフ

の前後に何か変ったことがないかよく調べてみると，原因がすぐわかる場合が多い．

図4.1(b)　周期性がわかる．このように月曜，土曜，給料日やその翌日などに不良が多くなることがよくある．

図4.1(c)　散発的，突発的に不良が増加していることを示し，これが大きな問題であると勘違いしている場合が多いが，このような問題は管理上の問題であることが多いから，管理を強化すればよい．

図4.1(d)　毎日5〜9％くらいの不良があり，一応安定しているように見える．これを**慢性不良**という．このような不良は慢性となっているために，関係者はこのくらいは当り前なのだ，しようがないとあきらめている場合が多いが，このような慢性的になっている項目の中に重要問題が潜んでいることが多い．毎日の不良率 $\bar{p}=7.4\%$ が3％以下になったら，あるいは図4.1(c)でも $\bar{p}=4.0\%$ が2％になったら，金額換算でどのくらい利益が出るか試算してみるとよい．以上のような見方は管理図にも適用できる．

4.3.4　潜在不良・潜在クレームの顕在化(1.4.4〜1.4.5節，図4.2参照)

品質管理を始める前に不良といわれているのは，真の不良の氷山の一角である．言い換えると，従来不良といわれ，あるいは具合が悪いといわれている問題の10倍以上の問題があるということである．社内の不良・苦情（クレーム）を次第に洗い出していくと，隠れた不良，いままで気のつかなかった問題がぞくぞくと出てくるものである．手直しや調整，ちょっとした苦情を不良やクレームと感じないようではとても監督者，管理者とはいえない．したがって，最初は表面に現れた顕在不良を攻撃してもよいが，ある程度 QC が浸透してきたら潜在不良や潜在クレームに目を向けこれを顕在化し，攻撃していかなければならない．本当に顕在不良やクレームを攻撃していくと，潜在的なものが自然に顕在化してくるものである．

たとえば，手直しを不良といっているか，調整作業を不良工数といっているか．真の直行率をもとめているか．標準歩留り，標準原単位，標準工数，標準稼働率よりも悪くはないか？　標準歩留りなどの標準値はこれでよいのか？

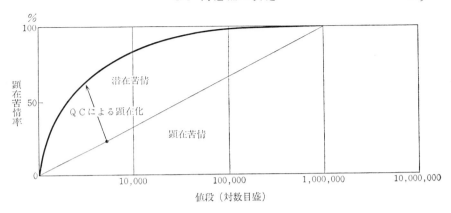

図 4.2 潜在苦情の顕在化

などというように，従来当り前と思っていたところに潜在不良や潜在クレームがあるものである．

このように捜していくと，イモヅル式に潜在不良が出てきて，問題がありすぎて困るようになり，仕事がたくさんでき，それにアクションをとることの楽しみが出るようになれば，**QC が相当にわかった**といえよう．

4.4 問題点の決定

問題点や目的がわかれば，問題は半分解決している．また，問題点や目的の意味を理解していなければ，解決はできない．以下問題点を決定する際の注意事項を述べる(1.5.2節参照)．

1) 決定に誰を参加させるか．品質管理委員会や QC サークル会合などで審議し，決定に参加させることに意味がある．秘密主義をとるな．
2) 最後は長の方針により決定される．長と名のつくところに方針あり．
3) 根拠，事実，データに基づいて決める．現状・事実をしっかりつかめ．
4) 方針は広い視野で総合的に決める．将来を考え，長期計画との結びつきを考えよ．
5) 抽象的でなく具体的に，数量的に．

6) 常に現状打破を考えよ.

7) 方法論的でなく，目的的に（表1.3参照）.

8) 方針には一貫性を.

9) 組織中心でなく，目的中心に.

10) 慢性的な問題に重要問題がある.

11) パレートの原則を忘れるな．重箱のスミだけをつつくな.

12) あまり可能性を考えるな．新製品の開発の場合，社内10％の賛成では時期尚早，50％も賛成では遅すぎる，といわれている．成功する確率が50％なら攻撃せよ．上司は成功をほめよ．失敗のときは上司は責任を負え．成功を当り前と考え，失敗を責めるのを官僚的といい，それでは部下は育たない.

13) 重要問題の数は少なくせよ．重点的に.

14) 問題の決定は下からの積上げ式よりも，上の方針により進めるのが原則である．しかし上は事実を知らないから，事実・データで上司をつきあげよ.

15) 決定したら印刷物とし，全従業員に徹底せよ．全員の意識，知識，見解を一致させよ.

16) 目標には，質，量，コストと同時に，時間や期限を忘れるな.

17) どうなったら よくなった というのか，何をもって よくなった というのか，目標値，その評価・測定方法を決めておくこと．5)，7)の結果である.

18) 面目つぶれを考えるな.

なお，この重要問題は上司などの承認をえて，正規に登録しておき，定期的に報告書を提出させ，報告会を開くなど進度管理をやる必要がある.

以上の重要問題以外に，余裕があれば各部門ごとに別に身近な問題を決定させて，できるところからQCサークル活動などでどんどん改善を推進していくことはいうまでもない.

QCの普及が不十分で，まだ普及に苦労しているような場合には，適当な工程をつかまえて，それを解析して効果を上げてみせることも必要である．このようなときには，一般にまず次のような工程

① 熱心な部課長のいる工程

4.5　工程解析・改善のための組織

② 比較的データの取りやすい工程

③ ロットの歴史，データの歴史の比較的はっきりしている工程，あるいははっきりさせやすい工程

④ 工場内で非常にトラブルの多い工程，あるいは従来トラブルがない，問題がないと考えられている工程

⑤ 管理図をかいてみて，管理状態にない工程

を選ぶとよい．しかし最終的には，すべての仕事について解析を行い，試行し，標準化あるいはその改訂を行い，すべての仕事が管理図などにより管理していけるようになるまで，さらに企業の生命とともに永久に，解析・改善を続けていくことになる．

4.5　工程解析・改善のための組織

　品質を良くしろ，売上高をふやせといっても，精神力だけで改善されるものではない．このような精神力だけに頼った改善では，必ずだれる時期がくる．上長は，何をしたいかという方針・目的を部下に明示するとともに，いかなる陣容でこれを攻略していくかという組織をつくっていく責任がある．この組織を「問題点発見のための調査」の前につくる場合と，問題点が決定してからつくる場合とある．一般に，通常の職制によって，あるいは QC サークル活動によって行う場合は前者になる．

　工程解析・改善のための組織としては次のようなやり方が考えられる．

① 職制により日常業務の一部として行う場合

② QC サークル活動によって行う場合

③ QC チームによって行う場合(タスクフォース，プロジェクトチーム)

④ 担当技術者制(project engineer system)，担当マネジャー制(project manager system)

その他，委員会制も考えられるが，一般に責任・権限が曖昧になり，アクションが遅くなるので，委員会制はあまり勧められない．

　いずれにしろ，問題を解決して管理していくという経験，問題を征服するや

り方や味を覚えることは非常に重要で，人間はこの経験を積むことによってどんどん成長する．QC サークルでも，QC チームでも，次第に困難な問題が解決できるようになるものである．特にそのリーダーは成長する．

4.5.1　職制で行う場合

問題が，ある一部門だけに関係しているときには，職制で日常業務として行う．しかし一般に一部門だけで解決できる問題は，比較的重要でない問題が多い．

また年度計画として，不良の低減とか，コストダウンの方針・目標を展開して部門別に割りつけて行うときにも職制で行う．たとえば30％のコストダウンを計画したときには，パレート図などを活用して目標展開を行い，企業全体として，あるいは工場全体として部門別に目標を決め，たとえば設計部で15％，購買部で5％，営業部で5％，製造部で5％コストダウンするというように割りつけて，各部ごとに職制を通して解析や改善を実施していく．この場合各部長が責任者となり，さらに目標展開して，課・係に割りつけを行っていく．

しかしこのような場合でも，他部門と関連する問題が出てきたら，部課長の責任として他部門とよく連絡をとって仕事を進めていく必要がある．ところが一般にセクショナリズムが強く横の連絡が悪いので，部門長の頭の切りかえと相当な努力の必要がある．部門間に深く関連する問題の場合，あるいはセクショナリズムの壁が厚い場合は，機能別委員会を活用するなり，QC チームをつくるなりして取り組むとよい．

4.5.2　QC サークル活動によって行う場合

一般に QC サークル活動(1.10節参照)によって改善を行う場合は，部門内，職場内の比較的身近な問題を取り扱うので，サークルリーダーと連絡をとりながら行う．しかしながら QC サークル活動は自主性を重んじる活動であるから，上司があまり細かいことまで指示しない方がよい．QC サークルは上司の方針を受けて，自主的・自発的に問題点を発見し，解析・管理していくことになる．しかし部門として不良率を2％下げたいとか，直行率を5％上げたいという場合には，その旨をサークルに連絡して，テーマとして取り組んでもら

う．もちろんその場合でもどの不良を減らす，どの手直しを減らすという目標は，データをとり，解析して，サークル自身に自主的に決めさせた方がよい．

　上司は，QC サークル会合にオブザーバーとして出席したり，QC サークル活動報告書を見たりして，その活動をバックアップするなり，チェックしていくことになる．

　QC サークル活動でも，他部門と関連の問題が出てきたならば，上司が連絡をとってやる．あるいは力のついてきたサークルの場合には，他部門と連合サークルをつくって，協力して問題を解決する場を与えていくとよい．

　いずれにしろ，QC サークルによる改善活動を活発にする責任は部門長（工場長・支店長・部課係長）にある．

4.5.3 QC チーム活動

　QC チーム活動は，小人数のグループでやる点は QC サークル活動と似ているが，異質の活動であり，区別して考えなければならない．よく小集団活動と称して同じに考えているが，運営，管理，評価のやり方もまったく違うものである（表 4.1 参照）．

　QC サークルは同じ職場で 1 つの小グループをつくって，職場とともに永続的に活動を続けていくグループであるが，QC チームは，まず 1 つのテーマ（プロジェクト）を決め，それに必要な人々を異なった部門から集めて，解析・改善・管理活動を行い，その問題が解決したら解散するという一時的なグループ活動であり，一種のプロジェクトチームである．これはタスクフォースなどいろいろ呼ばれているが，多くの職場の人がある目的を中心にして集った小グループである．そのプロジェクトが大きい場合には，次に述べる担当技術者制，担当マネジャー制となる．

　たとえばある製品の不良を問題とするときは，それに直接関係している現場の長（現場を最もよく知っており，それを管理する責任者．たとえば係長）と，その製品担当の技術・設計責任者（部長・課長でなく実際の担当者），QC スタッフの 3 人でチームをつくる．もちろん問題によっては 4 人以上になってもよいが，グループ活動の性格上，なるべく少人数の方がよい．

第4章　工程の解析と改善

表 4.1　QC サークル活動と QC チーム活動の違い

	QC サークル	QC チーム
1. 目　　　　的	QC サークル活動の 基本理念による	問題の解決と管理
2. 特　　　　長	ボトムアップ的 QC サークル綱領の 基本精神	トップダウン的 プロジェクトチーム的運営
3. テ　ー　マ	職場の問題 自主的・上司のアドバイス	主として上司の指示 方針管理との結びつき
4. メ　ン　バ　ー	同じ職場, 10名以下(3〜7名)	別の職場のテーマ関係者 テーマごとにかわる 3〜7名, 20名以上
5. グループ編成	自主的, 上司のアドバイス	上司の指示
6. 活　動　期　間	継続的	テーマ解決(改善と管理)したら 解散, できればその後1年以上
7. 上司との関係	中(アドバイスが主)	大(指示と権限委認)
8. 評　　　　価	チームワーク, 努力, 分担, 工夫, 手法の活用, 成果 会合回数と出生率, 年間解決件数	効果, その後の管理状態

このチームの運営には下記の注意が必要である.

1) テーマ, 目標の決定:企業・工場などの方針としてテーマ, 目標を決めて, 組織的に チームを 編成する 場合が多い. この点 QC サークル活動とは違う. もちろん下からの提案でチーム・テーマが決められることもある.

2) メンバーの選定:そのテーマについてよく知っている人, ラインの長, 専門技術者, QC 担当者など若い人を少人数(3〜7人)職制で指名する. この場合, テーマの大きさにもよるが, チーム・リーダーは一般には課長以下, できれば職場長, 係長くらいがよい. そのメンバーの日常業務を上司が軽くするか, できればチームに専任させるとよい.

3) 運営:チームに思いきって権限を委譲することが重要である. すなわち各メンバーがその上司の許可を得ずに実施できるように権限を委譲し, まかせ

4.5 工程解析・改善のための組織

ることが重要である．QC チームはセクショナリズムを打破し，問題を早く解決するためにつくるものである．したがってチームメンバーがいちいち上司の許可を得なければならないようでは，なかなか仕事は進まない．旧式な部課長には，チーム活動を推進しようとすると，職制を乱すものであると反対する人がいるが，このような人は，仕事がうまくいくことよりも自分の権限が小さくなることを恐れるケチな人物，あるいはウヌボレの強い人物である．どうしても部課長が納得しない場合には，QC チームの上に部長クラスによる操縦チームをつくってもよい．

4) チームの任務：目標を解決し，安定した管理状態の工程になるまで，管理方式を確立し，歯止めできるようになるまで責任がある．一時的に問題が解決しても，すぐに元に戻ってしまうようでは問題は解決したとはいえない．日本では一般に，月ごとの変化，四季による変化があるから，**少なくとも1年間はチームを解散しない**．もちろんチームとしては最初は週に1回というように頻繁に会合するが，ある程度安定してきたら，結果をチェックする，工程の管理状態をチェックするなどのために，月に1回くらい会合をもてばよい．そのテーマに責任をもつが，必要ならば，その職場の QC サークルと連絡をとり，その一部を分担してもらってもよい．

5) 定期的に，たとえば毎月，改善と管理の状況を評価して報告書を提出させ，操縦チームなり，TQC 委員会で検討する．管理層はときどき会合に出席して報告を聞き，その成果をチェックする．

6) チームは，QC の導入・推進の際にも大いに活用すべきである．すなわちテーマごとに解析・改善を行い，管理図により管理できる体制まで作り，使える管理図を1枚ずつ現場へ持ち込んで管理体制を作り上げていく．

7) 購入先，納入先と関係のある問題のときは，QC 担当者が間に入って両者に QC チームをつくるとよい．

4.5.4 担当技術者制あるいは担当マネジャー制

これは，ある問題(project)ごとに専任の技術者を決め，かれに必要な人間を機動的に駆使できるような権限を与えておき，最初から最後まで1人の責任

と権限で仕事を進めていくやり方である．これは相当大きな問題のとき，たとえば新製品開発，新技術開発，あるいは新工場建設のときなどに用いる．主任技術者は部課長クラス以上，場合によっては重役がこれにあたる．たとえば新製品開発のとき，初めに設計関係者を5名，研究者2名，生産技術者およびQCスタッフを各1名配置し，仕事の進展とともに設計者は3名とし，生産技術者を3名に増加し，経理・営業・外注関係者を1名加えるなどというように機動的に行っていくやり方である．このやり方についても，QCチームの場合とほぼ同様である．たとえば，主任技術者やそこに配置される人々は，もとの部門の仕事や他の業務からいっさい離れることになる．

4.6　問題の解析と改善案の作成

4.6.1　攻撃の基本的態度

作業標準や規定類などをたくさん作成したり，管理図をたくさんかいただけでは，とてもうまい管理をやっていけない．過去および現在のデータを十分解析して，正しく仕事・工程の実情をつかみ，工程に対する真の実際的な技術的知識を得ることが必要である．**十分な解析を行わずしては改善も標準化もできず，うまい管理も管理のために使える管理図も作ることはできない．**

（1）　データ

問題の解析，工程の解析には，次のデータのいずれかを用いる．

① 　従来の方法でとった日常の過去のデータ

② 　特別に解析しやすいようにとった日常のデータ，たとえば，層別したデータ，対応のあるデータ

③ 　新たに実験計画的にとったデータ

①，②は主として従来の運転や作業条件内でのデータであり，③はこれまでの条件外で仕事をやってみる場合が多い．一般に①も非常に多くの情報をもっているものであるから，これを十分解析してから②，③へ移るとよい．しかしQC的センスの入っていなかったところでは，層別してなかったり，対応のあるデータがとられていなかったために，言い換えるとデータの歴史がはっきり

4.6 問題の解析と改善案の作成

していないために, 解析困難なことが多い. このときにはぜひ②が必要である. 一般に①, ②の解析をすませてから, ③に移るとよい. 本書では, ①, ②により解析していく場合について簡単に述べる. ③については, 実験計画法の専門書[1]を学ばれたい.

(2) 現状把握, 実情把握, 工程能力の把握

改善しよう, 不良をなくそうという場合に, 旧式な技術者的センスの人々はすぐ, 「原因は何だ, それを変えてみろ」というわけで原因に走りたがる. これでは, まぐれ当たりもあるが, 右往左往することになりやすい. QC的センスでいくときは, まず特性要因図やQC工程管理表を作成し, 現場をよく観察し, 調査し, 問題としている特性, 結果のデータをいろいろ原因別に層別し, その変化の現れ方の実態を大きくつかまえ, さらに広義の工程能力の姿, 工程能力指数(4.6.7節参照)をつかまえることである. なお, これと同時に4A.9節に述べる工程のばらつき $\sigma_p{}^2$, サンプリングによるばらつき $\sigma_s{}^2$, 測定のばらつき $\sigma_M{}^2$ などを調べておくとよい.

これは非常に重要なことで, いくら強調しすぎても強調しすぎることはないくらい重要な基本的な考え方である. 問題としている目的(結果)についての実情をつかめば, それに対する対策は自然にわかってくる. たとえば, 消費者はこんな点に不満をもっていたのかという実情がわかり, たちまち問題が解決してしまったという例が多い.

(3) 突破作戦・現状打破(breakthrough)

組織的に改善をやっていこうという場合でも, 個人的に改善をする場合でも, 関係者全員がいずれも現状に甘んぜず, 協力して, 長期的にみて, 現状をいかに打破していくかということを考えるようにならなければならない. 企業の中はややもするとセクショナリズム, 現状維持になりがちである. これを打ち破っていく突破作戦という気持で問題にぶつかっていくことと頑張りが, 改善の基本的な態度の1つである.

---

1) たとえば, 石川ほか:『初等実験計画法テキスト』, 日科技連出版社, など.

224　　　　　　　　　　第4章　工程の解析と改善

新しい仕事，改善の最大の敵は社内，身内にある．人を無視しては改善はできない．それには，上の人，反対の人，消極的な人を説得したり，参画させるなど工夫が必要である．

（4）　再発防止・根本原因の除去

現象をつぶすだけではなく，その原因，さらに根本原因をつぶすような改善まで考えよ．これについては5.3.4節で述べる．

4.6.2　改善案として決定すべき事項——標準化と管理方式

いろいろ解析を行い，改善案を作り，これを試行し，目標とする管理状態に押え込むことになる．したがって，改善の結果は，QC 工程図を初めとして，標準類の作成や改訂・管理のやり方を決定し，効果という実と結びつく．したがって，下記のことが決定されることになる．

① 測定法標準，計測管理標準
② サンプリング法標準
③ 品質標準・管理水準，検査標準および品質保証方法など
④ 工程の能力の決定
⑤ 作業標準，技術標準
⑥ 設備管理標準，原材料規格，その他の標準類
⑦ 管理図使用のための標準，工程管理標準
⑧ 技術部，研究部，その他関係部門における研究項目の決定
⑨ 責任と権限の分担の決定

など，主として標準化と管理のやり方の問題である．

常にこれら目的を念頭において解析していくことが必要で，ただ漫然とデータを解析しても，それは数字を弄ぶ遊びにすぎず，時間の浪費となる．

4.7　工程解析・改善の方法の検討

問題点のわかった場合に，これを解析していくやり方をいくつかに分類してみよう．

① 固有技術による解析と改善(4.7.1 節)

4.7 工程解析・改善の方法の検討 225

② 衆知による解析と改善(4.7.2節)

③ 統計的手法を併用した解析と改善(4.7.3節)

以下, これらに関係する項目を説明する.

4.7.1 固有技術による解析と改善

その問題について従来から, われわれは長い経験による知識, 各種理論, あるいは理論的に考えられる固有技術をもっているはずである. これらの技術は非常に貴重なもので, **理論や固有技術がなければ問題は解決できない**.

しかしこの理論や固有技術も, 使い方を間違えると大きな失敗のもと, 合理化を妨げるバリケードになってしまうものである. そこで, いわゆる経験とか理論, 固有技術の問題点を述べよう.

1) 経験者やその道の大家, 理論を知っているという固有技術者は, 経験や自信があるだけに妙な自信をもちすぎ, 他人の意見や忠告を聞かず, 頭が非常に固くなっている人が多い. 統計的方法を知らない技術者は半人前の技術者であるということを知らないで, QCや統計的手法をなかなか受け入れない.

2) 理論通りいく, 理論通りいかない ということが 昔から よくいわれている. あるいは, 理論を確かめるために実験を行うのである, 実験や現象の結果から理論が出てくるものである, ともいわれている. しかし, 一般的にいって理論通り実現できるのなら実験はいらない. 理論には, 一般に仮定や前提条件があり, さらにいろいろの誤差やミスがあるので, 実際にどうなっているかを確かめるために, データをとって解析したり, 実験を行ったりするのである. 同様に, 理論や経験に従って設計しても, 設計図通りではよいものができないことは御承知の通りである. すなわち, 理論を考え, それと結びつけながら解析を行い, 確認するのである. 実際には, 理論にない要因, 大学で習わなかった要因が大きく影響している場合が多いのである.

3) 従来の経験というのは, たとえばあるときに不良率が増加したり, 歩留りが下がったというので, 温度を上げてみたらよくなったというと, いつも温度を上げればよいと信じ込んでいる という場合が多い(別のときには温度を上げても少しも歩留りがよくならなかった経験を忘れてしまって). すなわち,

人間のクセとしてよかったことだけ覚えていて，悪かったことは忘れている．統計的には，このようなことを**交互作用**があるという．

　さらに，前に温度を上げてよくなったのは，実は悪かったのは作業員のためで，ちょうど作業員の交替時期と温度を上げたのと一緒だったので歩留りがよくなったのを，温度を上げたのがよかったのだと信じ込んでしまった誤りである．これを統計的には原因が**交絡**しているという．

　すなわち，交互作用や交絡を忘れている場合が多い．

　4）　固有技術だけに生きる人は，いつまでも過去のことにこだわりすぎる．

　5）　理論，経験，固有技術といいながら，案外頭が整理されていない．このことは特性要因図をかかせてみるとよくわかる．

　6）　ばらつきのセンスがないために，ちょっとした歩留りや不良率の変化に一喜一憂して右往左往する．

　7）　みんなと協力していく力のない人がいる．

　以上，理論，固有技術や経験が，誤用あるいは悪用された場合のことを述べたのであるが，固有技術は改善には絶対必要なものである．それには

　1）　たびたび述べたように，みんなで真剣に考えなければならない**重要問題**をはっきりさせること．そして実情を十分に把握することがたいせつである．

　2）　経験，固有技術，熟練者あるいは理論家を活用する方法を考える．

　3）　これらの人々の知識を整理すること．これには，特性要因図，ヒストグラム，グラフ，管理図などが非常に役だつ．

　4）　その経験や自信の根拠・時期，他の要因との交互作用や交絡がないかを調べる．

　しかし，この固有技術も個人だけでは何といっても弱く，かたよりが入りやすいから，さらにこれを衆知として集め，それに従ってデータを集めたり，実験を行って(4.7.2, 4.7.3節など参照)，統計的方法を活用して，事実・データにより確かめなければならない．

4.7.2　衆知による解析と改善

　これが最も実際的で，効果の上がる方法である．重要問題について，実際に

4.7 工程解析・改善の方法の検討

それを取り上げてみんなの認識を新たにしてみると，誰でも何かそれについての情報や意見をもっていたり，何か気がついているものである．これをまず集めてみることが重要である．QCチームやQCサークル活動もその1つである．

1) その問題点担当の職場長，作業員を初めとし，品質管理担当者，課長，係長，技術者，検査関係の人々のほか，必要ならば設計，営業，資材関係者などを集め，QC検討会，QCチームあるいはQCサークルの会合を開く．この場合，問題に直面している人，その現場の職場長を司会者にするとよい．司会のできない職場長は職場長とはいえない．

2) 問題点をよく説明する．

3) ブレーン・ストーミング方式により，全員の知識を集めて特性要因図を作成する．

4) 特性要因図をもって全員で現場に行って実情をよく調べ，どのような不良や欠点が出ているかをもう一度確かめる．次に重要な要因と思われるものについて，実際にどのようにやっているか，それでよいのか，どのようにしたらよいか，作業標準，その他の標準をどう変えたらよいかを討議する．

5) 以上の検討で結論の出ない要因については，4A.6節に述べるように，データを統計的に解析したり，あるいは実験計画法などに従って実験を行ってみる．

6) 改善案を実施してどのような結果が得られるか，管理図，パレート図などにより統計的に比較検討する．

7) さらに必要ならば，検討会を開き，これを**何回でも繰り返す**．このような検討が1回でうまくいくことは少ない．要因は沢山あるから，次々に要因を考えて実施してみる．QCは苦しくても執念深く努力しなければならない．

この討論を通じて，全員が問題点，その重要性，各要因についての認識を新たにすることができる．この司会がうまく行え，会合をうまくリードしていくことができるようになれば，一人前の職場長である．

4.7.3 創意工夫と提案制度

人間の1つの重要な特徴は，頭を使い，考え，智恵を出すことである．絶え

ず問題意識をもち，疑問をもって考えよ．創意工夫や提案は1つの改善である．その提案数は，ある意味で企業の改善意欲を示す指数となる．QCサークル活動が盛んに行われている会社では，提案件数が飛躍的に増加し，従業員1人当り平均年間12件（月1件），さらに盛んな会社では年50件（週1件）に達しており，その採用率は60〜70%になっている．QC，TQC，QCサークル活動を推進する以上，企業として提案制度を実施することが必要である．またその事務局は，QC，TQC推進事務局に置き，TQCの一環として推進した方がよい．

提案制度を実施する場合には，次のような問題を考えておく必要がある．

1) 提案制度に対する誤解．誘導，開拓精神．着想実行．
2) 提案数の波状的変化，提案内容の質的向上．
3) 個人的提案と集団的提案（QCサークル・QCチーム）．
4) どこからでも，誰でも自由に提案させる．
5) 書くことを嫌う人がいるときは，初めは提案推進員・相談員が手伝うなど，気楽に書くことができるように工夫する．
6) 課題提案．
7) 改善案の提案と問題点の提案．
8) 提案の迅速な処理・即時実施・不採用の理由説明・効果を知らせる．
9) 提案制度と標準化．
10) 評価と褒賞制度．採用は甘く．効果と褒賞．提案したとき，採用になったとき，1年後，5年後，…，累積．

提案件数が多くなると，委員会で採否を検討することは不可能になるから，ラインの長の権限でどんどん実施する．委員会でやることは，制度を検討したり，提案の傾向をつかんで方針を示したり，社長賞・工場長賞など上級の賞を決めたりすることになる．

4.7.4 特性要因図

特性要因図は，図4.3に示すように，特性（工程の結果）とそれに影響を及ぼすと技術的に考えられる原因との関係を図示したもので，この図によりその工程の総体的な因果関係を整理することができる．またパレート図などと併用す

4.7 工程解析・改善の方法の検討

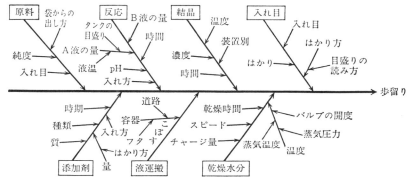

図 4.3 特性要因図

ることにより，重点的に工程の改善を進めていくのに，知識や技術の蓄積用・整理用に，また管理する場合にも全員の思想統一に，話合いの場に，教育用に，その他いろいろの意味のヒューマン・リレーションズに役だつ．そのほか新製品や研究開発，新工場建設その他，あらゆる質，量，納期，コストの管理活動に役だつ．誰にもわかりやすいので，QC 推進や実施の1つの主要な道具である．

(1) 特性要因図の作り方

1) 問題とする特性を決める．

2) 図4.3 に示すように，適当な用紙の中央に横線を引き，右端に問題とする特性を記入する．この軸になる矢印は，取り上げた工程を意味する．

3) 代用特性あるいは原因を大きく分類して，工程の順に左から矢印で記入する．たとえば，原料，装置，作業法，人，環境条件，サンプリング方法，測定方法などで大きく分類する．分類法は工程順，部門別，機能別などいろいろあるからどれが使いやすいか，いくつかやってみるとよい．書き方に特別なルールはない．必要なことは 4) で述べる子枝・孫枝など，われわれがアクションできる要因まで追究していくことである．この大枝には，図4.3 のように枠で囲んで原因の名前を記入しておくとよい．大枝としては図4.4 のように 5 M (men, materials, machines, methods, measurement) も忘れないように．

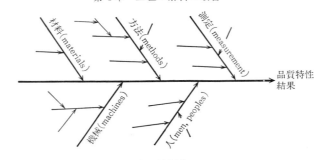

図 4.4 工程を管理するには 5 M

4) さらに細分してそのもとの原因を子枝・孫枝に記入していく．たとえば乾燥水分については，温度，時間，スピード，チャージなどが子枝となる．できるだけ因果関係がよくわかるように，**なぜ，なぜ，なぜを何回でも繰り返し**，小枝をどんどん増やしてゆく．いくつも子枝・孫枝を出し，いちばん末端のアクションのとれる要因まで記入すること．単なる原因の羅列ではあまり役にたたない．特性要因図を俗称**魚の骨**というが，魚の骨のように簡単なものではあまり役だたない．木の枝のように，あるいは川の流れのように源流へさかのぼって細かくしていくことが大切である．

5) すべての要因の記入が終ったら，技術的にみた重要度または投票などで影響度を表す順位を記入する．

6) 作成年月日を必ず記入すること．改訂ごとに年月日を書き加えていく．この改訂が進歩を示すことになる．

(2) 注 意 事 項

1) 特性要因図はできるだけ多数の関係者，たとえば部・課長から職場長，作業員，技術者，設計者，QC 技術者などに集まってもらって，全員に自由に発言させながら作成すること．1 人，あるいは少数の人でやるとかたよりが入りやすいから注意が必要である．できれば他工程の人も入れるとよい．このとき，ブレーン・ストーミング的に全員に発言させること．座長は誘導的に発言させて，全員の知識をこれにまとめる．とくに作業員や職場長や素人が，どんどん発言できる雰囲気とすることが重要である．この際，ある人の意見が出た

4.7 工程解析・改善の方法の検討

ら，絶対にそれを否定するような発言や議論をしてはならない．自分の意見をいうよりも，他人の話を聞く耳をもて．不必要と判明したときは，あとからいつでも消すことができる．その要因がきくかきかないか，たいせつか否かということは，このとき議論してはならない．リーダーは，原則としてその工程の責任者，課長，係長，職場長が行う．

2)　管理的要因（通常の学術書に書いてないような）を忘れないように．

3)　サンプリング，測定誤差，計算方法などを忘れないように．

4)　特性ごとに何枚も特性要因図を作る．

5)　ある要因が他の特性にどのような影響を与えるかを検討する（交互作用，交絡などに気をつける）．

6)　なぜその問題が起ったかということよりも，どうしたらそれが解決できるかということに重点をおいて考える．

7)　作成中に当然実行すべきである，改善すべきであるということを全員が認めた事項は標準化してどんどん実行に移す．

8)　管理する立場から部門別，職場長別など責任権限を明らかにするような分類にして作ると，工程管理の場合のアクションに便利である．

9)　計量的原因と計数的原因とを区分けしておくと便利である．

10)　測定しているいないにかかわらず，また現状で測定可能，不可能に関係なく，技術的に重要と考えられる要因はすべて記入すること．なお，これらを記号で分類しておくのもよい．

11)　散発的な原因と周期的な原因，慢性的な原因とに分ける．異常原因となりやすいものにもマークをつけておく．

12)　交互作用のありそうなものにも特別な記号をつけておくのもよい．

13)　コントロールの容易なもの，困難なもの，不可能なものと分類しておく．ただし，コントロールしうるか否かは，責任と権限を考慮して決定せよ．

14)　管理図をかいているときには，どの原因が群内のばらつきを，どの原因が群間のばらつきを与えるか，分類しておくとよい．

15)　工程が改善され，パレート図によってこれらの原因の品質特性に及ぼす

影響度が 変ったことが 確認されたときには，あるいは 事故や 異常があるごとに，1ヵ月ごとに反省会を開いて，必ず特性要因図をかき直しておくこと．

4.7.5 品質管理工程図（QC 工程図）

製品やサービスをつくりあげて管理していくためには，質・量・コストを含めて，どうやって工程を管理してつくりあげていくかを決めておかなければならない．広くいえばこれを**管理工程図**（あるいは**表**）という．さらに，品質を保証するために仕事のステップごとに必要な，管理項目，点検項目，担当，測定方法，判定基準，規格との関係，管理方法やそれらに関連する標準などをまとめてわかりやすく記入した **QC 工程図**（あるいは**表**）を作成する（図4.5参照）．

元来 QC 工程図 は，新製品開発のときに，設計部として 設計段階で，どのようにしてものをつくっていくべきかを **QC 工程図I** としてだいたい 決めておき，試作・量産試作と進んでいくにしたがって生産技術部などが，細かく具体的に **QC 工程図II** として，製造部で実際に活用できるものに完成していくものである．

工程解析の場合にも，まず 特性要因図を 作成し，さらに QC 工程図をチェックし，もし QC 工程図がなければ 作成して，実際に どうなっているかを調べて，解析結果を 見ながら QC 工程図を 改訂して，工程管理しやすいように進めていく．

工程解析を行い，工程改善を行っていくためには，図4.5および図4.6にその一例を示すが，このような様式を作成して管理していくとよい．これらは製品や仕事の種類内容によって変ってくるから，各社・各人で工夫して使いやすいものを作成するとよい．

なおこれらの表と各種標準類の作成・改訂を結びつけながら進めていくことが重要である．

4.7.6 統計的手法を併用した解析と改善

以上述べたような方法に統計的手法（2.3節，4章の手法）を 併用すれば，その効果ははっきり確認することができ，そのアクションのとり方もはっきりしてくる．たとえば，「自分はこう思う」，「いや自分はこう思う」というように，

4.7 工程解析・改善の方法の検討

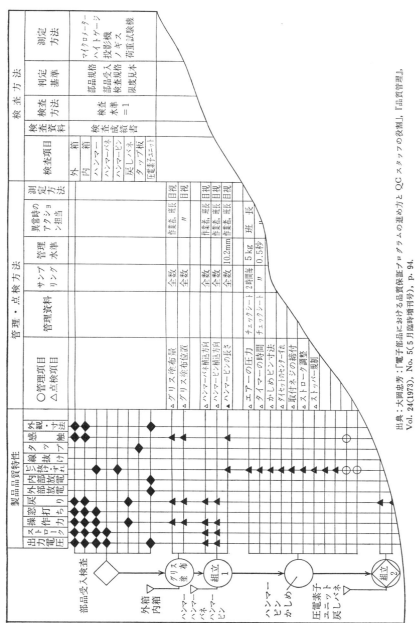

出典：大岡忠芳：「電子部品における品質保証プログラムの進め方とQCスタッフの役割」,『品質管理』, Vol. 24(1973), No. 5(5月臨時増刊号), p. 94.

図 4.5 品質管理工程図

工 程 計 画 書（原案）
工 程 変 更 計 画 書
工程計画書変更通知書

（ 切替No. の変更）

特記												工場		
工作図は	○新発行します　○一部変更して発行します		○従来通りです　○発行しません									品番		
	切替　No.		昭和　年　月　日	部長	次長	課長	係長	係員				品名		
												車種		使用個数

工程No.	工程名	機番	サイクルタイム分/台	機械 新設	現用	転用	改造	段取	付帯設備	使用機械依頼内容	担当部署	完成希望	刃具依頼 新設	現用	T・P数	時	自動化	エア	電力kW	備考 旧設備・処置

検査部門で検査法が作成される

生産技術部門で工程計画が作成され工作図に展開され，製造部門でレイアウトが計画される

（工程整備）（作業手順の検討）⇒ 作業指導書 作業要領書

Ｑ Ｃ 工 程 表					発行　年　月　日		No.(品番)							ページ	承認印
加工部署				工程			品名								

工程番号	工程名	機械・設備	管理項目	規格製造基準	管理水準	管理方式 初品 方法 サンプリング 試料数	測定者 管理者	間隔	定期 方法 サンプリング 試料数	測定者 管理者	測定具	管理図No.	チェックシートNo.	作業要領書No. 作業指導書No.	承認印

ＱＣ工程表に管理計画はまとめられ，工程整備の段階を経て内容がかためられる

必要な管理図の管理特性をまとめ実施が指示される

管理特性一覧表（計量値用）　No.

下記により管理図を実施してください

部長	課長	係長	係員

計量値用管理図 $\bar{x}$-R, $\bar{x}$-Rs, 変形					実施部署	部	課	組	作成年月日		
整理No.	登録No.	品番	品名	管理特性	規格値	機械加工設備	番	サンプリング n 間隔	測定器	管責任理者	実施月日	管種理図類

図 4.6　工程管理計画（機械工程の一例）

4.7 工程解析・改善の方法の検討

思う思うの議論になると，その結果は正論が勝つのではなく，地位の上の人，口のうまい人，押しの強い人の意見が勝ちを占めることになり，またそのために，あとにコダワリができたり，感情的にシコリができたりするものである．このようなときには議論をやめて，統計的に解析し，事実による結論，ファクト・コントロールに移るのがよい．

固有技術や経験による検討は，東海道をカゴで行くようなものである．これに対し統計的手法を併用すれば，東海道を新幹線で行くようなものである．

統計的手法を用いて，工程解析し，改善の前後を比較し，事実を確認する場合には，次の点に注意すること．

1) 改善前後について度数分布,管理図などを層別してかいて比較検討する．

2) 改善前後についてパレート図をかいて，項目別の絶対値および順位を検討する．

3) 改善前後についてアクションをとった要因と問題にしている特性との関係を層別したり，相関分析してその関係の変化を求める．

以上の解析により，前後で統計的によい変化が認められれば，その改善は有効であったということが事実として確認できるのである．

4.7.7 工程能力研究

工程能力(process capability)研究は品質管理の基礎である．

品質設計，工程設計，設備の計画と管理，工程管理や改善など一連の QC 活動は，工程能力を知らなくてはできない．すなわち，工程能力研究は QC の1つの中心的役割を果たすものである．

工程(プロセス)とは，いろいろの定義があるが，一口にいえば「ある結果を生み出す原因系の集合」といえよう．具体的には，いろいろの場合が考えられる．たとえば，

a) 個々の機械・設備をある一定条件で運転した場合

b) 個々の機械・設備を人・材料・時間などがある程度変化する，すなわち現場で運転した場合

c) いくつかの連続した機械・設備を通じて行われる一連の作業

d) さらに 機械・設備に 関係なく, 1つの 仕事のやり方, たとえば 品質保証・販売・購買・サービスの全体としての仕事のやり方

などである.

工程能力とは,「これらの工程が 一定期間, 統計的管理状態で あるときの能力」をいう. 一般には品質の分布あるいは不良率, 欠点数などで表される. もっと広く, 工程の結果, 特性値の分布を表すこともある. 工程がとくに1台の機械である場合, その 品質上の能力を 機械能力(machine capability, 機械精度)といい, とくに a)のような場合には, これを機械の静的能力(精度), b) を機械の動的能力(精度)という.

一般にいわれる**生産能力**(process capacity)は量的な能力のことであり, 質的な能力をいう工程能力とは意味が違うから, 混同してはならない. 従来, わが国産業では, 生産能力についてはいろいろ調べられている場合が多いが, 質的な工程能力についての 検討は いまだ 不十分である. 品質管理を 実施する以上, 工程能力研究は常に, 継続して行わなければならない.

工程管理というのは, 工程能力を管理状態でフルに発揮させることであり, **工程改善**とは工程能力を改善すること, 言い換えると工程能力を調査・研究し改善することである.

以下, 工程能力研究の際の注意事項を述べておく.

1) 異常原因を除いた, 標準化された工程の管理状態における能力を求めることが必要である. ただ安易に, 1カ月分などのデータをヒストグラムに表して, 工程能力としてはならない.

2) 工程能力の図示:工程能力は, 次のような手法で図示すると検討しやすい.

① $\bar{x}$-R 管理図, その他の管理図

② 規格値を記入したグラフ(工程能力図)

③ ヒストグラム

3) 工程能力の数値化:計量値の場合には $\hat{\sigma}_w = \bar{R}/d_2$ あるいは s_H(ヒストグラムから求めた標準偏差). これは, 一般に 50 個以上のデータから求めること

4.7 工程解析・改善の方法の検討

が必要である．合理的に群分けした $\bar{R}$ から求めた $\hat{\sigma}_w$ が，だいたい十分管理された状態の工程能力を表す．これを短期的工程能力ともいう．これに対し，管理図が管理状態のデータから得られた s_H は，長期的な時間のばらつきを含むから，これを長期的工程能力ということもある．管理状態にない工程についての s_H は，工程能力ではない．計数値の場合には，$\bar{p}, \bar{c}$ などで表す．

4) 工程能力指数 C_p：（規格値との比較）

$$C_p = \frac{\mathrm{UL} - \mathrm{SL}}{6\hat{\sigma}_w} \qquad \text{両側規格の場合}$$

$$C_p = \frac{\bar{x} - \mathrm{SL}}{3\hat{\sigma}_w} \quad \text{または} \quad C_p = \frac{\mathrm{UL} - \bar{x}}{3\hat{\sigma}_w} \qquad \text{片側規格の場合}$$

ただし，SL は規格下限，UL は規格上限，$\bar{x}$ は工程平均．

$C_p > 1.67$	特クラス	ppm 管理，不良率100万分の1，高信頼性をねらうときは，1.67以上をねらえ．一般的には過剰品質
$1.67 \geqq C_p > 1.33$	A クラス	十分である．検査の簡略化
$1.33 \geqq C_p > 1.0$	B クラス	まあまあよい．抜取検査でよい
$1.0 \geqq C_p > 0.67$	C クラス	少し不良が出る．1.0以上になければならない
$0.67 \geqq C_p$	D クラス	とてもダメ

［注1］ $\hat{\sigma}_w$ の代わりに s_H を用いることもある．s_H のほうが安全側にみている．$\hat{\sigma}_H$ が $\hat{\sigma}_w$ よりも相当大きい場合には，さらに工程改善が必要である（3A.3.6節参照）．

［注2］ 両側規格の場合，C_p が1.0は 6σ，1.33は 8σ，1.67は 10σ，0.67は 4σ に相当する．

5) かたより指数 D_p（平均値のかたよりの調査）

$$D_p = \frac{\bar{x} - \mathrm{SL}}{\hat{\sigma}_w} \quad \text{または} \quad \frac{\mathrm{UL} - \bar{x}}{\hat{\sigma}_w}$$

両側規格のときは $\bar{x}$ は SL と UL の中央にあるのがよい．

$D_p > 5$	$C_p > 1.67$ と同じ解釈
$5 \geqq D_p > 4$	だいたいよい．場合によっては D_p がもう少し小さくなるように $\bar{x}$ をずらす

$4 \geqq D_p > 3$ だいたいよい. 必要ならば D_p がもう少し大きくなるように $\bar{x}$ をずらす

$3 \geqq D_p$ 不良が出るから, ばらつき $(\hat{\sigma}_w)$ を小さくするか, $\bar{x}$ を少し動かして D_p が3以上になるようにする

6) 工程能力と設備管理：設備管理は, 旧式なやり方では故障した設備を直すというやり方であったが, 第2期としては故障しないように管理する, というように進歩した. しかし QC をやっていくためには, これを進めて工程能力を発揮するように, 工程能力が低下しないように, さらに進んではこれを改善し, 信頼性を高めるように管理することである. すなわち, 工程能力研究と設備管理とは表裏一体のものである. TQC がある程度すすんだら TPM(total productive maintenance)を行うとよい.

7) 工程能力調査や研究はどこがやるか：品質管理, 生産技術, 製造, 設備管理の各部門あるいは QC チームなどで行うのが通常である. しかし, 実力のある QC サークルは, 自工程については自分達で工程能力研究を行うとよい. いずれにしろ, どこで行うかをはっきりしておかなければならない. この場合, 調査を行う部門と研究や改善を行う部門とをしっかり決めておく必要がある.

8) 自社内のみでなく, 設計から, 納入者, 製造工程, 消費者までの流通機構の工程能力を調べておくこと. さらに拡大して, 事務プロセス, 計算機システム, 情報のプロセスなどいろいろの工程能力も検討するとよい.

9) 工程能力を誰が知っている必要があるか：部門別にいえば購買, 製造, 設計, 生産技術, 品質管理, 設備管理, 営業部門などであろう. 現場では職場長や作業員も工程能力のことを理解しており, これを管理し, 改善していくという気持になり, 実行すれば大きな効果が上がるものである.

10) 工程能力調査だけやって, 研究・管理・改善などに活用することを忘れないように.

4.8 解析にあたっての一般的注意事項

統計的手法を用いて要因にアクションをとるために現場データを用いて解析

4.8 解析にあたっての一般的注意事項

する際には，次のような注意が必要である．ここでは，日常とった(4.6.1節の
(1)の①，②の)データを統計的に解析する際の注意事項を述べる．4A節参照.

1) 問題としているデータを要因別に層別してとっておく.

2) 要因と問題としている特性とが互いに対応するようにデータをとってお
く.

3) 解析にはできるだけ，平均値や総計でなく，生の個々のデータを用いる
こと.

4) 日常のデータをなるべくグラフ化などしておき，すぐ解析できるように
しておくとよい.

5) 記録はすべて無視しないこと．主観的な，調子がよかった，悪かったと
いう記録でも解析には非常に役だつ.

6) もし過去の知識に反する結果が出てきた場合は

① 統計的方法の使い方

② その結論の出し方

③ 計算間違い

④ データの真実性やサンプリング方法・測定方法

⑤ 過去の経験・知識の根拠や真実性

などを上に述べた順にチェックするとよい.

7) この要因が影響していると思って解析して，差が認められなくても落胆
してはならない．忍耐強くやることが必要である．また，解析した要因がきい
ていないということは，要因を取り上げた技術者のセンスが悪かったともいえ
る．さらに積極的に，差がないことは安い方を採用できるので，非常によい情
報である.

8) 要因はたくさんあるから，はっきりしないが大きいと思われるものから
片っぱしから何回でも解析を行ってみよ．非常に要因が多く，はっきりしない
場合には多変量解析を行うとよい.

9) 2人以上で協力してやること.

10) どうしたらばらつきを小さくすることができるか，いかなるアクション

をとったらよいかということを頭において解析せよ.

11) 他の特性の特性要因図も作成しておき, その要因が他の特性にいかなる影響を与えるかを検討しておく. ある特性がよくなっても, 他の特性が悪くなることがあるから注意.

12) ある原因により, ばらつきを与えていることがわかったならば, そのばらつきを除去できるまで徹底的にアクションのとり方を探求し, アクションをとれ.

13) 一般に大きな原因はパレートの原則に従って 2〜3 で, これを押えれば不良は半分以上減るものである. したがって, たとえば歩留り60％を80％に, 80％を90％に, 90％を95％に上げるという**不良半減**は, 比較的容易に行える. これが **QC の七つ道具で職場の問題の95％が解決できる**理由である.

14) データが非常にたくさんあるので, 簡単な統計的手法, とくに図式方法を縦横に活用するのがよい.

15) アクションの結果を統計的に管理図などで確認して, よければ標準として正式に活用し, 再発しないように, 管理の定着をして押え込む.

16) 多くの場合, 過去のデータの解析をすべて完了して情報を整理してから新たにデータをとったり, 実験計画的に実験を行うとよい.

17) 解析結果は必ずリポートにまとめておき, 技術担当部門に整理保存しておくこと. たとえ思うような結論が得られなくとも, これが技術の企業への蓄積になる.

4.9 統計的解析の一般的手順

以下統計的に解析していくだいたいの手順を述べよう. もちろん, 工程により状況により解析していく手順は変るが, だいたいのやり方, 筋道というべきものである. その基本は, 原因について解析するのではなく, **結果のデータについて解析**し, 実体をよくつかんで, 原因を探求し, アクションをとっていこうというのである. 以下の方法は, 過去の対応のとれないデータが沢山あるときの解析上の考え方, 注意である. 最近では, コンピュータを用いて回帰分

4.9 統計的解析の一般的手順

析，重回帰分析などがよく行われている．なお，8），10），12）などで行っているデータの修正は，面倒ならば行わなくともよい．

1) 問題となる特性（結果）について，衆知を集めて特性要因図を作成する．このとき要因の組合せによる影響，要因の交絡している可能性のあるものを記録しておく．また，その工程について QC 工程図をかく．そしてこれらの特性や原因が実際にどうなっているかを，みんなで一緒に実情を調べる．

2) 問題点に関係のあるデータ（特性，要因）をそれぞれ 100 個以上集める．これも，たとえば 1 日，1 時間で 100 個をとるのでなく，数日あるいは 1 ヵ月以上にわたって集める方がよい．

3) まず，特性についてのデータをおのおのヒストグラムとして表し，平均値や標準偏差を求め，目標や規格との対比などの検討を行う．この際，いろいろに**層別**して検討することが非常に重要である（要因もこれに準ずる）．

4) これを時間順，ロット順などに，管理図あるいはグラフとしてプロットして，実情を把握する．群内および群間変動の大きさ，その中に入る要因についてよく分けて考える．

［注］ 3），4）は，工程能力研究の第一歩である．

5) 管理図やグラフの点の並び方を調べる．

    a) 管理限界外にとび出している点があるか，

    b) 点の並び方がランダムであるか，

    c) 周期性があるか，その周期は，

    d) 連があるか，

    e) 傾向があるか

等々，要するに点の並び方に異常がないかを調べる．もし異常があればその原因を調べ，それを除去するように標準書に記入する．この場合，a）は主として突発的な原因を解析することになる．

［注］ 一般に職場のデータには汚いデータ（異常値，うそ，誤りの大きいデータ，計算間違い，データの読み違いや写し間違いなど）が混っているから注意が必要である．

6) 特性についての管理図は，異常原因のはっきりわかった点あるいはデー

タを除いて，群内をできるだけ均一になるように群分けして管理図をかき直す．解析の際には，群分けはできるだけ群内が均一になるように群分けした方がよい(ただし，工程管理のための管理図では，必ずしもそうはいえない)．

7) そして再び 5)の検討を行い，処置をとり，異常原因のはっきりわかった点あるいはデータを除いて，限界を求め直す．これを繰り返す．

[注] 異常原因がはっきりしても，解析者ならびにその関係者の権限において，処置がとれない，標準化できない場合には，**異常報告書**を作成し，関係方面に連絡し，処置をとってもらう．また，この際，異常原因，その処置法あるいは未処置の場合には，連絡先などを記入した**異常一覧表**を作成するとよい．また，特性要因図の要因のところにアウトの数だけ ×印でもつけておき，処置の有無を記入して見やすくしておくのもよい．要するに，解析した知識をなんらかの形式にまとめあげ，蓄積していくことが重要である．

8) **計数的な要因**について，特性についてのデータを，そのロットの生産されたときの計数的な条件別に層別して，チェックシート，ヒストグラム，グラフ，あるいは合理的に群分けして層ごとに管理図をかいて，検討を行う．計数的な要因が多くあるときには

a) データが多数あるときは技術的に大きいと思われる要因順に，たとえばまず炉別に層別し，これをさらに組別，原料別などに順に層別してみる．このときには，データが100個以上あるとよい．

b) データのあまり多くないときには(あるいはデータの少ないときでも)
  ① 片っぱしからいろいろ層別して検討する．
  ② たとえば，炉別平均値に差があることが認められたならば，その差だけデータを修正して，次に組別に層別してみる．

もし，以上の過程において差が認められなかった原因については，他の原因についての差を修正してから，再び層別してみるとよい．

以上の解析中に，限界外に点があり，層間に差が認められたものについてはその異常の差をなくすように処置をとり，標準化を行う．

かくして，できれば最後に，だいたい満足できる管理図が得られるまで層別あるいは修正を続けていくとよい．

4.9 統計的解析の一般的手順

[注1] 2つの計数的要因により組合せの効果，すなわち**交互作用**（組合せの影響）がありと考えられるときには，たとえば装置が2台 A_1, A_2 があり，作業員2名 B_1, B_2 がいるときに，交互作用が考えられるならば，データを装置別に層別し，さらに各装置ごとに B_1 と B_2 に計4つに層別して管理図・グラフをかいてみるとよい。

[注2] あまり何回もデータに修正を加えると，修正ごとに差の推定の誤差がはいるから，最後に得られたデータの誤差が大きくなる。

[注3] 一般に $\bar{R}$ が小さいほど推定の精度はよい。また群の数，データの数が多いほど精度はよくなる。

[注4] 管理図によらず，符号検定や平均値の差を検定するのもよい。

9) **計量的な要因**については，3)～8)のように，その測定値自体をグラフ化したり，ヒストグラムや管理図としてばらつきの状況，時間的変化を調べたりすることにより，技術的に作業標準を改訂したり異常を発見できるものであるが，さらにこれらの計量的な原因が，実際に現場の姿としてどのような影響を工程に，すなわちその結果である品質特性に与えているかを，統計的に解析することが必要である（4A.5節参照）。

これには，計量的な原因と品質特性おのおのについて，時間順にかいたグラフ，あるいは管理図を並べて対照検討する。まず，**メジアン法**により要因と特性，特性間，要因間について，大波的な相関があるか否かを検討する。次に，線分法により小波的な相関の有無を検討する。大波の相関は散布図をかいてみる方が状況がわかりやすい場合が多く，解析も容易である。

a) **大波的な大きな相関**（4A.8節参照）とは，この相関がありと結論されれば，他の原因の影響の大小にかかわらず，その原因は特性に対し，確かに影響を与えていることを示している。したがって，作業としては，この原因のばらつきの幅を小さくするように，作業標準を改訂することが必要である。この改訂にあたっては，その原因についてのヒストグラムから2シグマ程度まで，あるいは技術的に考えて，作業が十分行える程度の幅まで狭く改訂する。相関があるからといって，理想的な幅，作業上無理のあるような，守りきれないような幅まで狭くするということは，作業標準としてよくない。あるいは自動制御とする。

[注] 大波がある場合は，自己相関分析などを行うとよい。

表 4.2 要因特性一覧表

	特性	原因I	H	G	F	E	D	C	B
原因A	** +	⊖	** −	⊖	** −	⊕			
B	⊕			⊕		⊖		** −	
C	⊖								
D	* +			⊖					
E	⊕		** −	⊕		⊕			
F	** −								
G	⊖								
H	⊖								
I	** +								

＋は正相関
－は負相関
＊は5%有意
＊＊は1%有意
○有意差なし
空欄は未検討

b) 小波的な小さな相関とは，この相関がありと結論されれば，現在は他の原因が大きく影響しているので，その要因は大きな影響は与えていないが小さな影響を与えていることを示している．したがって，現在はまず他の大きな要因を押えることが必要であるが，できればこの要因も押えるように作業標準を改訂しておいた方がよい．この相関は，初めは省略してもよい．特性の小さな変動が問題になるときは，もちろんこの要因を押える．

c) 計量的な要因が多くあるときには，技術的に大きな影響を与えると思われるすべての要因について，まず品質特性と大波の相関をとってみる．これと同時に，これらの要因間の相関をとって，たとえば表4.2のように，要因特性一覧表にまとめていろいろ技術的に考えてみると，工場や現場の作業のやり方に対する情報が得られる．

[注1] 計量的な要因についても，その要因のばらつきをいくつかの幅に切って，層別して検討を行うことがある．

[注2] 時間的に遅れて結果が現れるときには，時間的にずらしていくつか相関をとる．場合によっては，移動平均をとりながら相関をとるとよい．

4.9 統計的解析の一般的手順 245

　[例]　たとえば表4.2において，現在の作業として統計解析の結果A，D，Iが正相関，Fが負相関であることがわかる．しかし，要因同士の相関を見ると，AとFとは負相関がある．さらに，これをよく調べてみると，Fは要因としてとったが，Fは調節困難な要因であり，Aが大きくなるとおのずからFが小さくなるということが技術的に考えられる．したがってこの場合，Aの作業標準をはっきり決めればよいことになる．もし必要ならば，Fについて補足的にAに応じた標準を決めておけばよい．

　HとAは相関があるが，これはAをよくコントロールすれば，Hはおのずから小さくなることが技術的に明らかになった．Iはコントロールできる要因であり，これについては作業標準を決めなければならないが，一方IとEとは負相関があり，Eは特性とは相関がない．しかも，Eはコントロールしうる要因である．これは，よく考えてみると，Eの調節が悪いために，それに応ずるように大きくIを変化させているので，その結果特性に影響を与えていることがわかった．したがってこの場合には，Eの標準をしっかり決める必要があり，それに応じてIを決めるとよいことがわかる．Dは，他の要因とあまり関係のない独立したコントロールできる因子であるが，これは他工場から供給されるもので，異常報告書を出し，他工場で品質標準の幅を小さくしてもらうように品質管理委員会で決定した．

　特性には関係ないが，BとCに負相関がある．これは，Bが変化すると，それを打ち消すようにCを調節しているので，特性には直接影響を与えていないがこのことが工程を乱しているので，Bについて作業標準を決めることにした．Gは，現状では，現在のままの作業を標準化すればよいことがわかった．

　以上の例のように，一覧表を十分技術的に検討するといろいろのことがわかり，いわゆる偽相関を見破ることができ，また標準化がうまく行える．これを，初めのうちは毎月，あるいは3カ月ぐらいごとに丹念に行っていけば標準化をその現況に応じて合理的なものへ改訂していくことができる．

　[注1]　特性がいくつもあるときには，これも一緒にして表4.2のように相関をとる．たとえば特性Xがよくなっても，Yが悪くなることがあるから注意．

　[注2]　以上の表に，小波の相関を検討した結果を記号を変えて併記しておくと，さらに情報量は増加する．

10)　計量的な要因が多くあるときに，前述のようにそのまま大波の相関をすべて調べてみるとよいが，相関のとり方について次のように工夫するとよい場合がある．

　a)　計数的な要因によりデータを層別して相関をとる．たとえば，装置別，時期別に色分けして散布図をかき，全点についておよび各色別に層別しておの

おのについて相関をとる．とくに，計数的な要因と計量的な要因の組合せによる影響（交互作用）があると考えられる場合には，必ず計数的な要因別に層別して相関をとらなければならない．

b）　ある原因 x にいて，相関があることがわかったならば，原因 x に対する特性 y の回帰線を引き，原因 x の基準値（たとえば，原因を温度とし温度を $600 \pm 20°C$ とするときは，$600°C$ が基準値）に対して y のデータを修正する．

c）　2つの計量的な要因に交互作用がありと考えられるときには，次のように解析するとよい．たとえば，原料の純度により温度条件を変えた方がよいと考えられる場合には，原料純度が 70〜90％ くらいばらつくときには原料データを，純度 70〜75，75〜80，80〜85，85〜90％ と層別して，温度と特性との相関関係を別々に調べてみるとよい．この場合には，コントロールしにくい方の要因により，あるいはばらつきの小さい方の要因により層別して，他の要因との相関をとるとよい．

11）　以上は，一般原則を述べたのであるが，実際には技術的，経験的知識を利用して，trial and error で工程を縦横に解析してみるのがよい．経験と技術的知識を活用して，解析に経験をつめば，次第に有効な解析が手際よく行えるようになる．いずれにしても，解析してみなければ何もわからないし，技術も確立しない．**やってみることが一番**である．

12）　かくして，平均値の差や回帰線を利用してデータを次々と修正して，最後にもう一度管理図をかいてみる．この管理図がだいたい管理状態を示し，かつそのヒストグラムがだいたい規格，品質目標などを満足していれば，この結果を仮標準としてまとめる．もし**不満足な場合**は次に述べるように，

a）　以上のようにして決めた標準に従って作業してみる．

b）　さらに解析を続けるか，

c）　新たに実験計画的に，工場で，パイロット・プラントで，あるいは研究室で実験を行ってみる．

13）　以上のような解析の結果が正しかったかどうか，**仮標準**により実際に行ってみて，目的とする特性が期待どおりによくなったか，他の特性にいかなる

影響を与えるかなど，いろいろのことをチェックする．そしてさらに，必要に応じ標準を改訂したり，解析を続ける．

14) 仮標準による仕事を，試行期間1～3カ月行ってみて，これを正式の標準とする．さらに，前と同様の解析を続ける．また，必要に応じ，従来測定しなかったデータをとったり，さらに層別して製品を流してみたりして解析し**再改善**を行う．

以上の解析を行いつつ，いろいろな面での標準化およびその改訂，すなわち技術標準，作業標準，装置機械などの管理標準，サンプリング・測定法標準その他の標準を作成，あるいは改訂，あるいは訓練して，今後その原因が起きないように，1つずつ着実に再発防止，管理の定着という処置をとっていく．この間もちろん，作業研究，工程研究，時間研究，スナップ・リーディングおよびいろいろな教育・訓練などもやっておくとよい．また，これらの結果は，必ず技術報告書として正式に登録しておく．

また，現在の技術，経済事情からいって，いかにしても工程能力が不十分で，満足な製品が得られないならば，消費者，次の工程あるいは経営者と打ち合わせて，特性，規格，仕様書，品質標準などの改訂を考えなければならないということもあろう．同時に，技術部，研究部に研究を依頼するとか，次期の資金計画に計器の設置や装置，機械の改造を計画するとか，契約書を合理化するとか，あるいは原料供給者に品質管理の実施を促進するとかいう処置をとらなければならないのはもちろんのことである．

以上，解析の段階において，統計技術を身につけ，実際に解析の経験を踏んでくると，たとえば，データが得られたら，いちいち平均値やばらつきを計算しなくても，グラフ化することによって，有意差がある，ないなどの見当をつけ，重点的に解析を進めることもできるようになる．

4.10 工場実験実施上の注意

新たに工程で実験を行う場合にはいろいろの実験計画法が用いられるが，その詳細については実験計画の専門書にゆずることにして，工程を用いて実験す

る際の注意事項について簡単に述べる.

1) 工場で実験を行うときには, 工場実験規定を作成しておき, これに従って正規の手続により実験を行うこと. 現場で勝手に実験をやって, よい結果が出たら報告し, 悪い結果が出たら黙っているなどというやり方は絶対に行ってはならない. 必ず正規の手続を経て行い, かつ報告書を作成すること.

2) 担当技術者制あるいは QC チームを編成して行うこと. 実験では思い切った水準をとったり, 結果により大きなアクションをとったり, 全工程を通じて総合的に実験をしなければならないので, なるべくアクションのとれる, 大きな権限をもった人を長としておくこと.

3) 実験により, もし不良品や手直し品が出たり, あるいは生産工程を乱した場合の責任・権限などを決めておくこと.

4) 必ず過去の知識, データを整理, 解析して, 焦点や実験の目的をはっきりさせて行うこと. そして, 因子の数を十分整理しておくこと.

5) 因子としては, できるだけコントロールできる因子を取り上げること.

6) 因子の水準のとり方は, 工程を利用した実験では危険や損失を伴う場合が多いから, まず第1回目の実験では, 従来の技術や経験から十分に安心できる範囲を2〜3水準とすること. たとえば, 従来ある因子に相当ばらつきがあった場合に, 過去のデータからどの水準がよいか決定できなかったが, 技術的に重要と認められる場合にその標準と思われるものと, その範囲内でよい方との2水準, はっきりしないときは大小合わせて3水準とする. 2回目以後は, 第1回目の実験からの情報を利用する. **従来の水準外の最もよい水準がある場合が多い**から, 留意のこと.

7) 実験は1回ですべて結論を得ようとするよりも, その実験の知識を利用して2回, 3回と積み重ねていった方が経済的であり, 危険も少なく, 結論の再現性も保証できて有利である. また, 各回の誤差分散を比較検討しておくとよい. 要するに, 逐次実験的に行うこと.

8) 技術的知識が明確になっていない場合には, 初めは直交配列法などでどの因子がとくに問題となるかを大網にかけて捜し, 最後に二元配置法などで繰

4.10 工場実験実施上の注意

返しのある実験を行い，ダメ押しをするとよい．

9) 過去のデータを解析した結果を，チェックするために行うのも有利である．とくに，因子の交絡がないかを確かめよ．

10) 実験が短時間に，あまり経費もかけずに水準を容易に次々とランダムに変えられる場合には，実験計画的に行うと有利である．たとえば，バッチ的作業では有利．連続的作業ではやりにくく危険が伴うこともあるが，十分整備された自動制御設備をもつ工場は，実験計画に適している．

11) 各因子や水準は，作業標準として与えること．実験を行う際には，必ず実験の詳細な実験作業指図書を作成しておかなければならない．また，データシートを作成しておき，補助測定も行っておくとよい．

12) 再現性が非常に問題となるので，時期を変えて繰返しのある実験を行い，繰返し間の R 管理図が管理されているか否かを調べ，またブロック間の差，ブロックと因子との交互作用が検出できるように，実験を計画しておくと有利である．また，人，機械，原料などを因子にとるときには，同一層内から2人，2台，2ロット以上をとって実験を組むこと．

13) 実験順序をランダマイズするという原則をできるかぎり実行すること．したがって，実験順序は実験計画書，指図書に明記しておき，その実験を十分管理すること．もしランダマイズが不可能な場合には，分割実験の考え方を利用したり，実験順序などと交絡する可能性のある因子を技術的に十分検討しておき，これを報告書や結論に明記しておくこと．また，これまでの作業標準による作業を比較のためにランダムに入れておくこと．

14) ある因子がコントロール不可能な場合には，もちろんその因子，たとえば装置，原料について層別して実験を行わなければならないが，これとコントロールできる因子との交互作用を検出できるように実験を計画しておくこと．この場合には，交互作用，すなわち各層ごとに作業標準を決めることが重要であるから．

15) 結論が出たら実際に工程でやってみて，これを管理図により検討する．この際，実験の誤差分散の平方根と R 管理図の $\bar{R}/d_2$ を比較検討するとよい．

4.11 データの数が少ない場合の工程解析

データが多い場合，あるいは連続生産型の工程には，統計的解析法を適用しやすい．しかし，データの数が少なく，過去に20〜30以下くらいしかない場合でも十分統計的に解析できるが，うまく解析を行えない場合もある．

この際，注意しなければならないいくつかの項目を述べよう．

1) データの少ない理由がどこにあるか考えよ．

従来の平均値の世界における考え方から，いくつかのデータを平均したために，たとえば1カ月の平均値をとっているためにデータの数が少ない場合にはもとのデータについて，簡便法で解析した方がよい場合がある．

もちろん，本当にデータの少ない場合には，精密法を使用せざるをえないが将来は管理試験に切り替えて，多くのデータが，解析しやすいデータがとれないか，ということを検討してみることが必要である．

2) 現場のデータを用いて解析するときに，データの数の少ないときは他の原因がランダマイズされておらず，交絡しているおそれがある．したがって，解析した結果に他の要因が交絡していないか，技術的に再検討しておくことが必要である．このことは，データの数が多い場合にも，もちろん注意しなければならないことであるが，少ない場合には，とくに他の原因のランダマイズが悪いから注意が必要である．

3)データの数の少ないときには，他の原因の変化も小さい場合が多いのでその範囲をこえて結論を拡張することは危険である．

4) 解析にも，実験計画法の考え方や分散分析その他高度な統計的手法を活用するとよい．

4.12 改善案の決定と実施

改善案を決定する際には，次の各項目に留意のこと．

1) 実際に実施する人に参加させ，教育・訓練を行い，十分納得させること．関係部門に連絡しておくこと．

2) 実施可能な方法であること．ただし，従来できない，不可能であると思われていたことが，やってみると案外簡単に成功することが多い．

3) 決定する権限をなるべく下のもの，QC サークルや QC チームの長などに任せること．

4) 内容的には作業標準，技術標準，原材料規格など，標準原案を作るつもりで，決定案を作成すること．

5) ここで決定することは，あくまで試行案・仮標準であって，やってみた結果をチェックして，よかったら本標準とする．

6) 他の特性や条件あるいは他部門にいかなる影響を与えるか，もう一度よく調査しておくこと．ある特性，ある部門に対しての最適条件は，必ずしも他の特性あるいは会社全体に対する最適条件とは一致しない．

7) 前にも述べたが，改善案を実施しよう，新しいことをやろうとすると，必ず社内に敵がいるものである．この敵を撃破して勇敢に実施せよ．

8) 実施に入る前に，どうやって，いつ，誰が，改善結果を測定・評価するか，どうやってその改善案を管理していくかというところまで，標準を作成しておくこと．

かくして，次節に述べるような管理，再改善へと進んでいく．

4.13 結果のチェック，管理と再改善

いくら固有技術をもっており，統計的に解析したとしても，改善案はあくまでも案であるから，やってみなければわからない．技術的によいと思ってやったことで，失敗している例は非常に多い．もし技術的によいと思ったことが本当によければ，もっともっと良い製品ができているはずである．極端な表現で**「技術者がよいといったことの逆をやればよくなる」**という人もいるくらいである．

したがって，改善案を実施したら，必ずその結果をチェックしなければならない．たとえば，設計変更をする場合には，その結果をチェックして十分確認してから製品を出荷すべきである．またそれが消費者の手元へ行ってからも，

どうなっているかを，品質連絡員などによりチェックするシステムを作り上げておかなければならない．従来，よいと思ってやったのだからという安易な気持で，このチェックを行わず，管理のサークルを回しておらず，失敗している場合が非常に多い．

チェックの際に注意しなければならないことは

1) 必ず確認するということを習慣づけておくこと．

すなわち，改善の報告書の様式には，必ずチェック，確認する方法，すなわち管理方法およびその結果，効果を記入するように標準化しておくこと．そして，実施結果の報告書も必ず出させること．たとえば，設備投資をするときの原案や稟議書には，期待効果は出ているが，投資後の実績報告を出していない場合が多い．

2) 問題となっている特性や要因と関係のある特性などについてもチェックを行うこと．

3) チェック・確認・管理は相当長期間にわたって，たとえば少なくとも1年間行うこと．工業の問題は四季の影響を受けやすく，また信頼性をチェックする必要があるからである．

4) 改善の結果，工程能力や管理状態がどう変化したかを確認すること．

5) すなわち，これらのことを少なくとも1年以上は，管理図により管理・チェックを行って，管理状態が続くようになったら改善の責任を果たしたことになり，QCチームなどは解散することになる．

チェックした結果，再改善の必要があるかどうか検討し，次々と改善を行っていく．一般に現在の設備でも，解析→改善→管理→再解析→再改善と，丹念に根気よくやっていけば，半年くらいで不良が半減したり工程能力のばらつきが半分くらいに減ったり，生産量が50％くらい増加したり，工数が30％くらい減少したり，生産性が30％くらいよくなるものである．

1回改善をやって効果が上がったからといって，安心してはならない．目標を達成するまで，さらに目標をどしどし突破するくらいの気持で，次々と再改善をしていく．

4.14 報告書の作成

　いろいろ工程解析をして改善を行った場合に，たとえその解析に失敗した場合でも，あるいは途中で何回か失敗して最後に成功した場合でもその失敗を含めて，報告書を作成しておかなければならない．これはその失敗と成功の事実をはっきりさせて，個人でなく企業・組織に技術を蓄積していくために重要である．これをはっきりさせておかないと，人間の考えはよく似ているので，将来別の人が同じような失敗をしたりする．そうしないためにも，後輩や後任者にその改善の意味や技術を伝えるためにも大切である．

　すなわち報告書の作成は次の2つの目的を果たすためである．

　1)　上司や関係者に解析の目的・プロセス・結果をよく理解してもらい，
　　　必要ならばアクションをとってもらうため．

　2)　技術を企業・組織に蓄積するため．

　そのために報告は，よく知らない人が読んでわかるように，QC と同じく自分だけわかればよいのではなく，消費者である読者にわかりやすく書かなければならない．

　一般に解析や実験が終ってから報告書を改めてまとめようとすると厄介であり，時間がかかり，極端な場合には報告書を作成せずに，自分のノートや頭の中にしまいこんでしまいやすいものであるから，最初から報告書を作成するつもりで，手順を考えて表や図も作成しておくとよい．

　報告書の内容は，一般に次の項目に分けて作成するとよい．これを俗に **QCストーリー** という．QC ストーリー，QC 的報告は以下に述べるような項目となるが，これは従来の旧式な日常の業務報告と違っている．旧式な報告というのは，たとえば目標を達成したとか，達成しなかったとか結果だけを問題としていたのである．いわゆる「結果よければよし」という報告であり，トップも上司もそれでよしとしていた．QC ではそれを達成したプロセス，すなわち以下のステップの②〜⑦を問題としているのである．すなわち，どのようにしてその目標を達成したかという方法，やり方，工程を重要視しているのである．

254 第4章 工程の解析と改善

このプロセスをはっきりさせておけば，その経験・技術が蓄積されて，そのプロセスを再現できるのである．

旧式の態度では，精神的努力だけ，社会情勢や運により，場合によってはウソのデータによって良い結果が出ているのかも知れない．いわゆる旧式な目標管理となり，再現性がない，その場かぎりの目標達成となってしまう．QC では，どうしてよくなったかという，そのプロセスを重要視し，その再発防止をねらっているのである．

ある会社の会長が，社長がよく社長 QC 診断で工場や営業所へ出かけるのを見て，「君は何故そんなに工場や営業所へ行くのか」と聞くので，社長は「会長は**結果よければよし**というお考えでしたが，私はどうやって達成したかという**プロセス・工程を重要視している**ので，それを聞きに行っているのです」と答えたところ，それ以後会長は黙ってしまったということである．

QCストーリー──QC的報告(4.2.4節参照)では，

① テーマ

② とりあげた理由・根拠(パレートの原則)

③ 現状の把握(事実とその層別)

④ 結果および工程の解析(要因の追究)

⑤ 対策・実施

⑥ 対策の確認

⑦ 標準化(歯止め)，再発防止

⑧ 管理の定着

⑨ 反省と残された問題点

⑩ 今後の計画

の各項目について，上司，技術者，後継者など読者にわかるように書く必要がある．このような社内の報告書は，旧式な学会などの報告書とは違う．

社内報告あるいは QC 診断報告書としては，わたくしは次の3部に分けて述べることを勧めたい．

第1部 トップその他忙しい人のために，問題点ととるべきアクションを

1〜3ページに簡単に述べる.

第2部　部課長その他やや忙しい人のために，上記のステップ順に4〜5ページに簡単に，主なデータと結論だけを述べる.

以上1〜2部には，興味ある人が第3部の参照ページを検索しやすいようにつけておく.

第3部には，細かくデータをつけ，失敗例も詳しく述べておき，後の人たちのためによくわかるように書いておく．元来QC的にいうと生の原始データが最も重要であるから，第3部に入れておいた方がよい．あまり厚くなるようならば別冊にするか，あるいはコンピュータに記憶させておくとよい．わたくしの経験では一番もとのデータ，原始データやその観測記録には，いろいろの情報が含まれているので，後からいろいろ解析して見ると多くの情報が得られるものである.

いずれにしろ，報告書は書くのが厄介であり，時間のかかるものであるが，自分自身の思想をまとめ，上司を含めて他人に理解してもらい，知識・技術を企業・組織に蓄積する意味で非常に重要である．さらにキー・ワードをつけてメモリーに入れ，情報検索できるようにしておくべきである.

4A.1　測定法の検討[1]

われわれは，測定しなければデータが得られない．したがって，われわれが得るデータは，すべて測定誤差の入ったものである．しかも，品質管理は測定法の進歩に従って発展するともいえるくらい測定法は重要な項目である．そこで，工程自身の解析を行うに先だって測定法を，統計的，技術的に再検討しておくことは当然のことであろう.

測定法の検討としては

---

1)　4A.1〜4A.9節では，解析に用いられるごく簡単な，誰にでもすぐできるような統計的手法について述べる．度数分布，ヒストグラム，パレート図，チェックシートについては，第2章を参照されたい．管理図を用いての解析については，3.9.2,3A節などを参照されたい.

なお，やや計算を要する統計的方法や実験計画法については，他の本で勉強されたい.

1) 数量化の工夫：いずれの場合でも，評価，数量化ができれば，保証も改善もやりやすくなる．なるべく数量化を工夫し，数字による管理を行うこと．

2) 検査・保証のためか，工程管理のためか，工程改善のための測定かの再反省：従来，この間によく混乱がある．たとえば，検査のための測定で，解析のために不適当なものが解析，管理に用いられている．むしろ，改善，管理用のものを検査にも用いるとよい．

3) 計量的な測定が適当か，計数的な測定が適当かの検討：一般に計量による測定を行った方がサンプルは少なくてすみ，得られる情報が多く処置がとりやすいが，測定やデータの整理のためのコストが高くつき時間がかかる．計数による測定は，測定やデータの整理が簡単であり，多くの単位体について容易に試験を行うことができる場合が多く，作業員など現場にもわかりやすいが，得られる情報は少ない．いずれを選定すべきかは一般的にいえないのでいくつかの例について説明しよう．

    a) サンプル単位間のばらつきが非常に大きく，サンプリング誤差の大きいときには，工程管理のためには，多くのサンプルをとり，多くの測定を行わなければならないことがある．このときは，計数の方が有利な場合がある．

    b) 工程の管理とともに品質の保証を行いたい場合には，相当多くのサンプルをとらなければならないことがある．このときには，計数の方が有利なことがある．

    c) 上級管理責任者が工場の全体の管理状態を見るためには，あるいは作業員や職場長には，計数の方が見やすい場合がある．

    d) QC サークルや QC チームが工程の解析を行うためには，計量測定の方が情報が多く有利である．

    e) 工程が管理状態になるまでは計量的な測定を行い，管理状態になったならば，計数的な測定にすると有利な場合がある．逆な場合もある．

    f) $1/100$ mm，最近では 1μ，以下のときは計量的ゲージ，それ以上のときは計数的ゲージを使用するとよい．

    g) 官能検査的なものも 3～5 級に格づけするとよい，等々．

4) 測定誤差の検討：工程改善や管理のときに測定誤差について問題になるのは，その信頼性と再現精度（とくに同一試験室内，異日・異人・異計測器の再現精度）の問題である．かたよりは，この管理試験の結果を保証のために用いる場合はもちろん問題にしなければならないが，そのかたよりの大きさや相関関係が判明していて，その信頼性が

4A.1 測定法の検討

あればよい．工程解析の際に，限界外にとび出す点の原因が，測定の異常による，すなわち測定の信頼性のないことに原因していることがあり，また測定の再現精度が悪いことが $\bar{R}$ の大きい原因となっていることがよくある．

一般に，工程自身の変動を σ_P，サンプリングによるばらつきを σ_S，測定の再現精度を σ_M とすると，データのばらつき σ は

$$\sigma^2 = \sigma_P{}^2 + \sigma_S{}^2 + \sigma_M{}^2$$

という形で表される．

したがって，$\sigma_P{}^2$ や $\sigma_S{}^2$ が $\sigma_M{}^2$ の10倍以上あれば，その測定法はこの工程を管理するにはだいたい理想的であるが，$\sigma_P{}^2 \fallingdotseq \sigma_M{}^2$，$\sigma_P{}^2 < \sigma_M{}^2$ という場合には，その管理図は工程を管理するための管理図か，測定を管理するための管理図かわからなくなってしまう．このような管理図をときどき見かける．このようなときには，測定を繰り返し行い，平均値をとるか，σ_M をもっと小さくするように測定の作業標準を改訂しなければならない．しかし，これとは逆に $\sigma_P{}^2 \gg \sigma_M{}^2$，たとえば $\sigma_P{}^2 \geqq 100\sigma_M{}^2$ というように，測定の精度がよい場合もある．このような精度は，保証試験の場合には必要であるが，管理試験の場合には必要以上によすぎる精度となり，もしこの測定が時間やコストがかかりすぎる場合には，より安い，簡単な管理試験に変えたほうが有利である．一般に工程解析や改善を進めていくと，σ_P が次第に小さくなり，初めは σ_M が σ_P に比較して相対的に小さい場合でも，σ_P が小さくなったために σ_M が相対的に大きくなり，不適当になることがあるから，ときどきチェックしておく必要がある．

以上述べたことでわかるように，工程の解析にあたっては測定の信頼性と再現精度をチェックしておくことが必要で，これをやっておかないと，たとえば原因不明，あるいは測定誤差のためのアウト・オブ・コントロールが相当あるのに，その原因を時間をかけて工程を解析し，追求するという無駄骨を折ることになってしまう．これは当然，検査課，検定課，分析課，計測管理課，治工具管理部門などの責任として，測定器や測定法を管理し，自分のところの再現精度やかたよりを数値的に明確にしておくべきものである．

5) 測定法の作業標準の作成と管理：測定誤差の再検討を行ってみると，測定の信頼性のない場合が案外多く，また再現精度が非常に悪い場合にもよく出会うのである．これは，従来の標準測定法，試験法が作業標準として非常に不完全なものであり，また測定や試験がほとんど管理されていないことによるものが多い．したがって，測定とか試

験を1つの工程と考えて，そういう面から考え直した作業標準を作成すべきであり，またときどき黙って標準サンプルを流すとか，測定者の訓練をよく行って，これを管理していくような方式を考えなければならない．

6) 測定時間の迅速化：うまい管理を行うためには，データ，情報のフィードバックの速度を速くすることがたいせつである．このために，たとえば従来の分析法，試験法で時間的に大丈夫かを検討し，迅速法，簡便法を再検討する．また，フィードバックのやり方を改善するとよい．

7) 計測管理のためのインストラクションの作成：このほか一般に，温度，重量などの測定のための計器，ゲージ類が，特性についても要因についても，工場においてたくさん用いられているが，これらを管理する責任者を決定し，管理するためのインストラクションを作成することも，解析の段階においてやっておかなければならないことである．すなわち

① 計器類購入仕様書および受入れ，据付検査に関する事項の標準化
② 各計測器についての使い方，管理責任者の指名と管理方法の標準化
③ 計測器具の手入れ，点検，補正，検査についての作業標準
④ 計測器の修理に関する項目

などである．

4A.2 サンプリング方法の検討

サンプリングは，数理統計学，統計的品質管理の基礎となる重要な項目である．したがって，サンプリング方法の検討は，工程を解析するためおよび管理する準備としては，これだけ切り離して行うわけにいかない．ここでは原則論を述べるが，おのおのの場合について工程解析から得た知識，従来からもっている技術的知識，工程管理の目的やその状況を考慮して決定すべきである．

すなわち，サンプリングの問題は，品質管理の1つの大きな支柱である．しかし，サンプリングの問題は，品質管理を実施していく点から考えればその一部分にすぎない．

工程解析とか管理という立場において考える場合には，われわれは工程を母集団と考えているのであり，工程からの結果であるロットは，もちろんその工程からのサンプルである．われわれが得るデータは，ロットについてのデータあるいはロットからのサンプルについてのデータであるから，われわれが工程解析や管理においてサンプリングを

4A.2 サンプリング方法の検討

考えるときは，工程という母集団をいかに管理するかという目的のために，どのようにサンプリングすればよいかを考えるべきである(図2.1参照).

サンプリング方法の検討としては，

① 従来のサンプリング方法の検討
② サンプリングの目的の決定
③ サンプリング個所の選定
④ サンプリング誤差の検討
⑤ サンプリング方式と群分け
⑥ 工程の管理状態とサンプリング間隔
⑦ サンプリング方法標準の決定

以上各項を考慮し，決定することが必要である.

(1) 従来のサンプリング方法の検討

従来から行われているサンプリングは，経験的に合理的なサンプリング方法となっている場合もあるが，次に述べるような点が不合理な場合が多いから，一応すべてのサンプリング方法を再検討しなければならない.

1) 目的が不明確である.

工程管理のためのサンプリングか，工程解析のためか，品質保証のためか，検査のためか，そのデータを何に用いようとしているのか不明確である.

2) 目的に対して不適当である.

① 検査のためのサンプリングを工程管理のために用いている
② 信頼性がない
③ 精度が不適当
④ かたよりがあるのに気がつかない

3) サンプリング方法が管理されていない.

従来，いろいろの工場で，サンプリング方法が不合理であったために工程解析や管理がうまく行われなかった例は相当多い.

(2) サンプリングの目的の決定

サンプルをとる目的を技術的にはっきりさせただけで，サンプリングの合理化が行われるものである. この目的は，品質標準，次の工程からの要求と自工程の解析の結果，前工程の管理状態を考え，まず技術的，経験的，統計的常識から考えて，合理的と思わ

れるものに決めればよい．ロット保証のためのサンプリングと，工程管理のためのサンプリングが共用できればなおよい．その後，詳細な統計的検討を行い，あるいは工程を管理して次第に改訂していく．

一般的にいって，あるばらつきを管理しようとする場合には，それより下のばらつきがわかるようにサンプリングし，データをとり，これを群とすればよい．すなわち，サンプリングの目的は，管理図における群分けと密接な関係がある．

（3） サンプリング個所の選定

問題とする品質特性が決まり，チェックポイントや管理特性や目的が決まれば，サンプリング個所はおのずから決定されるが，この際次のようなことを考慮しなければならない．

1) 工程管理の原則の1つとして重要なものは，層別である．したがって，サンプリングも原則として層別して行う．すなわち，原料別，機械別，製造系統別，勤務時間別，組別など，技術的に考えてできるだけ情報の多くなるように層別してサンプリングできる場所を選ぶ．各層が混合してしまってからサンプリングするのは，不適当である場合が多い．

2) ランダム・サンプリングあるいは一定間隔でのサンプリング（系統サンプリング）をしやすい場所を選ぶとよい．このためには，ロットが工程を流れている間にとるのが最も容易である．移動中に行うとよい．あるところにたまってからサンプリングした方が，ランダム・サンプリングが容易な場合もあるが，一般には静止中のものをランダム・サンプリングすることは困難である．

以上のことを工場設計，あるいは改造のときに考慮しておくこと．

（4） サンプリング誤差の検討

工程管理上問題となるのは，測定誤差の項でも述べたように，とくに精度と信頼性である．品質保証のためには，もちろんかたよりも問題になる．従来法を検討する場合でも，新たにサンプリング方法を計画する場合でも，そのサンプリングを担当している部門では，サンプリングを管理し信頼性のあるサンプリングを行わせ，精度やかたよりを統計的に明らかにしておく責任がある．

信頼性については，異常なデータが出ると，現場から「これはサンプリングが悪いのだ」などと逃げ口上をうたれないように管理すべきである．

精度は，工程平均の変動を $\sigma_P{}^2$，サンプリングの再現精度を $\sigma_S{}^2$，測定の再現精度を

4A.2 サンプリング方法の検討

$\sigma_M{}^2$ とすれば，データのばらつき σ^2 は，単位体の場合には

$$\sigma^2 = \sigma_P{}^2 + \sigma_S{}^2 + \sigma_M{}^2 \qquad \text{(4A.9 節参照)} \tag{4A.1}$$

大きさ n に群分けしたときの $\bar{x}$ のばらつき $\sigma_{\bar{x}}{}^2$ は

$$\sigma_{\bar{x}}{}^2 = \sigma_P{}^2 + \frac{1}{n}(\sigma_S{}^2 + \sigma_M{}^2) \tag{4A.2}$$

集合体の場合には，とくに混合試料を作成する場合には，工程の変動 $\sigma_P{}^2$ を群間変動 $\sigma_b{}^2$ と群内変動 $\sigma_w{}^2$ に分けて考えた方がわかりやすい．この場合には

$$\sigma^2 = \sigma_b{}^2 + \sigma_w{}^2 + \sigma_S{}^2 + \sigma_M{}^2 \tag{4A.3}$$

$\bar{x}$ のばらつきは

$$\sigma_{\bar{x}}{}^2 = \sigma_b{}^2 + \frac{1}{n}(\sigma_w{}^2 + \sigma_S{}^2 + \sigma_M{}^2) \tag{4A.4}$$

となる.

(4A.2)および(4A.4)の両式において，右辺の第1項が群間変動であり，第2項が群内変動である．一般に σ^2 の中において，身近なところ，短時間内の群内変動が最も大きい場合が多いから，このばらつきがわかるようにサンプリング方法を決めておくとよい.

単位体の場合には，サンプリングのばらつき σ_S が，群内のばらつき σ_w ロット内のばらつきを示しているので，サンプリングの精度はあまり問題にならず，むしろ群の大きさや群への分け方が重要である.

集合体の場合でも，1サンプル単位ごとに測定し，これをいくつか集めて群分けする場合には，$\sigma_w{}^2$ と $\sigma_S{}^2$ は同じものとなり，単位体の場合とまったく同様に(4A.1)，(4A.2)式となるが，サンプリング単位の決め方により $\sigma_S{}^2$ は変化する．これに対し，混合試料，平均試料をとる場合には，(4A.3)，(4A.3)式のとおりとなる(ただし，$\sigma_S{}^2$ には縮分誤差 $\sigma_D{}^2$ も含めて).

われわれが R 管理図によって管理したいのは，主として $\sigma_w{}^2$ であるから，$\sigma_S{}^2$ を $\sigma_w{}^2$ に比べて，できれば 1/10 ぐらいに押えたいものである．$\sigma_S{}^2$ が大きい場合には，同じサンプリング方法で2サンプル以上を別々にとり，これを群とした方が有利な場合もある.

$\bar{x}$ 管理図では，$\bar{x}$ のばらつきは(4A.4)式であり，限界線はその第2項で引き，$\sigma_b{}^2$ を管理したいのであるから，$\sigma_S{}^2$ は $1/n$ となり，あまり問題にならない．しかし，この場合でも $\sigma_b{}^2$ に比し，$(1/n)\sigma_S{}^2$ が圧倒的に大きかったり，あるいはサンプリング方法が

管理されておらず、異常な信頼性のないサンプリングが行われているために、サンプリングを管理するような管理図を、現場で一所懸命工程を管理しているつもりでかいている場合がある。このようなときにはアウト・オブ・コントロールの点が出ても、原因不明の場合が多い。

以上述べたように、サンプリング方法を統計的にチェックして、信頼性のある合理的な精度のサンプリング方法であるか否かを、品質管理をやる以上、各工程ごとによく検討しておかなければならない。

(5) サンプリング方法と群分け

サンプリング方法にはいろいろの分類法があるが、ここでは群分けと結びつけて、工程管理上必要なことだけを述べよう。しかし、いずれの場合においても、全体からランダム・サンプリングするのは情報を失って損であるから、できるだけ層別しておく。しかし実際に目の前にあるものからサンプリングする段階では、ランダム・サンプリングするという原則を忘れてはならない。言い換えると、その中の情報やばらつきがわからなくてもよいところは、ランダムにサンプルをとり、あとはできるだけ層別してサンプリングすることになる。

まず、簡単に単位体の場合について述べる。

1) 単位体の場合：ロットを層別して工程を流し、層ごとにサンプルをとった方が有利であるのはもちろんであるが、各層についてサンプリングする方法に3つある（図4A.1参照）。

　a) 一定時間に生産されたロットを各機械別などにまとめておいて、その中からn個をランダムにサンプリングし、これを群とする方法。この方法は一定時間ごとの製品をロットと考えて、このばらつきを基準として工程を管理しようということなる。このロットのばらつきが品質標準を満足している場合には、これでよい。

　b) 一定時間ごとに、そのとき工程で生産されている製品をn個続けてサンプリングし、これを群とする方法。これは、工程が相当に管理されてきて、作業員も品質管

図 4A.1　サンプリング方法

4A.2 サンプリング方法の検討

理の考え方を理解したときに適する方法である．しかしながら，この段階に到達する前にこの方法をとると，アウト・オブ・コントロールが多すぎて，管理のために不適当な管理図となったり，あるいはサンプリング間の工程の変動や作業の怠慢などを見逃してしまうおそれがある．

c) 一定時間内に一定間隔で n 個のサンプルをとり，これを群とする方法．これは，一定時間内の 群内のばらつきを早く検出できるが，群内のばらつきは b) に比し相当大きくなる．通常の工程管理において，とくに工程管理の初めの段階において，よく用いられる方法である．

以上， 3方法にはそれぞれ利害得失があり，どれがよいかはその工程の状態により一概にいえない．c)の方法は，工程に対する情報は最も多いが，サンプリング間隔間の変動を見落とすおそれがある．a)は，変動を見落とすチャンスは少ないが，群内での時間的な変動に対する 情報は失われてしまう．b) は，群内変動は 最も小さくなるが，サンプリングする間の変動を見落としてしまう．

以上，いずれの方法においても重要なのは，層別してロットを流し，ロットの歴史，データの歴史を明らかにしておくこと，およびサンプリング間隔，群とする一定時間をどのくらいにするかということである．

サンプリング間隔は，抽象的にいえば，異常原因を見落とさない程度の間隔ということになる．これは，原料ロットが比較的均一であり，その流し方や加工方式が一定しており，機械の調節などをあまり行わないような工程であれば，技術的に考えてその間に異常な変動がポツンポツンと出ることは少なく，系統的に異常の起ることが多い．したがって，サンプリングする時期は，原料ロットの変るごと，調節をするごと，直ごとなどと，比較的容易に決められる．

ところが，原料やロットの流し方がバラバラで，絶えず機械の調節を行っているような場合には，サンプリング間隔の決定はなかなか困難である．この場合には，原料ロットの流し方を根本的に整理し作業を標準化し，機械の調節を標準化することが先決問題である．

しかし，これができるまででも，何もしないよりは何かやる方がいいから，とりあえずある一定間隔でサンプリングし，これを群分けして管理図を作成し，アウト・オブ・コントロールを示したならば必ず再発防止の処置を確実にとっていく．このようにすれば，サンプリングの間に異常原因があるのを見逃していても，いつかはこれをつかまえ

ることができ，工程は次第に管理されるようになる．

2) 集合体の場合：集合体の場合には，混合試料としてデータを出す場合とサンプリング単位ごとにデータを出す場合とがある．いずれにしても，これらのデータをとる単位を単位体と同様に考えれば，1)の場合と同様になる．しかし，混合試料をいかに作成するか，縮分は，あるいはサンプリング単位をいかに決めるかなどという問題があり，やや複雑になるので，この点についてはサンプリングの専門書にゆずる．

混合試料をとるときには，スナップ・サンプリングがよいか，どのくらいの期間の平均サンプルをとったらよいか，ということも問題になる．一般的にいって，1日の平均サンプルをとっても，1日内のバラツキに関する情報が失われてしまい不利であり，むしろ1時間，4時間，1直の平均値を知るようなサンプリング方法が有利な場合が多い．この場合，いずれにしても，自動試料採取装置の設置が有利である．

サンプリング単位ごとに測定する場合，たとえば繊維や紙などの場合には，品質標準や消費者からの要求によりサンプリング単位が決められるのが原則であるが，従来の試験方法には，それらの要求や目的に対し不適当なものが多いから，再検討が必要である．

（6） 工程の管理状態とサンプリング間隔

前述のように，原則として工程の異常を見逃さないような間隔とすべきである．しかし，工程が管理状態になく，その変化が早く，いつ異常が起るかわからないようなときには，絶えずサンプリングし，測定して工程の異常に気をくばらなければならなくなり，実行不可能となる．このようなときには，作業の標準化を行い，積極的に異常を押えていくべきである．一方，このような変化のあるときには，短期間の激しいばらつきとともに大波や傾向的な変化のある場合が多いから，ある期間の平均値をとり，まずこの大波などを管理する方法をとるか，あるいは自動記録計，自動制御装置などの設置をするかである．

しかし，これらの装置をつけることが技術的に困難な場合もあり，また工程が不安定だからといって，ただちにこれらを設置するのは考えもので，管理図を用いるなり統計的，技術的に十分検討して，客観的にそれが有利であることが証明されてから設置すべきである．

また，工程が不安定だからといって，ただちにサンプリング間隔を短くすることは必ずしも経済的に有利ではない．むしろ，間隔が長くその間の異常を見逃しても，もし異

4A.2 サンプリング方法の検討

常原因を発見したら，今後その原因の起らないように必ず作業標準を改訂するなどして気長に管理していけば，管理状態は次第に向上してくる．したがって，サンプリング間隔は，工程に対する再発防止の処置が確実にとられているか否かということによっても変る．ただちに異常を押えるというアクションをするために管理図を使う場合には，サンプリング間隔を短くしなければならないが，今後起きないように処置をとることを確実に行うならば，サンプリング間隔が少し長くてもよい．

このようにして，工程が次第に管理状態になってくれば，サンプリング間隔を長く，ロットの大きさを大きく，あるいはサンプルの大きさを小さくしていくことができる．サンプリング間隔を長くし，サンプルの大きさを減らすということは，品質管理を実施した場合の経済的に大きな有利な点であるが，これは工程の管理状況，社内の品質管理意識の程度，標準化の進展状況などにより実施できるので，これらの各項目を推進することが必要である．

一般的にいって，以上の各項が進んできて技術的にも安心でき，管理図で点が100点以上管理状態が続くようになれば

①　サンプリング間隔を2〜5倍にする

②　平均サンプルをとる期間を2〜5倍にする

③　サンプルの大きさを1/2〜1/5にする

④　層別しないでサンプリングする

などを実施することができる．

（7）　サンプリング方法標準の決定

サンプリングも1つの作業であるから，通常の工程と同様に，標準方式を設定しておかなければならない．これは，通常の作業標準と同様の考え方で作成すればよい．これには

①　サンプリング責任者，立会者，実施者

②　いつ，いかなる方法で，いかなる道具を用いて，どのようにしてとるか

③　とったサンプルの処理方法，サンプル番号のつけ方，縮分法，保存法，運搬法などを決めておかなければならない．

このほか一般的に

①　必ず書いたものにしておくこと

②　常に合理的に改訂するよう心がけること

266   第4章　工程の解析と改善

③　実際に現場で技術的に実施しうる方法であること

④　具体的に行動の基準を示しておくこと，サンプリング・カードの利用

⑤　各関係者の責任と権限を明確にしておくこと

⑥　関係者の承認を得たものであること

⑦　信頼性の得やすい，管理しやすいサンプリング方法であること

⑧　精度や信頼度のわかったサンプリング方法であること

⑨　かたよりの入りにくいサンプリング方法であること

など，通常の標準化の際と同様の項目に留意して作成すべきである．

（8）　**ま　と　め**

以上の各項は，工程を解析する際に常に心がけておくべき事柄であり，また工程を解析し，工程を管理していく間に，必ず一度は検討して決定しなければならない事である．

日本の品質管理の実情からいうと

a)　従来のサンプリング方法が不合理に行われていたために，サンプリング方法を検討しないと工程の解析や管理に手のつけられないような工場

b)　工程を解析し管理していって，工程の状態もよくなってきて，いよいよサンプリングが問題になってきた工場

c)　品質管理を工場に導入するにはいろいろの苦労があるので，最も攻撃しやすい，サンプリングの研究に品質管理技術者が熱を上げている工場（サンプリングに逃避している）

の3つのタイプの工場で，サンプリングの検討が行われている．しかも，最近 b) 型の工場が増加してきたのは，品質管理の進展してきた喜ばしい証拠である．

4A.3　統計的検定の考え方

2.1節に述べたのが，だいたいの統計的な考え方であるが，仮説検定の手順を，2.1節に述べた例について少し理論的に述べよう．

1)　解析や実験(判断)の目的を決める：インチキをやっていたら文句をいおう．

2)　仮定をおく：2.1節の例では，サイコロはイカサマサイではなく，正しく作られているものとする．

3)　仮説(帰無仮説)をたてる：サイコロは，インチキなしに正しく振られている．す

4A.3 統計的検定の考え方

表 4A.1 標準的な危険率

	危険率＝有意水準 ($\alpha\%$)		
	差があるかもしれない	差があるらしい	確かに差がある
研 究 室	10〜30	5〜10	1〜5
パイロット・プラント	5〜20	1〜5	1
現 場	5〜10	1〜5	0.1〜1

この表は一例で，実際はとるべきアクションにより変化する．

なわち，偶数も奇数も同じ確率1/2で出るものとする．

4) 仮説が正しいとして統計量の分布を考えてデータから確率を計算する：サイコロを正しく振っているときに，偶然に5回続けて偶数が出る確率を計算する．この場合は

$$(1/2)^5=1/32\fallingdotseq0.03=3\%$$

5) 確率(有意水準，危険率)と比較して判断する：通常1％以下の確率なら確かに仮説はおかしい．仮説は捨てられると判断する．この例では，7回続けて偶数が出れば1/128＜0.01であるから，インチキをやっていないという仮説は確かに捨てられる．言い換えると「確かにインチキをやっている」といえる．

5％以下の確率なら，仮説は捨てられそうだと判断する．すなわち5回偶数なら，「インチキをしているらしい」と判断する．

10％以下の確率なら仮説は少しあやしい，すなわちインチキをやっているかもしれないと判断する．

この確率は**危険率**あるいは**有意水準**という．

危険率とは，2.1節でも述べたように，インチキをやっていないのに，言い換えると仮説は捨てられないのに，インチキをやっていると判断する確率，第1種の誤りを犯す確率である．

管理図では，この危険率がだいたい0.3％(サイコロの例だとだいたい8回続けて偶数の出る確率)にとってあるから，限界外に点がとび出したら確実に工程に異常が起っていると判断してよいことになる．

6) 判断の結果により，アクション・行動をとる：君はインチキをやっていると文句をいう．

［注］ 4)と5)を一緒にして，4)の確率を計算せずに，5)の有意水準の値と比較して判断することも多い．たとえば，次例の $t(10, 0.05)$ の値と t_0 の値を比較して判断する．

268　　　　　　　　第4章　工程の解析と改善

（1）　平均値の差の検定

　以上の考え方を実際の例で，母平均に差があるかどうか，分布の平均値が変ったかどうかという検定のやり方を示そう．

　[例]　ある製品の平均歩留りが，原料の種類によって差がありそうなので，これを確かめるために各6回ずつ順序をランダムに実験を行い，表4A.2のような歩留りのデータが得られた．

　1）　実験の目的．差があれば良い方を，差がなければ安い方を買うことにしたい．

　2）　仮定をたてる．

　　a）　この実験は管理された状態で行われている．

　　b）　実験順序はランダムに行われている．

　　c）　両者の実験誤差分散は等しい．

　3）　仮説をたてる．原料A，Bにより平均歩留りには差がない，等しい．記号では次のように表す．

$$H_0 : \mu_A = \mu_B \qquad 帰無仮説$$

　4）　仮説のもとで確率計算を行う．この段階において，統計的な式を用いて計算を行う．この点だけが，従来の常識的判断と違っている．

　以下，計算を手順的に述べる．電卓，パソコンを使えばもっと簡単にこの計算ができる．

手順1　表のようなデータの数値変換を行って，計算を簡単にする．この例では $X=x-80$.

表 4A.2　原料A，Bによる歩留りの差

原 料 A	原 料 B	x_A-80	x_B-80	$(x_A-80)^2$	$(x_B-80)^2$
83%	80	3	0	9	0
79	85	-1	5	1	25
83	83	3	3	9	9
87	80	7	0	49	0
88	76	8	-4	64	16
83	81	3	1	9	1
計 —	—	23	5	141	51
平均 83.83	80.83	3.83	0.83		

4A.4 統計的推定の考え方

手順2 平均値と偏差二乗和 S を求める（2A.2節参照）.

$$\bar{x}_A = 83.83 \qquad \bar{x}_B = 80.83$$
$$S_A = 52.83 \qquad S_B 46.83$$
$$n_A = 6 \qquad n_B = 6$$

手順3 次式から t_0 を求める.

$$t_0 = \frac{\bar{x}_A - \bar{x}_B}{\sqrt{\dfrac{S_A + S_B}{n_A + n_B - 2}\left(\dfrac{1}{n_A} + \dfrac{1}{n_B}\right)}} = \frac{83.83 - 80.83}{\sqrt{\dfrac{52.83 + 46.83}{6 + 6 - 2}\left(\dfrac{1}{6} + \dfrac{1}{6}\right)}} = 1.65$$

この t_0 は，もし $\mu_A = \mu_B$ ならば，自由度 $\phi = n_A + n_B - 2$ の t 分布からの1つのサンプルであることが統計的に証明されている．したがって，t 分布を用いて検定を行う.

[**注**] このような式が，いろいろの場合について統計的に求められている.

5) 確率を比較して判断を行う.

手順4 t 分布表より，自由度 $= 6 + 6 - 2 = 10$ で確率（危険率）α（たとえば 0.05, 0.01）の値を求める．一般にこれを，$t(n_A + n_B - 2, \alpha)$ と表す.

$$t(10, 0.05) = 2.228 \qquad t(10, 0.01) = 3.169$$

すなわち $t_0 = 1.65 < t(10, 0.05) = 2.228$

したがって，$\mu_A = \mu_B$ という仮説は捨てられない．言い換えると，両者に差があるとはいえない．$\bar{x}_A - \bar{x}_B = 3.00\%$ くらいの差は，データにこのくらいのばらつきがあると，偶然に出うる差である.

6) 判断の結果によりアクションをとる．差が認められなかったので，安い方の原料Aを今後用いることとした.

[**注**] この場合，もし差が認められてもどちらを採用するかは，その差を推定してみて，技術的，経済的な点を考慮してよい方を採用することになる.

（2） 分散の差の検定

F 分布表を用いて検定する.

$F_0 = V_1/V_2$（ただし V_i は不偏分散，$V_1 > V_2$ のとき）の値を $F(\phi_1, \phi_2, \alpha/2)$ の F 分布表の値と比較し，$F_0 \geqq F(\phi_1, \phi_2, \alpha/2)$ ならば危険率 $\alpha\%$ で差ありといえる.

4A.4 統計的推定の考え方

2.1, 2.9節で述べたように，われわれのデータにはばらつきがあり，またいろいろの誤差があるから，母集団の真の値（母数，たとえば母平均や母分散）をずばり推定はでき

270   第4章　工程の解析と改善

ない．したがって，ある精度で，あるいはある幅の中に母数があることを推定する．こ
れには，2A.3節で述べた統計量の分布を利用すればよい．

推定するには

　①　かたよりがなく——不偏推定

　②　ある確率で精度あるいは信頼限界がわかっていること

　③　なるべくサンプルの大きさが小さくて，よい精度が得られるような統計量を用
　　　いる（言い換えると，効率のよいこと）

と有利である．

母平均の推定

$$\mathrm{E}(\bar{x})=\mu \qquad \therefore \quad \hat{\mu}=\bar{x}$$

β を確率95％の精度とすると

$$\mathrm{D}(\bar{x})=\sqrt{\frac{N-n}{N-1}}\frac{\sigma}{\sqrt{n}} \doteqdot \frac{\sigma}{\sqrt{n}} \qquad (1/10 \geqq n/N \ \text{のとき})$$

$$\therefore \quad \beta=1.96(\bar{x}) \doteqdot 2\mathrm{D}(\bar{x})$$

確率（信頼率）95％の信頼区間は

$$\bar{x}-1.96\,\mathrm{D}(\bar{x}) \leqq \mu \leqq \bar{x}+1.96\,\mathrm{D}(\bar{x})$$

σ がわかっていないときは

$$\bar{x}-t(\phi,0.05)\sqrt{\mathrm{V}(\bar{x})} \leqq \mu \leqq \bar{x}+t(\phi,0.05)\sqrt{\mathrm{V}(\bar{x})}$$

ただし ϕ（自由度）は $\mathrm{V}(\bar{x})$ の自由度．

以上のように統計的に推定する特長は，その誤差や信頼限界がはっきりしていること
である．たとえば，74.3％という平均値が得られたときに，その精度が確率95％で ±1
％のときと±10％のときでは，データの使い方が変るであろう．

4A.5　対応のある2組のデータ（計量値）の平均値の差——簡便法

「同じロットの原料を毎日半分ずつに分け，1,2号機で反応を行って得た歩留りのデー
タがある（表4A.3）．1, 2号機の歩留りの間に差があるか．」この例では，同じ原料ロッ
トを同じ日に使っているから，互いに対応があるという．

手順1　対応するデータの1号機と2号機を比較し，1号機の方が大きい場合には＋
　　　（プラス），小さい場合には—（マイナス）と符号欄に記入する．この際，同じ値の
　　　データがあれば0とする．

4A.5 対応のある2組のデータの平均値の差

表 4A.3 歩留りのデータ (%)

No.	1号機	2号機	符号	No.	1号機	2号機	符号
1	85	64	+	21	80	85	−
2	73	82	−	22	92	88	+
3	88	76	+	23	70	56	+
4	90	72	+	24	82	83	−
5	99	79	+	25	64	78	−
6	63	64	−	26	84	60	+
7	95	56	+	27	70	80	−
8	97	61	+	28	80	71	+
9	88	56	+	29	70	78	−
10	59	89	−	30	73	71	+
11	75	74	+	31	81	78	+
12	89	74	+	32	94	60	+
13	75	87	−	33	73	75	−
14	85	99	−	34	81	57	+
15	87	83	+	35	89	78	+
16	92	72	+	36	88	71	+
17	75	57	+	37	81	80	+
18	66	90	−	38	73	89	−
19	94	81	+	39	91	77	+
20	89	72	+	40	75	56	+

手順2 ＋の数と−の数を数える．この例では＋が27，−が13となる．

手順3 この少ない方の数13を表4A.4の数値と比較する．この例では，データの数kが40であるから，$k=40$ の欄の値と比較すると0.05の列の値13と等しい．

手順4 もし0.05の列の値よりも大きければ(この例では14以上ならば)，両者の平均値には差は認められない．

0.01の列の値より大きく，0.05の列の値以下であれば(この例では12〜13)差があるらしいといえる．

0.01の列の値以下(この例では11以下)であれば，両者の平均値は確かに差があるといえる．

この例では13であるから，1号機と2号機では差がある．1号機の方がいいらしいといえる．

[注1] このようなデータを解析する場合には，データはできれば50組以上，少なくとも30組以上はほしい．

[注2] このような例は，通常の二元配置法で，あるいは対応のあるデータの差をとり，数値計算を行って，平均値の差の解析もできる．

表 4A.4 符 号 検 定 表

（表中の数字は少ないほうの符号の数，この数よりも多ければ有意でない）

k	0.01	0.05	k	0.01	0.05	k	0.01	0.05
20	3	5						
21	4	5	46	13	15	71	24	26
22	4	5	47	14	16	72	24	27
23	4	6	48	14	16	73	25	27
24	5	6	49	15	17	74	25	28
25	5	7	50	15	17	75	25	28
26	6	7	51	15	18	76	26	28
27	6	7	52	16	18	77	26	29
28	6	8	53	16	18	78	27	29
29	7	8	54	17	19	79	27	30
30	7	9	55	17	19	80	28	30
31	7	9	56	17	20	81	28	31
32	8	9	57	18	20	82	28	31
33	8	10	58	18	21	83	29	32
34	9	10	59	19	21	84	29	32
35	9	11	60	19	21	85	30	32
36	9	11	61	20	22	86	30	33
37	10	12	62	20	22	87	31	33
38	10	12	63	20	23	88	31	34
39	11	12	64	21	23	89	31	34
40	11	13	65	21	24	90	32	35
41	11	13	66	22	24	100	36	39
42	12	14	67	22	25			
43	12	14	68	22	25			
44	13	15	69	23	25			
45	13	15	70	23	26			

$k>100$ ときは，次式で計算した数より小さい整数を用いる.

$$(k-1)/2-K\sqrt{k+1}$$

［例］ $k=100$ のとき

$$\frac{100-1}{2}-1.29\sqrt{100+1}=36.6=36$$

確率	K
0.01	1.29
0.05	0.98

4A.6 2組のデータの不良率の差　　273

表 4A.5 1, 2号機の不良数

機械＼日		1	2	3	4	5	6	7	8	9	10	計
1号機	製品数	58	63	65	57	70	62	60	52	72	65	624
	不良数	5	7	5	7	3	4	6	11	4	6	58
2号機	製品数	55	65	63	60	65	53	68	50	70	59	608
	不良数	7	6	7	6	6	9	6	12	7	6	72

計：製品数 $n = 1,232$, 不良数 $r = 130$

[**注3**] このようなデータは，二項確率紙の50：50の分割線を用いて，4A.8の[注1]と同様に検定ができる.

4A.6 2組のデータの不良率の差——二項確率紙による方法[1]

4A.5節に述べたのは計量値であるが，不良率の場合にはサンプルの大きさがほぼ等しく，対応のある場合には4A.5節と同様にやってもよいが，一般には次のような方法で検討する.

「毎日同じような材料を用いて，2台の機械で同じ部品を作製している．その10日間のデータは表4A.5のとおりである．2台の機械の不良率に差があるといえるか.」

手順1 機械別に製品数と不良数の合計を求める．この例では，1号機について製品数 $m_1 = 624$, 不良数 $r_1 = 58$, 2号機については製品数 $m_2 = 608$, 不良数 $r_2 = 72$.

手順2 両者の和の製品数 n, 不良数 r, および良品数 a を求める．この例では，$n = m_1 + m_2 = 1,232$, $r = r_1 + r_2 = 130$, $a = n - r = 1,102$.

手順3 図4A.2の二項確率紙の上に，横軸に a を，縦軸に r をとり点をプロットし，この点を P とする．この場合，もし a が600を超えるか，r が300を超えるときには，両者ともに1桁下げて点をプロットする．この例では，a が1,102で600を超えるから，a, r をそれぞれ110.2, 13.0としてプロットする.

手順4 点 P と原点 O とを結ぶ(図4A.2参照)．これを分割線という(按分線ともいう).

手順5 1, 2号機について各良品数を求める．この例では，$a_1 = m_1 - r_1 = 566$, $a_2 = 536$.

手順6 1, 2号機の良品数，不良数により点 $x_1(a_1, r_1)$, $x_2(a_2, r_2)$ をプロットする．この例では，$x_1(566, 58)$, $x_2((536, 72)$.

---

1) 中里，武田：『二項確率紙の使い方』(改訂版)，日科技連出版社，1965参照.

274　　　　　　　第4章　工程の解析と改善

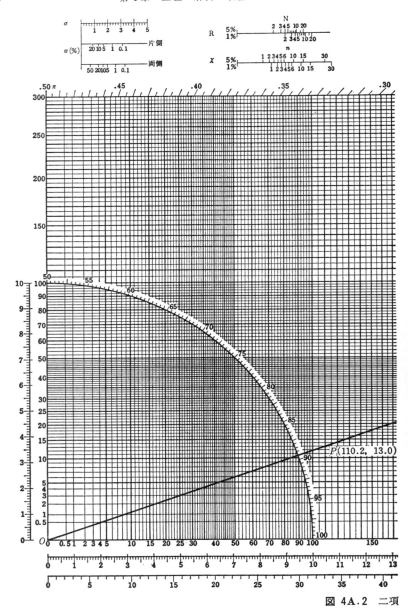

図 4A.2　二項

4A.6 2組のデータの不良率の差

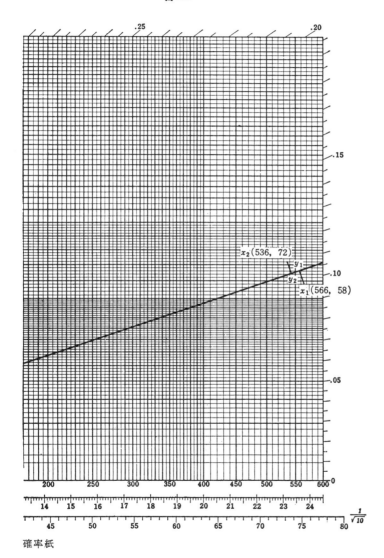

確率紙

手順7 x_1, x_2 から直線 OP におのおの垂線をおろし，OP との交点を y_1, y_2 とする．

手順8 x_1y_1 の長さ，x_2y_2 の長さをはかり，これを加えた長さと図の上部にある R 尺の $N=2$ の1％あるいは5％の値と比較する．もし R 尺の方が長ければ，差は認められない．R 尺の方が短ければ，差ありといえる．この例では

$x_1y_1 \fallingdotseq 5.0$ mm

$\underline{x_2y_2 \fallingdotseq 5.0 \text{ mm}}$

10.0 mm

この 10.0 mm は，上の R 尺の5％の $N=2$ の長さよりも短い．

手順9 結論：5％の値より短いから，機械により不良率に差があるとはいえない．

4A.7 2組のデータの平均値の差(計量値)——対応のない場合

たとえば，今日はA社からの部品を用い，明日はB社からの部品を用いたというような場合には，それを用いて組み立てた機械の特性は日が違うので，日による影響なども入る可能性があるから，対応があるとはいえない．

このような場合には，以下のように行う．

「図4A.3は，A社の部品を用いた機械は×印，B社の部品を用いた機械は○印で，各ロットからサンプル5個をとり，そのある特性を測定してその平均値をプロットしてある．A，B社の部品によりできた機械の性能が違うといえるか．」

手順1 データを時間順に記号を変えてグラフとし，図4A.3のようにプロットする．

［注1］ 点を上下に分けるのに，メジアン線でなくある値(メジアンに近い)を用いてもよい．このときは手順4で引く．分割線は25：25でなく，求めた値，たとえば27：23を引くことになる．

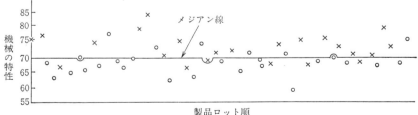

×印：A社部品使用のもの，○印：B社部品使用のもの

図 4A.3 ある特性のグラフ($n=50$)

4A.7 2組のデータの平均値の差(計量値)

[注2] メジアン線上にのった点は,手順3において勘定に入れない.

手順2 全体の点の数を上下半分ずつに分けるように線(メジアン線)を引く(注参照).

手順3 ×印(A社),○印(B社)別にメジアン線の上下にあるデータを別々に勘定し,表4A.6のようにまとめる.この表を2×2の分割表という.

手順4 二項確率紙上に$(25:25=50:50)$の点Q(メジアン線を引いたから)と原点を結ぶ直線OQ(分割線,按分線)を引く(図4A.4参照).

手順5 A,B両者について,それぞれ点$x_A(18,5)$, $x_B(7,20)$に点をプロットする.

[注] 二項確率紙は2項分布に対する近似を用いている.データ数が少ないときに

表 4A.6 2×2分割表

	A 社	B 社	計
上	18	7	25
下	5	20	25
計	23	27	50

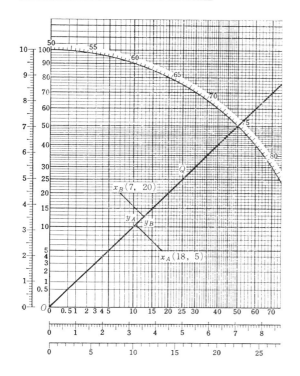

図 4A.4 二項確率紙

278　　　　　　　　　　第4章　工程の解析と改善

は，以下のように実測三角形を作成して検定を行うとよい.

　この例ではAについては $(18,5)$，$(18+1=19,5)$，$(18,5+1=6)$ の3点，Bについ
ては $(7,20)$，$(7+1=8,20)$，$(7,20+1=21)$ の3点の2つの直角三角形(これを実測三
角形という)をつくり，手順6,7で分割線への短い方の距離をとって検定する．この例
では $(18,6)$，$(8,20)$ の点から手順7に従って分割線との距離の和を はかって 検定す
る．この例では計24mm となり，18.5mm より長いから結論は変らない．もし R 尺の
値に近いときは念のために実測三角形をかいて検定を行う.

手順6　x_A, x_B より直線 OQ に垂線 $x_A y_A$，$x_B y_B$ を引く.

手順7　$x_A y_A$，$x_B y_B$ の長さの和を求め，その和と R 尺の $N=2$ の値と比較し，4A.6
　　　と同じようにして検定する．この例では

$$x_A y_A = 14.5 \, \text{mm}$$

$$x_B y_B = 13.0 \, \text{mm}$$

$$\overline{\text{計}\quad 27.5 \, \text{mm}}$$

　　　R 尺の $N=2$ の5%の長さは約14mm，1%の長さは約18.5mm であり，27.5
　　　mm はいずれよりも長い.

手順8　結論：この場合は，1%の長さよりも長いから，A，B両者の部品により機械
　　　の性能は確かに違うといえる.

4A.8　対になったデータの関係——相関関係

「大気中の湿度と，ある繊維製品中の水分(%)との対になったデータがある．湿度は，
その繊維製品の水分に影響しているといえるか.」

手順1　要因を横軸に，結果・水分を縦軸にとり，相関図にプロットする(図4A.5).
　　　この例では，湿度 x を横軸に，水分 y を縦軸にとってプロットする.

手順2　y について点を半分に分ける線(メジアン線) XX' を引く.

手順3　x について点を半分に分ける線(メジアン線) YY' を引く.

手順4　4区分中の点の数 n_1, n_2, n_3, n_4 を勘定する(この際一般には $n_1=n_3$，$n_2=n_4$ と
　　　なる)．このとき第1象限(右上)と第3象限(左下)の点の数を加える(n_1+n_2).
　　　また，第2象限(左上)と第4象限の点の数を加える(n_2+n_4).
　　　この例では

$$n_1+n_3 = 34+34 = 68$$

$$n_2+n_4 = 16+16 = 32$$

4A.8 対になったデータの関係

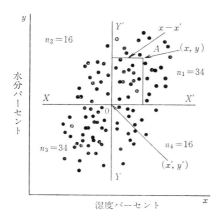

図 4A.5 湿度と水分との関係

このとき，点の数を全部加えたものが，もとの点の数と等しくなっているはずである．もしメジアン線上に点がのった場合には，勘定に入れない．

手順5 この少ない方の数を表4A.4の値と比較する．この例では，32は，$k=100$ の1％の値36よりも小さい．

［注］ このとき，$n_1+n_3 > n_2+n_4$ ならば正相関，$n_1+n_3 < n_2+n_4$ ならば負相関という．

手順6 結論：この例では，たしかに正相関ありといえる．言い換えると，大気中の湿度が高いと，繊維中の水分が確かに多くなるといえる．

以上のほか，いろいろな検定――判断――を行う方法があるが省略する．ここに述べた方法は，最もよく用いられる方法の１つである．

［注1］ この検定は二項確率紙を用いても行える．

手順1 n_1+n_2，n_3+n_4 の点 A を，図4A.6の二項確率紙上に打つ．たとえば，A(110, 40) とする．このとき大きい方の値，この例では110を横軸にとる．

手順2 この A が，50％分割線の5％あるいは１％線より外に出ていれば，相関関係ありといえる．点(110, 40)は外にあるから，確かに相関関係あり．

手順3 x と y の関係の程度を表す量に，相関係数というのがある．相関係数がゼロなら，相関関係はない．1ならば，両者の関係は非常に密接で，たとえば一直線上に並ぶ．データから相関係数 r を求めるには，二項確率紙を用いると簡単に求められる．

A と原点 O とを結ぶ直線と４分円との交点 P を求め，これから垂線を引いて横軸との交点 P' の目盛りを読む．この例では74．つぎに４分円上に74の点 Q をとり，Q から

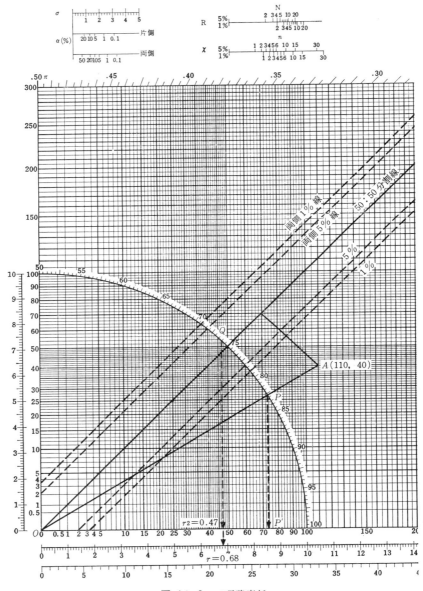

図 4A.6 二項確率紙

4A.9 分散の加成性

垂線を引き，センチメートル目盛りの線との交点の値を読み，これを 1/100 すると相関係数 $r=0.68$ が求められる．このとき横軸との交点の値の1/100が寄与率 $r^2=0.47$ である．

[注2] メジアン法による回帰線の求め方

上記のような方法で相関関係の有無を検定して，もし相関がありと判定したら，x から y を推定する直線(これを x から y を推定する回帰線，y の x に対する回帰線)を次のようにして求めることができる．

手順1 YY' より右側の点を上下，および左右同数ずつ分けて各2本のメジアン線を引き，その交点を求める．

手順2 YY' より左側の点についても同様に，2本のメジアン線を引き，その交点を求める．

手順3 手順1および手順2で求めた2点を結ぶ直線を引くと，これが x から y を推定する直線(回帰線)となる．

[注3] y から x を推定する直線(回帰線)を求めるには，XX' より上の点，および下の点について手順1〜手順3のようにして直線を引くとよい．

[注4] 相関係数を計算で求める場合は，次式による．

$$r=\frac{\sum(x_i-\bar{x})(y_i-\bar{y})}{\sqrt{\sum(x_i-\bar{x})^2\sum(y_i-\bar{y})^2}}=\frac{\sum x_iy_i-(\sum x_i\sum y_i)/n}{\sqrt{\{\sum x_i^2-(\sum x_i)^2/n\}\{\sum y_i^2-(\sum y_i)^2/n\}}}$$

[注5] x から y を推定する直線を計算で求めるには，次式による．

$$y=\bar{y}+b(x-\bar{x})$$

ただし $b=\sum(x_i-\bar{x})(y_i-\bar{y})/\sum(x_i-\bar{x})^2$ である．

y から x を推定する直線は

$$x=\bar{x}+b'(y-\bar{y})$$

ただし $b'=\sum(x_i-\bar{x})(y_i-\bar{y})/\sum(y_i-\bar{y})^2$ である．

4A.9 分散の加成性

ばらつきをもったデータ x_1 と x_2 を加えたらどんなばらつきになるか，というようなことを論ずるのが分散の加成性である．たとえば，±0.5mm のばらつきをもった部品と ±0.4mm のばらつきをもった部品をランダムにつなぐと，従来は全体の長さのばらつきは ±0.9mm になると考えていた人がいるが，これは間違っている．このようなときは，以下述べるような法則によって考えなければならない．

1) x_1, x_2 が互いに相関関係がなく，それぞれ $(\mu_1, V(x_1))$，$(\mu_2, V(x_2))$ という分布をもつとき，x_1 も x_2 もランダムにとられていれば，y の分布は次のようにして求めら

282　　　　　　第 4 章　工程の解析と改善

れる.

$$y = x_1 \pm x_2$$

$$\mu_y = \mu_1 \pm \mu_2$$

$$\mathrm{V}(y) = \mathrm{V}(x_1) + \mathrm{V}(x_2)$$

2) もう少し一般的に y がいくつかの変数 x_i の一次式

$$y = a + bx_1 + cx_2 + \cdots$$

　　　ただし, $a, b, c, \cdots$ は一定数.

で表されるときには, 各 x_i が互いに独立(相関関係がなく)でいずれもランダム・サンプリングされていれば, y の分散は次のようにして求められる.

$$\mathrm{V}(y) = b^2 \mathrm{V}(x_1) + c^2 \mathrm{V}(x_2) + \cdots$$

3) y が

$$y = f(x_1, x_2, \cdots, x_n)$$

という関数関係で表されるときに, 2)と同じような条件(独立でランダム・サンプリング)のもとでは

$$\mathrm{V}(y) \fallingdotseq \left(\frac{\partial f}{\partial x_1}\right)^2 \mathrm{V}(x_1) + \left(\frac{\partial f}{\partial x_2}\right)^2 \mathrm{V}(x_2) + \cdots + \left(\frac{\partial f}{\partial x_n}\right)^2 \mathrm{V}(x_n)$$

ただし, 各 x_i の変化が各 μ_i の約20%以内のとき.

4) 2)において x_1, x_2 に母相関係数 ρ という相関関係がある場合には

$$\mathrm{V}(y) = b^2 \mathrm{V}(x_1) + c^2 \mathrm{V}(x_2) + 2\rho bc \sqrt{\mathrm{V}(x_1)\mathrm{V}(x_2)}$$

以上の性質は, 公差や誤差を論じたり, 多くの要因 x_i が y に影響している場合, あるいは関数の誤差を論ずる場合などに広く用いられる非常に重要な性質である.

[注] 4A.1節の誤差分散の式は, 分散の加成性の理論の応用例である.

第5章　工　程　管　理

5.1　工程管理とは

　ここでいう工程管理とは，いろいろのプロセスの管理(process control)のことである．昔からよく生産量管理，進度管理のことを工程管理(production control)といっているが，これはむしろ生産量管理というべきものであろう．

　ここでいう工程とは，4.7.7節で述べたように「ある結果を生む要因の集りのこと」で，いわゆる製造工程のことだけでなく，いろいろの仕事のやり方も1つの工程と考えている．したがって，製造工程だけでなくあらゆる仕事のプロセスの管理に活用していただきたい．

　また，これから述べる管理のやり方は，基本的には1.5節に述べた考え方を実施してゆけばよい．本章を学ぶ前に，もう一回1.5節をよく味わっていただきたい．いずれにしろ，うまく工程管理を行っていくためには工程設計，工程解析(4章)をしっかり行ってから，管理していくことになる．さらに

① 　トップの熱意，リーダーシップと決断，方針の明確化と権限の委譲

② 　全従業員の QC の考え方の理解と燃え上がる熱意——啓蒙・普及・教育・訓練

③ 　仕事・プロセスの解析，特性(結果)と要因の関係の把握

④ 　標準化の推進

⑤ 　統計的なチェックシステムの確立と勇気をもったアクション．特に再発防止対策

などが必要である．

　なお，よく誤解があるのでここでもう一度次の言葉の違いを説明しておこう．

　管理と改善　**管理**とは一応工程を現状維持していくことであるが，異常が起

れば，その異常原因を除去して再発防止していくのであるから，そのアクションによって少し改善が行われる．そういう意味で消極的な改善が行われる．

改善とは積極的に問題をみつけて，これを良くして，さらに歯止めをして管理していくことになるので，積極的に改善を行っていくことになる（図1.18参照）．

管理と検査　**管理**とは管理標準・管理図の管理限界と比較して，これから外れたら，工程（仕事）における異常要因を捜して，工程に対してアクションをとっていく行動である．これに対して**検査**とは検査基準と比較して，これから外れたならば，個々の製品を不良としたり，ロットを不合格とする，あるいは全数検査する（選別型抜取検査）ように，物に対してアクションをとっていく行動である．管理図でアウト・オブ・コントロールになったら，全数検査をしますと考えるのは間違っている．全数検査するかどうかを決めるのは，たとえば選別型抜取検査の基準によって判定すべきことである．

管理（異常原因の除去）**と調節**　管理図で管理限界から とびだすという アウト・オブ・コントロールが出たならば，工程の異常原因を捜し，それを除去するというアクションをとるという行動が**管理**である．調節というのは，ある調節限界から外れたら，たとえば温度を変更するというアクションをとり，**調節**を行うことである．一般的に管理図の管理限界をとびだしたから，温度を変えるとか，バイトを替えるという調節をしてはならない．

応急処置としてとりあえず温度を変えたり，バイトを替えてもよいが，これは真の異常原因の除去ではない．管理限界と調節限界とは一般に別の性格のものである．

なお本章では管理図を中心としての工程管理のやり方を述べるが，たとえ管理図そのものを使用しなくとも，管理図的センスで判断していけば，ほぼ同じように工程管理・仕事の管理が行える．

5.2　品質設計と工程設計

本書は，品質管理の本であるから，その工程の目標は品質である．したがっ

5.2 品質設計と工程設計

て品質設計やその工程設計について述べるが，他の管理たとえば原価管理の場合であれば品質を原価という文字に変えれば，だいたいそのまま適用できる．

何を作るべきかということについては，1.4と1.6節で述べてある．消費者の要求とか経営方針を考え，トップの決断がなければならないが，管理という面からみると，重要なのは4章に述べた工程解析，特に4.5.7節で述べた社内外のいろいろの工程能力研究である．一般にこういう品質のものを作りたいというときに，それに関連したいろいろの能力・実情を知らなければ，設計できないはずである．しかも，その工程能力が不足している場合が多い．

従来の管理されていない多くの企業では，工程能力が十分発揮されていない場合が多いので，職場長，作業員，QC サークル活動により，あるいはその担当者，QC スタッフがQC チームを編成して工程能力の改善を行えば，現有設備で十分な品質のものを，よい能力で達成できる場合が多い．したがって，品質設計にあたっては，事前に，十分に能力を発揮した工程能力をつかんでおくとよい．しかし逆に，方針としてしっかりした目標を与えれば，たいした設備投資をしないでも，工程能力研究により，工程能力も顕著に向上する場合が多い．

5.2.1 品 質 標 準

（1） 品質標準と管理特性・管理水準の区別

品質標準とは，前にも述べたように，消費者の要求，工程能力や品質に対するコストやポリシーなどを考慮して，現実に工程を管理して工程能力を十分に発揮すれば実現できる品質の水準であり，通常は分布，平均値と標準偏差，あるいは平均値と上下の幅で表される．この場合どうしても工程能力が不足して1以下であるようならば，やむをえないからそのまま工程管理を行って生産し，後で全数選別を行うことになる．ところが，作業標準の与え方によって，品質標準が管理特性にならないことがある．

管理特性とは，工程の結果を表す特性であって，それを見ていれば，工程の管理状態を知ることができる特性をいう．すなわち，これが管理図，グラフにプロットされる特性である．

286　　　　　　　　　第5章　工　程　管　理

したがって管理特性は，品質に限らず，生産量，原価，原単位，販売量，出勤率，残業時間などいろいろのものが考えられる．作業標準がすべて原因について与えられていれば，常識的に考えられる工程の結果のうちいくつかが管理特性となる．しかし作業標準の与え方がまずく，後手を打った作業標準になっていると，常識的に原因と考えられるものを管理特性として管理図にプロットすることとなり，結果と思われるものが作業標準と考えられることになる場合がある（原因と結果の区別）．

管理水準とは，管理特性の水準であり，通常 $\bar{x}$ と $\bar{R}, \bar{p}, n\bar{p}, \bar{c}, \bar{u}$ などで表される．通常工程能力は，管理状態で発揮した場合に得られる水準であり，これが管理水準となるが，目標や計画に相当する値を水準値とすることもある．

（2）　品質標準決定にあたっての一般的注意

1)　工程管理の際に問題となる品質特性は，消費者や次工程が問題とする品質特性あるいは品質解析によるその代用特性である．

2)　品質についての測定手段を与えておくこと．適切なサンプリング法，測定法などを与えておかなければならない．またその誤差の大きさをチェック・管理しておくこと（4A.1節参照）．

3)　どの品質特性が重要かという順位づけを重・軽，微，あるいは重，軽と層別して決めておく（1.4.4(4)，図1.4参照）．

4)　品質標準は品質目標とは異なるから，消費者，あるいは次の工程と十分に打ち合わせ，無理のないものでなければならない．従来一般に，できるだけ良い品質のものを購入しようとしているが，その経済性を考慮して，許しうるかぎり悪い品質水準のものを要求すべきである．原料購入に際しても常にこのことを考慮すべきで，この方が廉価となる．一般に悪い原料を使用して良い製品をつくるのが技術である．しかし，検査水準より少し高い品質標準にしておいて無検査にする方が有利である．これを統計的，技術的に分析することが一種の価値分析（VA, value analysis）である．

5)　品質標準は，各工程ごと，各中間工程ごとに作らなければならない．ただし，品質標準と検査標準とを間違えないように．

5.1 品質設計と工程設計

6) 品質標準は幅のあるものでなければならない.

7) 品質標準は，常に合理的になるように改訂しなければならない.

8) どの品質標準は誰の責任と権限で決定すべきかを，各品質特性ごとに明らかにしておく. 一般に技術担当部門において検討し，品質管理委員会，品質標準委員会，あるいは その 分科会において 原案を 作成し，最終製品については，経営首脳がポリシーにより決定すべきであり，原材料規格や中間工程については技術部門が決定するか，あるいはその工程の 1 階級上の管理責任者が決定する. たとえば，各課からの最終製品についてその部の長が，各部からの最終製品については工場長が，工場からの最終製品については社長が決定するという方法も考えられる.

9) その品質標準を達成するための技術標準や作業標準が決められていることが望ましい.

（3） 規格，品質目標などとの比較

第4章に述べたように，工程を十分に解析し，工程能力を把握し，その作業標準に従って工程を管理すれば，将来生産されるべき製品のばらつき，工程の状態がわかる. これが消費者からの要求，仕様，あるいは規格，または次の工程から要求される品質水準と合っているか否かは，別の問題として検討することが必要である.

実際に工程から出てきている品質の水準が，これらの規格を満足している場合に，初めてその工程能力は満足できる，その品質標準は満足なものであるといえる(2.8, 4.7.7 節参照).

通常，管理図がだいたい管理された状態を示していて，データが100個以上あり，生データが規格限界内に入っていて，さらに ヒストグラムから求めた $\bar{x}\pm4s$ が規格の限界に入っていれば，規格を満足して規格外れの品物はほとんど出ないと考えてよい. $\bar{x}\pm5s$ になれば ppm(百万分の1)不良率といえる.

工程の実力を，ヒストグラムなどにより規格や品質目標と比較して，これと合致していない場合には，次のような処置をとるとよい.

1) 工程能力が規格などを満足しすぎるときの処置.

a) 規格などを $\pm 4s$ あるいは $\pm 5s$ くらいになるように狭く変更する.

b) 規格がこのままで消費者の要求に対して十分満足できるときには,工程のばらつきを大きくしたり,平均値を変えたほうが経済的になるならば,そのように工程を変える.

2) 工程能力が規格などを満足していないときの処置.

a) 平均値がずれているときには,平均値が技術的に容易に変えられるときは,これを変える.

b) ばらつき,$\bar{R}$ が大きすぎるときには,これを勝手に変えられないから,R 退治を行う(3.9.2節参照).

c) 技術的,統計的にいろいろ検討しても,工程能力がどうしても規格などを満足させる製品ができない場合には,次の順に処置を考える.

① 規格などをゆるくすることを考える.とくに従来の規格や仕様書は,統計的,技術的にみて不合理なものが多いから.

② 工程を技術的に,根本的に改善し,工程能力を変える.

③ 全数選別できるものは全数選別を行って,不良品を除去する.

④ 工程能力が規格に対して非常に不足している場合には,層別して用いることがある.たとえば,ハメアイ(選択嵌合)または組み合わせて用いる.この場合計測誤差を考慮する必要がある.

(4) 品質標準の管理と改訂

品質標準は生きているのであるから,これを常にそのときの情勢に遅れないように管理・改善しなければならない.それには,品質標準の決定や改訂をいかに行うか,という手順を標準化し,その管理規定を作成しておくことが必要である.

品質標準を改訂すべきときとしては

① 消費者の要求の変ったとき(国による違い.相手による違い)

② 経営のポリシーが変ったとき

③ 工程能力が変ったとき,技術的変更が行われたとき,作業標準が変ったとき

5.2 品質設計と工程設計　289

④　原料が変ったために製品が変るとき

⑤　経済状態が変化したとき

⑥　品質標準の最新版ができてから一定期間たったとき

などを考慮すればよい.

5.2.2　工程設計，工程解析，品質管理工程図の作成

　ここでいう工程設計とは，ある製品を生産していくための QC フローチャート（品質管理工程図，QC 工程図）で，とくにその要因をいかに押えて，品質を作り込んでいくかという設計である. これは，その製品の品質管理計画といってもよい(4.7.5 節，図4.5，4.6 参照).

　通常のフローチャートと異なる点は，要因をいかに押えるかという，作業標準，サンプリング方法標準，測定標準，原材料規格などとの結付き，あるいは工程を管理し，品質を保証するために，どこでどのようなチェック項目(原因，チェックシート)，管理特性(結果，管理図)によるチェックを，誰がいつ行い，どの品質特性についてはどこで検査を行うか，などというようなことまで記入したものである. このフローチャートに，各関連標準類の有無，あるいはその番号・条件などを略記しておくとよい. また，このフローチャートを作成するときに，各特性について特性要因図を作成しておき，要因に落ちがないかをチェックしながら検討していくとよい.

　1)　既に仕事が行われている場合，工場が既に動いている場合

　この場合は4.7 節に述べたように，その仕事，工程を解析し，上に述べたようなことを考慮しながら，どのようにすればよい結果，よい品質のものが得られるかを考えて QC 工程図を作成していく. そして試行してみて，結果を見ながら改訂していく. そして消費者，次工程の要求を聞きながら，あるいは異常に対する再発防止を しながら 改訂していく. QC 工程図を 改訂していくことは，品質向上，コストダウン，生産性向上，技術レベルの向上となる.

　2)　これから仕事を始める場合，新製品・新技術開発の場合

　4.7.5 節に述べたように，設計・計画段階で QC 工程図 I を作成し，試作・量産試作の間にこれを次第に充実させていく. そして初期生産，本生産のとき

にはうまい工程管理ができるように，生産の立上りが順調にいくように QC 工程図 II を作成・準備しておく．この技術は新製品立上りの経験を積むごとに上手になる．

　QC 工程図と特性要因図が，工程管理の軸となるたいせつなものである．したがって，これは非常に重要なものであり，工程管理のやり方の再検討，品質管理の監査などにも用いるとよい．これに，さらに能率，コスト，時間などを併記すれば，一般に製造標準といわれるものとなろう．

5.3　アクション（処置）について

5.3.1　アクションの分類

　管理図により，工程に対して手を打つ，アクションをとるというのは，工程管理のための基本的な項目であるにもかかわらず，よく誤解されている．そのため管理図がうまく用いられず，**品質標準と作業標準が混同され，検査と管理の混乱，異常原因の除去と調節の混乱**が起り，あるいは管理図は役にたたないという声が出たりして，品質管理が軌道にのってこない．

　ここでは，アクションをどう理解して管理図を用いていったらよいかを述べる（5.1 節参照）．

　工程において通常とられるアクションは，次のように分類できる．

（1）　工程に対するアクション

1）　工程に対してただちにとるアクション

　①　作業標準によるアクション——主として調節，自動制御

　②　管理図によるアクション——異常原因の調査・除去，あるいは応急処置的な調節

2）　今後異常原因が起きないようにするアクション

　異常原因の調査・除去，すなわち種々の標準の改訂，あるいは教育・訓練，配置転換など

（2）　製品に対するアクション

1）　不良品のある場合は全数選別による個々の製品の選別を行うアクション

5.3 アクション（処置）について

2) 抜取検査，サンプリングによる推定により，ロットの合格・廃却・選別あるいは値引きなどのアクション

製品やロットに対しては，検査基準によりアクションすべきもので，管理図は原則としてこの目的には使われない．管理図により製品やロットに対しアクションをとろうというのは，多くの場合考え方が間違っている．工程管理と検査とは違う．**検査と管理の混乱**である．

5.3.2 調節用グラフ

上記(1)-1)-①は，要因や操作について，作業標準として決められるもので主として調節とでも呼ばれるべきものであり，(1)-1)-②とはまったく意味が異なる．たとえば，温度を$700\pm5°C$に調節せよとか，$703°C$になったら空気量を$10m^2/hr$増加せよというのがこれである．この場合，pHや炭素パーセントを見て反応を打ち切ったり，寸法をはかって作業を打ち切る場合には，これらの特性は作業標準として与えるべきものである．これをうまく行わせるためにグラフをかき，これに限界線を入れておくことの効果は大きいが，これは厳密にいえば管理図とはいえず，**調節用グラフ**とでもいうべきものである．またこれを自動化したのが自動制御である．

[注] 本書に述べるように，統計的に求めた限界の引いてあるグラフを一般的に管理図といってもよいが，その意味ではこれが調節用に用いられていても管理図ともいえるが，これは調節用グラフといって管理図と区別した方がよい．このような場合はいろいろな誤差を考えないと，限界内に無理に押しこんだり，調節過剰，オーバー・アクションになりやすい．調節限界の決め方については田口玄一博士の研究がある．

上記(1)-1)-②と(1)-2)が管理図を用いてのアクション，異常原因の除去である．

したがって管理図にプロットするのは工程の結果となるべき管理特性である．

われわれが工程管理のために用いる管理図は，アクションするという立場から，次の2つに分類できる．

1) ただちにアクションするということを主とした管理図：
上記(1)-1)-②

第5章 工程管理

2) 今後異常原因が起きないようにするアクションを主とした管理図：
上記（1）-2）

もちろんこの両者は，全然別個のものではなく，たとえば，ただちにアクションすることを主とした管理図でも，今後起らないようにアクションするということを考えなければ，技術の向上も工程の進歩もない．また今後起らないようにするということを主とする管理図でも，できるだけ早くアクションしなければならない．

いずれにしても管理図は，原則として工程の結果についてプロットして異常原因を発見してこれを除去するために用いるものであり，調節のために使うものではない．

5.3.3 ただちにアクションすることを主とした管理図

管理図において限界外に点がとびだしたならば，ただちに異常原因を捜し，ただちにこれを除去していくというのが，この管理図の使い方の原則である．しかし，もしその原因がわからない，その原因が除去できない，あるいは除去していては間に合わないというときには，とりあえず別の原因で調節するという処置をとることもある．この場合でも早く異常原因を除去して，一時的に行った調節をもとへ戻すようにしなければならない．

管理図をこのように使うのが目標であり，標準化の進んだ工場などでは，作業員や職場長がこのような使い方をしている．とくに最近のように設備の自動化，ロボット化が進んでくると，作業員が設備や装置の監視者，管理者となるので，管理図を次第に下級管理者や作業員が用いるようになる．管理図をこのように使うためには工程が次の条件を満足していなければならない．

1) サンプリングが容易で，ただちに測定できること．早くフィードバックできること．
2) 現場管理者が管理図をプロットでき，その見方をよく理解していること．
3) 異常原因が技術的にわかりきっていること．
4) 異常原因が，ただちに除去しうること．
5) 以上の4項目が標準化されていること．

6) 以上の条件のもとで，製品の品質特性や管理特性が規格や目標を満足していることが望ましい．

早くこれらの条件を満足させて，ただちにアクションできる管理図を作成しなければならない．管理図がこのように使えるためには，その工程に対する技術が確立し，現場の人々が QC サークル活動などにより，管理図が活用できるレベルとなっていなければならない．もし現状でこの条件を満足させることが不可能ならば，今後再び起らないようにすることを主とした管理図を用いながら，標準化を進め，以上述べた条件を満足させていくように努力すべきである．

5.3.4　再発防止を主とした管理図

ただちにアクションすることを主とした管理図を使う条件が満足されない場合には，すなわち標準化の遅れている工場では，今後異常原因が再び起きないような処置，再発防止を主した管理図の使い方に重点をおかざるをえない．

今後異常原因が再び起きないような処置とは，次のようなものである．

1)　標準の作成および改訂

たとえば，作業標準，技術標準 の 改訂，原材料規格や 保存・管理方法の 改訂，装置，計器の改造・新設(設備標準などの改訂，組織の合理化，作業標準，管理標準の改訂)である．

2)　標準の教育・訓練，実施，必要ならば配置転換

このような管理図の使い方をするときに問題になるのは，アクションが確実にとられているか否か，確実に解決されているか否か，その確認が行われているかということである．すなわち，解決方法の手順が標準化され，それが実行されているか否か，工程異常報告書の取扱い，その他活用法が問題となる．

またこのような使い方なくしては，工程の向上，技術の向上は考えられないし，ただちにアクションするための管理図へと進んでいくこともできない．すなわち，再発防止のアクションを確実にとっていけば，標準化と訓練により，自然に限界内に入るような管理図になる．以上述べたことでわかるように，この管理図の用い方は，管理図を用いて工程を管理しながら標準化を進めてゆき，組織を合理化していくという使い方になる．

再発防止の処置を大きく①現象を除去する(応急措置・調節),②原因を除去する,③根本原因を除去するの3つに分けて考える(1.5.3節参照).

従来よく,再発防止と称して,現象を除去することだけをやっているが,これは再発防止とはいえない.原因,さらに根本原因までさかのぼって,仕事のやり方,手順や標準・規定を変えるというところまでアクションをとらなければならない.

5.3.5 工程異常報告書

管理者の責任として,工程に例外・異常があることを迅速に知り,それに対して適切な手が打たれているか否かを,早く確実にチェックすることが必要である.工程にいろいろの異常が起った場合には,工程異常報告書を作成し,これを活用するとよい.

(1) 工程異常報告書を作成する目的

工程異常報告書を作成する目的は

1) 工程の異常を迅速に報告する

2) 処置が正しくとられているか否かのチェック

3) 異常に対する解析と処置の推進,とくに再発防止の推進

4) 異常の整理,対策研究の組織化,設備投資順位の参考資料

などである.

(2) 報告書の内容

工程異常報告書は,伝票形式とし,次の各項を記入できるようにしておくとよい(表5.1参照).

1) 整 理 番 号

2) 工 程 の 状 況　管理図番号,工程名称,製品および管理特性の名称,ロット番号,ロットの状況,作業者,管理線,他の管理図の状態など

3) 異 常 内 容　発生年月日,時間,異常現象の状況,発見者

4) 原　　　因　明,不明.明らかなときにはその内容,各担当者の意見

5) 処　　　置　一時的対策,原因に対し工程に対し,ただちにとった処

5.3 アクション(処置)について　　　　　295

表 5.1 工程異常報告書の例

整理No. UA−009　　　　工 程 異 常 報 告 書

発行 49 年 2 月 15 日

	機 械 名	ENT−86814	管理図登録番号	20-2-Tuu-A3-2	発生日時
異常発生	工 程 名	PRE・TEST	ロット No.		2 月 15 日
	品質特性	電気性能(波形)	作業員(検査員)	吉川 明美	AM 　 時 PM 5 時

異常発生: PPE.TESTの波形変化不良を層別した管理図で3%

3.0 ─ UCL=1.12
─ CL=0.3
9 10 11 14 15

発見者 (田渕)

原因調査

能率の向上を図るため従来はロータシャフトの溝を基準にして扇形ギヤの位置(C寸法)決めていたのをB寸法で位置決めをする様に扇形ギヤハンダ付治具を変更したためロータシャフトのバリなどによってC寸法のバラツキが大きくなりシャーシとタッチして波形が変化したもの.

B寸法 / C寸法 / 扇形ギヤ / ハンダ付 / ロータシャフト / バリ / タッチする / シャーシ

今後生産の増加に対処するために能率のよい現在の治具を使用したい。

	原因調査
1	いつ 2 月 16 日　誰が (田渕)
2	いつ 月 日　誰が
3	いつ 月 日　誰が

応急処置

・アースバネハンダ付時に扇形ギヤとシャーシのタッチを確認する。

・ロータ組立工程でロータシャフト扇形ギヤハンダ付治具を修正

関連部署へ連絡手配
2 月 17 日
技術へ検討依頼書発行
(UTU−014)

	応急処置
1	誰が (田渕)
2	いつ確認 2月 17日 (得能)

再発防止処置

・ロータ組立工程でロータシャフトと扇形ギヤハンダ付寸法(B寸法)をx̄−R管理図で管理する。(2/17より)

・シャーシの扇形ギヤとタッチする所(A寸法)の寸法5.5mmを6.5mmに変更

	再発防止
	いつ 2 月 28 日　誰が (得能)
	処置内容の確認 (青木)

**効果の確認
再発防止処置**

・A寸法変更後波形変化不良は発生しておらず、波形変化不良ρ管理図も0……が続くので廃止する。

・ロータシャフト,扇形ギヤハンダ付寸法のx̄−R管理図も廃止する。

	確　認
	いつ 3 月 8 日　誰が (得能)

保存期限 3 年	チューナ事業部	課長	職長	班長
様式No.TG-Q-001	MP 工場 製造課 UHF組立係　　班	(青木)	(得能)	(田渕)

[注1] 異常の検出から再発防止処置の実施,効果の確認までの各ステップにおける日時がはっきりわかるようにしてある

[注2] 処置効果の確認まで追跡できるようになっている

[注3] 関係部署への連絡手配の欄が設けられている

置内容，異常原因の除去あるいは調節，年月日時間，他部門への連絡状況，必要ならばロットに対してとった処置内容．解決ズミか，半解決か，未解決か

6) 調　　　査　再発防止対策の調査内容

7) 再発防止対策　再発防止の根本的対策，将来に対する意見など，対策の手配，完了の年月日，その効果など

8) 対 策 の 確 認　対策の確認と将来の管理方法

9) そ　の　他　責任者，連絡者，回覧者名，保管部局など

（3） 報告書の取扱い方

工程異常報告書の取扱い基準を決めておくとよい．これには

1) 誰が，いつ，どのようなことを記入して，何枚発行するか．

2) 回覧法

3) 報告書の内容が最終的に解決するまで，特に再発防止対策とその効果の確認まで推進するような方式

4) 報告書のマクロ的解析方法と活用方法

を決めておく．

またこの報告書が発行されても，最後に再発防止の対策が樹立されるまで，途中でウヤムヤにされてしまわないように，**異常一覧表**を作成して，その進行状況をチェックし，今後起らないようにする．根本原因の除去のアクションがとられるまで，執念をもって追究する必要がある．

5.4　作業標準と技術標準

5.4.1　作業標準，技術標準とは

わが国の製造業に品質管理が導入され，最初に逢着した１つの難関は，多くの会社に合理的な作業標準類（技術標準も含む）がなかったということである．これには工程能力研究，工程の解析や生産技術の確立，技術部は技術標準類の作成，改訂，完成と，品質目標到達のための技術的向上などの検討，生産部，検査部は作業標準どおりに作業して，工程標準どおりの製品を送りだす責任が

5.4 作業標準と技術標準

あるという品質意識の向上などが必要であった．この点は最近 TQC が導入された建設業，サービス業，販売業などでも同様で，標準化が遅れている．

ところが従来のわが国の作業標準にはいろいろの欠点があり，本箱にしまってある式のものがあった．たとえば

1) 標準類・作業標準の作成になれていないためにへたくそである．

2) 旧式な IE 的，作業動作的，作業能率的なものしかない．あるはいこれが全然入っていない．

3) 形式的な書類作成に終っているものが多い．

4) いわゆる規定マニア，標準化マニアがいて，管理とは他人を締めあげることだと思って規定ばかりをつくっている．あるいは官僚的に規定を厳しく決めて，守る方がルーズになっている．

したがって標準どおりやると不良品が出てしまったりしている．

品質管理を推進する基本的条件の1つとして，また各産業に真の技術を確立するための一手段として，QC サークルにより現場を固め，十分に工程研究・解析を行って合理的な作業標準を完成することが必要である．

管理という思想がよく普及し，経営のポリシーや組織が確立してくれば，管理図はかいていなくとも，品質標準や作業標準があれば，それを活用して品質管理を実施できる．ところが，管理図はかいていても，合理的な品質標準や作業標準はなく（形式的な作業標準や規定はあっても），組織も不合理で，経営のポリシーもあやふやであり，管理図をグラフとしてながめているにすぎず，品質標準も品質保証もやっていないところもある．

最近のように，自動化，ロボット化，コンピュータコントロール化が進み，工程のスピードが早くなると，作業標準，技術標準が確立し，工程能力が十分にあり，工程管理がしっかり行われる体制になっていないと，不良品をどんどん生産することになってしまう．したがって自動化などを進める前に，工程解析をしっかり行い，工程管理体制を固めておく必要がある．またそうなると，設備が仕事を行い，職場の人々は装置工業的に監視作業が主になるので，作業標準の与え方も変り，設備および計測管理が重要になってくる．

298   第5章 工 程 管 理

5.4.2 品質特性・管理特性・作業標準

　品質標準や工程の目標が決って，初めて作業標準が決るのが本来の姿である．しかし，実際には品質標準と作業標準とは，互いにもちつもたれつで決ってくる場合が多い．技術が確立され，工程能力が十分解析されていれば品質標準が優先する．

　従来のわが国の工場では，品質標準と作業標準といずれで示すべきかという点に，混乱が起っている．それは，原因と結果の区別，責任と権限が明確でないからである．ある工程・仕事について考えると，管理特性は結果として現れるものであり，作業標準はその原因となる要因を具体的にいかにすべきか決めたものである．作業者に品質特性や結果で指示するのは，後手を打った作業標準で，まずいやり方である．1.5節に述べたように先手を打った作業標準ができていれば，品質特性は管理特性の1つになる．

　管理図を用いて異常原因を除くという立場からいえば，そのデータを見て調節するのなら，その測定値は作業標準で与えるべきである．そのデータを，管理図にプロットして，限界からとびだしたならば異常原因を捜して除去するのなら，管理特性で与えるべきである．たとえば1つのバルブをちょっとひねれば（原因），温度（結果）が簡単に変えられるような場合には，温度を作業標準で示してよいが，温度（結果）を変えるのにいくつかの操作をして——いくつかの要因を変化せしめて——作業する場合には，この温度は管理特性として取り扱い，各操作を作業標準とした方がよい．

　また自動化，ロボット化した工程を管理する場合，要因は多く自動化されてしまうので，どのような結果を管理特性として管理図をつくり，自動化された工程をチェックするのか工夫していく必要がある．自動化・ロボット化が進んでも，そのシステムとしてのプロセスを管理するための管理特性を選び，管理図を活用していくのがよい．

5.4.3 作業標準類作成の目的と分類

（1）目　　　的

標準類を作成する目的は，標準の種類によりいろいろの目的があるが，ここ

5.4 作業標準と技術標準

では主として工程管理に関係のある標準類について述べる.

- ① 品質面から ⎤
- ② 管理面から ⎦ QC 的
- ③ 標準動作・作業能率・生産面から——旧 IE 的
- ④ 原価面から
- ⑤ 安全面から

もちろんこれらを全部一本化して作成したのが作業標準類である. 管理図はこれらの目的で作成された標準どおりやっているかどうかをチェックするために用いる.

作成する目的を別の面から考えてみると次のように分けられる.

- ① 教育用(新入社員用, 3 カ月生用, 1 年生用, 10 年生用)
- ② 作業員用・監督者用
- ③ 技術蓄積用(個人にではなく, 組織に技術を蓄積するため)
- ④ 歴史保存用(あまり意味がない)
- ⑤ JIS マークなどをとるため(形式的になりやすい)

もう少し一般的にいえば, みんな仕事がやりやすくなる, 大幅に権限委譲ができる, 技術の保存, 再発防止のために標準化するということになる.

(2) 分　　類

作業標準類をいかに分類したらよいかを, 製造工程を中心に述べる. これは製品により, 工程の種類によりいろいろ変ってくる. ここでは一般的に, これだけは分けておいた方がよいと思われるものについて述べる. 第3次産業の場合, 業種による差はあるが, 基本的な考え方は同じである. 対人関係でサービスを売る場合は, 消費者の要求や好みに応じて臨機応変に判断する基準が必要になってくる.

技術標準：主として技術者や中級以上の管理者が用いるもので, 技術的に重要と思われる事項を記入し, さらにその歴史を明らかにし, 組織に技術を蓄積しようとするものである. 場合によってはこの中に, 製造工程図, QC 工程図, 品質標準, 工程能力, 特性要因図, 工程管理標準, 検査技術標準などを入

れてもよい.

設計標準と設計技術標準:これは主として設計部門が用いる標準で,設計標準は設計の標準化・統一化に用いる.設計技術標準は設計の際の技術的な重要事項を標準化しておくもので,設計技術の蓄積のための標準となる.

作業標準:これにはいろいろ名称や目的があるが,ここでは簡単に"作業のやり方を決めたもの"ということにしておこう.最後はこれが自動化・ロボット化につながっていく.サービス産業の場合には消費者を考えた多様化も必要である.

作業指図書:作業のやり方を命令として出したもの.

作業要領:作業標準のうち,作業のポイントだけを記入したもの.

以上の作業標準,作業指図書,作業要領の区別・分類や名称は企業の歴史によりいろいろ変るから,各現場の実情を考えて,分け方を研究されたい.

工程には大きく分けて,3つのタイプがある.

1) 受注生産,一品料理,あるいは多品種少量生産ではあるが繰返し同じような作業が,製品の種類にかかわらず,行われるような場合.

2) 装置工程の運転,自動旋盤,トランスファーマシン,あるいはロボット製造のように,各装置独特の運転方式のある場合.この系統に属するものは,装置工業的工程に多く,監視作業のもの,言い換えると作業者が設備・装置を管理する立場にたっているものに多い.

3) 組立工程:ラジオや自動車の組立てを行う工程で,いろいろの部品をとりつけたり,調整したりする工程.包装工程などもこの一種である.最近これらの工程もロボット化が進み,装置工業に近づきつつある.サービス産業もこの種のものが多い.

もちろん,これらの中間に属する,あるいは両者の混合型の工程もあろう.

1)のように,同じような作業がいろいろの形で繰返し行われ,各作業を標準動作に分解できるような場合には,多くのサービス産業もこれに含まれるが,各標準動作ごとに作業標準(共通作業標準)を作成しておき,これを技術標準,設計標準と結びつけて,作業指図書を作成するとよい.たとえば,加工工程・

順序・方法などを示す．たとえば

「作業標準 No. S-10547 を用いて，図面 No. ABC-18247，技術標準 No. E-35764 により加工し，次に No. S-30189, E-28637…… により○○を何月何日までに何個製作せよ．」

2)の場合は，プロセス的な作業に多く，作業標準のうち重要な技術的条件のようなものだけを抜き出したものが技術標準になり，作業標準に責任と権限を明確に規定しておく．作業標準がそのまま命令として，作業指図書となる．

3)の場合には，組立て方，部品の自主管理や自主検査のやり方，調整方法などを各工程ごとに決めておく．

5.4.4 作業標準類のもつべき条件

作業標準の内容について，考えておかなければならないことを，以下述べよう．

1) 目的を達成するために作成する．

2) 要因について作成する．先手を打った作業標準．

どの要因が，どの特性に影響するかを示しておくこと．特性要因図の活用．

3) 親切な作業標準であること．

作業員を十分訓練しなくとも，ちょっとした不注意があってもうまくできるようなものであること．治工具や計器の活用．

[注] 馬鹿よけ(フールプルーフ)　人間はミスする動物であるから，不注意があっても，ミスしても大丈夫なように，安全装置，治工具，チェック方式などを考えておかなければならない．これを馬鹿よけという．QC サークル活動がしっかりしてくると，サークル自身で馬鹿よけを考えるようになるものである．また，上司はミス・不注意を怒るよりは，むしろ協力して馬鹿よけを考えるべきである．

4) 作業標準は抽象的でなく，具体的に行動の基準を示したものであること．そのために適当な計測器や目盛りを与えること．計量化が進んでくれば，作業標準は具体的となり，作成も容易である．

5) 実際に職場の設備や技能で使える，実情に適したものであること．理想の作業標準では役にたたない．すなわち，工程能力を考えなければならない．実行不可能な作業標準を与えてはならない．作業標準を初めて与えるときに

は，あまり厳重な条件や幅を与えず，むしろたいして苦労なしにできる条件で与え，この条件や幅を守らせることを厳重にしなければならない．

6) 初めから完全をねらわないこと．作業標準は生きており，常に未完成なものである．これを常に改訂していくという態度をとる方がよい．標準の改訂がないということは，使っていない証拠であり，技術の進歩が止ったことを示す．

7) 重点をつかむこと．工程に真の大きな影響を及ぼすものは1〜3くらいである．この要因について標準化を行えば不良は半減する．

8) 責任の所在を明確に示したものであること．

9) 権限の範囲を明確に具体的に示しておくこと．権限委譲が行われていること．

10) 関係者に認められていること．たとえば QC チーム，QC サークル，職場 QC 検討会などで関係者が了解するように作成していく．提案制度と結びつけて，現場からの創意工夫により正式の手続を経て採用し，標準を改訂する．

11) 書いたものとして，技術や技能を蓄積できるようにしておくこと．

12) 原料や他の工程の責任による原因が管理されていないときには，多くの場合作業標準は複雑になる．標準の与え方によっては比較的簡単な作業標準もできる．

13) 工程が異常なときに，いかなる処置を誰の権限でとるべきかを決定しておく．これは管理標準として別にしておいてもよい．

14) 作業標準は「べからず」，「してはならない」集ではないこと．

15) 標準類はいろいろなことを考えて作成せよ．標準類でいちばんまずいのは，標準や規定間の矛盾である．

16) 以上の結果として，みんなが仕事がやりやすくなること．

5.4.5 作業標準の作り方

ここでは初めて作業標準類をつくる場合について述べる．

（1）作成方法

1) **スケッチ法**　現在動いている職場の作業を標準化する方法で，現在やっ

5.4 作業標準と技術標準

ていることをそのままスケッチする方法である.

特　長　a)　いままでやっていたことがはっきりつかめる.

b)　いままでいい加減であったこと，決まっていなかったことがはっきりする.

c)　標準を一挙に全職場に普及できる.

欠　点　a)　一度スケッチしてしまうと安心しやすい.

b)　膨大になるので作成に時間がかかり，その後の管理がやっかい.

c)　各職場に品質管理的，工程管理的センスがゆきわたっていないために，非常にへたな，重要なポイントを落としたものとなりやすい.

注意事項　a)　作成開始前に作成担当者を十分 QC 的に教育しておくこと.

b)　現場の人々，職場長，QC サークルを中心として，作成という過程を通じて，標準を守るという意味などを十分教育しておくこと.

c)　作成後の改訂が非常に重要であるから，あとで解析，改善や QC サークル活動と結びつけて，作業標準は自分たちでよくしていくという意識をもたせること.

2)　**重点法**　この重点という意味は2つある．1つは重要な特性について，重要な工程から標準化を進めるという意味，もう1つは各工程ごとに重要な特性について重要な要因から標準化を進めるという意味である.

特　長　a)　統計的に真に重要な要因をつかまえて標準化すれば，必ず効果がある.

b)　職場が標準とはよいものだ，工程解析の結果は信用できると考えるようになる.

c)　時間的に早くできる.

d)　簡単であるから，書類作成や改訂，管理が容易に行える.

欠　点　a)　真に重要な要因をつかむことがやっかいである.

第5章 工程管理

b) すべての特性・工程について標準化を同時に進められない.

c) ばらつきを小さくするという工程管理のためだけの標準となり, 原価管理, 生産量管理, 能率給などとの結びつきが不十分となる.

注意事項 a) QC チームや QC サークルを活用すること.

b) 職場長や技術者に工程解析や工程管理の手法を十分教育しておくこと.

c) 作成後の肉づけが重要である.

① IE, VE, 安全などの肉づけを行うこと.

② 管理図が異常原因があることを示したならば, その異常原因が再発しないように, 必ず標準を改訂していくこと.

d) 大きい要因から標準化し, 次第に細部まで標準化するように, たえず努力していくこと.

3) **オーソドックス法** 技術者を動員し, 技術部が中心になって品質管理や能率担当部門, 職場と協力して, 担当技術者制で, QC チームあるいは QC サークルを編成して, 重点的に工程を選定し, 解析し, 必要ならば実検を行って, 初めから比較的合理的なものを作成する方法. この場合, 細かいところは QC サークルと相談しながら行う. **工場を新設**する場合, 装置や機械を新設, 改造した場合, あるいは**新製品の量産試作**前には必ずこの方法をとる習慣をつけることがたいせつである. 新しい仕事をするときは標準化推進の絶好のチャンスである.

注意事項 a) 技術者が机上の空論にはしったり, 職場の実態を忘れないように注意すること.

b) 技術部には優秀な技術者を集めなければならない.

c) 技術者に QC をよく勉強させておく必要がある.

このいずれの方法により作成するかは, 社内, 職場の事情により決定すべきものである. いずれにしろ, その**工程・仕事を最もよく知っている人**が標準原案を作るべきである.

5.4 作業標準と技術標準

（2） 作 成 手 順

標準類を作成するときは，目的，必要性(ニーズ)がなくては，うまく，使える標準類はできない．

これまで運営されている会社・事業所の標準化を行う場合と，新工場・新製品の場合とではやり方が違ってくる．ここでは，既に運営されている会社・事業所で標準化を進める手順について述べよう．一般に次のような手順によるのが，日本の実情に適しているであろう．

1) 標準化推進委員会ならびに分科会を設ける．

2) 標準化体系，作業標準類作成方針ならびに書式の決定．委員会において作業標準作成要領，作業標準取扱規定など，作業標準のバックボーンになる規定，分類法，書式を決定する．

3) 標準作成組織を決定する．チームで，技術部で，職場で，QC サークルで等々．

4) 作業標準としてとり上げるべき要因や作業を決定する．

5) 選んだ要因の計量化を工夫する．

6) 選んだ要因の幅や具体的作業方法を決定する．これには特性要因図，統計的な解析，熟練者の知識，QC サークルを大いに利用する．

7) 以上の結果，必要ならば工場実検を行う．

8) 原案を作成する．決定した作業標準が，職場で実際に実施できるか否かを職場関係者をなるべく多く集めて QC サークルなどで検討する．このとき作業標準の意味や，作業標準どおりに行わなければならないということを教育しておく．

9) 予備試行期間とその活用(1～3カ月間)．

10) 原簿の作成と登録．

11) 作業標準の改訂．

作業標準登録後の改訂は，必ず正規の手続を踏まなければならず，この許可を得るまでは職場で勝手に変えさせてはならない．このために，作業標準改訂のための規定を作っておくことが重要である．しかしなるべく権限を委譲し，

各職場で容易に改訂できるようにしておく.

たとえば，改訂の起草の責任，その用紙，改正案の承認や回覧すべき経路，原簿への記入ならびにそのチェック，決定機関，前の指図書を確実に回収して新しい指図書が徹底しているか否かの確認法などの手順，責任をはっきりさせておくことが必要である.

5.4.6　作業標準の実施と管理

わが国では，作業標準の作成と同様に，その教育，訓練，実施とその改訂の管理がとくに重要である.

作業標準を確実に実施させるのは，各職場ラインの長，課長，係長，職場長，主任などの責任である. そのためには教育がたいせつであることは，1.5 節に述べた. 一般に**教育方法**としては，1)集合教育，2)日常業務としての上長の教育，3)QC 検討会，QC チーム，QC サークルなどで討議する，4)作成に参加させる，5)権限の委譲，6)QC 監査を行う，7)その他にパンフレット，ポスター，標語，QC サークル大会など，いろいろある. これらの方法を併用するとよい.

また標準類は常に使えるものになっていないと，標準どおりに実施しないことになってしまう. したがって前述のように，標準類は生きものと考えて，常に合理的に，実際的にということを考慮して機動的に原簿を改訂していくことが，すなわち**標準類の管理**が最も重要である.

しかるに標準は，一度決定したならば正規の手続を経なければ職場などで勝手に変えてはならないのであるから，次の各項を考慮しなければならない.

（1）　標準類の改訂と管理

1)　標準類の管理責任者，どの項目はどこまで誰の権限で変えられるのかを項目別，程度別に決めておくこと. この際，改訂の権限はできるだけ委譲しておくこと.

2)　改訂の手続を決めておくこと.

3)　職場からの意見具申が，容易に正式に行えるようにしておくこと.

職場の実情はやはり職場の係長，**職場長**，作業員などがよく知っているし，

5.4 作業標準と技術標準

また職場に実際にたえずタッチしているだけに，いろいろの改善案もあるはずである．これを十分活用するために，QC サークル活動，創意工夫運動，発明考案運動などと標準の改訂を結びつけて行うとよい．

4) 改定の内容，理由，年月日，責任者名などを，必ず原簿に明記しておく．とくに技術標準，設計標準などの改定は，誰が読んでも改定の歴史や理由がよくわかるように，整理しておかなければならない．

5) 改訂の際には，必ず古い標準や図面を完全に回収し，すべて新しいものに改訂，あるいは加筆(捺印)して，これを再配布することが必要である．

（2） 標準を改訂すべき場合

1) 管理図で点が限界外にとび出したとき．

不完全ながらも作業標準ができていれば，品質特性についての管理図において，点が管理限界外にとび出したときは次に示すような場合が考えられる．

① 標準が守られていないとき

② 標準の示し方が不完全であったとき

③ 標準に書いていない作業によるとき――すなわち，標準の不完全さを示す

④ 原料や他工程など他の責任によるとき

⑤ 原因不明のとき

[注] ここで**職場で管理できる問題**(operator controllable)と**マネジメントが管理しなければならない問題**(management controllable)の考え方を述べておこう．職場で何か失敗したときに，その職場の人の責任になるもの，すなわち前者は一般に約3分の1から5分の1である．これは上述の①の一部分である．②～⑤は主としてマネジメントに責任のある問題で，これが3分の2から5分の4である．①についても何故守れなかったのか，および②～⑤についても職場の人と一緒になって，その要因を捜し，マネジメントが処置をとっていかなければならないのである．したがって，**職場の人の失敗は絶対に怒ってはならない**ということである．

2) 現場からの意見具申のあったとき．

3) 作業標準の間違い，不完備を発見したとき．

4) 品質標準の変ったとき．

308   第5章　工　程　管　理

5)　設備，装置，方法に技術的改善が行われたとき

6)　計測器や装置などの設置，改善が行われたとき.

7)　原料や他の要因(作業標準)が変ったとき.

8)　作業標準を実施して，一定期間たったとき.

5.5　管　理　水　準

5.5.1　管理項目の選定

　管理をしていく以上，チェックが重要であることは，すでに1.5節で述べたが，具体的に，各長がチェックの網を全社的に，組織的に張りめぐらして，管理体系を作り，実際に管理していくとなると，なかなか問題が多い．現在この管理特性の選定については，人により，会社によりいろいろな分類や言葉が用いられており，「**経営管理に関する言葉は世界的に混乱している**」という常識どおり，日本でもやや混乱をきたしている．これは管理項目の分類をやや細かく分けすぎているからである．あまり言葉にとらわれず，考え方を中心として分類し，あとはそれを立場に応じて活用していくように考えた方がよい．

（1）　管理項目の分類

1)　原因と結果による分類

　すでに1.5，5.2.1の(1)，5.4.2節でも述べたように，われわれが管理していく場合に，チェックのやり方として，原因と結果の区別をはっきりさせなければならない．ここでは，原因をチェックするのをチェックポイント，**点検点**と名づけ，結果でチェックする特性を**管理特性**あるいは**管理点**と名づけ，これを総合して，管理項目と呼ぶことにする．

管理項目 $\begin{cases} 1. & 原因……チェックポイント，点検点 \\ 2. & 結果……管理特性，管理点 \end{cases}$

　しかし，この原因と結果は絶対的なものでなく，その長の職位により，また作業標準の与え方により，原因になったり，結果になったりする．たとえば図5.1において，乾燥水分は工程の結果であるから，その職場の職場長の管理点であることはいうまでもない．この場合，温度はその原因であるから点検点と

5.5 管理水準

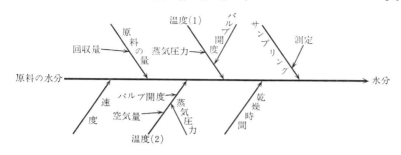

図 5.1 原因と結果の区別

なる．ところがこの乾燥機の温度を調節する作業員にとっては，圧力やバルブ開度が原因であり，点検点となるが，温度はその結果として現れるので，結果すなわち管理点となる．ところが作業標準の与え方が後手を打ったやり方で，もし温度をみてバルブを調節せよというような作業標準になっていれば，この温度は点検点となり，乾燥時間が管理点となる．

また，もし非常にへたな作業標準であって，水分を見てバルブの開度を調節しているような場合には，水分が点検点になり，たとえば乾燥時間が結果となり，管理点となる．

以上のようなことは，部長と課長，あるいは課長と係長の間でもまったく同様に考えられる．

一般に，職位の低くなるほど点検点がふえ，管理点が減るものである．原因系のチェックは下級管理者が行うべきで，上級管理者があまりこれを見るのはよくない．上級管理者は，管理点によりチェックを行い，もっと大局的に，将来を考えて管理していかなければならないからである．部長になっても，重役になっても，細かい原因系のデータを見たがったり，チェックしたがる連中を，わたしは**職人部長，職人重役**といっている．結果である管理点が，異常を示したときにだけ，もし必要があれば原因をチェックすればよいのである．しかし，下級管理者からその異常原因についての報告が，すでにきているような管理体制になっていなければならない．

点検点は，主として作業標準や規定類と比較してチェックするので，通常は

チェックリストなどを用いてチェックするとよい.

管理点は,結果としてはばらつくものであるから,原則として,管理図により見ていくことになるが,少なくともグラフ化は必要である.この場合チェックに用い,異常・例外を発見しようというのであるから,このグラフには統計的に求めた管理限界線を引いておくのが当然である.それが困難ならば少なくとも標準線,規格値,必達目標と努力目標線,あるいは計画線くらいは入れておく必要がある.

　[注]　部長と課長が同じ管理点を用いる場合があるが,このときはチェック間隔が違ったり(たとえば課長は毎日,部長は月に1回),あるいはアクションのとり方が変る.

　2)　アクションのとり方による分類

　　①　調節あるいは調整

　　②　現象の除去

　　③　原因の除去

　　④　根本原因の除去

　この区分もあまり明確ではないが,①,②は主として点検点(調整基準を含む)であり,③,④は管理点になる.しかし①,②が管理点になることもあるし,点検点により,③,④のアクションをとることもある.

　3)　責任と権限による分類

　　①　部下が,アクションをとる責任と権限がある項目

　　②　自分が,アクションをとる責任と権限がある項目

　　③　上司が,アクションをとる責任と権限がある項目

　　④　他部門が,アクションをとる責任と権限がある項目

　これも責任と権限,その人の能力や熟練によりたえず変化するものである.また,③,④も,管理者自身がアクションをとらなければならない項目②に含まれるともいえる.すなわち,他部門や上司を動かせないようなものは,管理者とはいえない.わたしは QC を始める前からの持論として次のように主張している.「**部下を使えないような管理者(技術者)は半人前以下である.上司や他部門を使うようになったら——自分の意見どおり動かせるようになったら**

5.5 管理水準

——一人前の管理者（技術者）といってやろう.」

　以上，1)～3)のほかにもいろいろな分け方があるが，これらを組み合わせると，管理項目の種類は何十種類にもなってしまい，かえってわかりにくいので，ここでは点検点と管理点にだけ分類することをすすめておく.

（2）　管理項目についての一般的注意

　原因の場合でも，結果の場合でも，共通的な注意事項について，以下述べておこう.

　1)　チェックする以上，職場では，たとえ多種少量生産，注文生産の場合でも繰返しがあるはずであるから，何かメジャー，目盛りを与えること.

　2)　調節基準にしろ，管理限界にしろ，判定の基準とそれから外れたときのアクションのとり方を決めておくこと.

　3)　異常の場合の責任・権限，報告のやり方を決めておくこと.

　4)　これらのことを標準化し，十分教育・訓練しておくこと.

　5)　一段上の管理者は，部下の点検点や管理点が適切であるか否かをチェックする責任がある.

　6)　定期的に，工程に変化や異常があるたびに，その管理項目が適切であるかどうか再検討し，どんどん改訂していくこと.

　7)　代用特性でもよいから，時間的に早くデータが出てフィードバックが早くできるような項目を選ぶこと.

　8)　各人の責任や権限，権限委譲の程度，作業標準や規定の与え方を考えて決めること.

　9)　**管理項目一覧表を作るのが目的ではなく，具体的に管理することが目的である**ことを忘れないこと.

　10)　チェックの周期を決めておく. 毎時，午前・午後1回，毎日，毎週，毎月，毎期，毎年など. 一般に下級管理者ほど周期は短く，上級管理者ほど周期は長くなる. ただし，下級管理者は上司に異常報告書を出さなければならない.

　11)　この管理項目がうまく選ばれており，これがチェックリストや管理図・グラフとして，管理の道具として準備されてくれば，日報や月報を見なくても

よいようになる. 逆にいえば, 見なくてもよくなるように, 管理項目を選ぶことになる.

(3) 点検点の選定

点検点について(1)に述べたこと以外に, 前にも繰り返し述べたように, 次のようなことを考えなければならない.

1) 原因系について決める.

2) それを見て調節したり, 調整したりする項目について決める.

3) 主として作業員, 職場長, 係長など直接の現場監督者について決める. 課長以上はなるべく原因系を通常, 直接チェックしなくともよいようにしておく. すなわち, 課長以上の人々には通常, 点検点はない. もちろん管理点はたくさんある.

4) 全部の原因系を点検点とするのではなく, 重点的に, あぶないと思われる点について決める. したがって, 時とともに変化する. 職場末端の人々には点検点は沢山ある.

5) 点検点は, その担当者や職場長自身に選ばせる. その理由は

  a) 何をチェックしたらよいかと考えることが, 職場長自身のよい勉強・訓練になる.

  b) その職場を担当しているものが, その職場の実情, あぶない点をいちばんよく知っている.

  c) 選定した点検点は一段上の管理者がチェックし, それを部下の教育・訓練用の人事考課に用いる.

6) 通常, チェックリストあるいはグラフを作成してチェックすること.

7) チェックリストは常に改訂するとともに, その結果を定期的に集計し, パレート的に再発防止のアクションをとること.

(4) 管理点の選定

(1)に述べたこと以外に

1) 部下の仕事の結果の中から選ぶ.

2) 下級管理者ほど層別したデータ, 上級管理者ほど集計あるいは平均化し

5.5 管理水準

たデータが管理点となる.

3) 人・品質・コスト（利益）・量・納期・安全・公害など，あらゆる面から日常業務を考えて決めていくこと．一般に一方だけをチェックすると，たとえば品質だけをチェックすると，他の管理点，たとえば能率が下がるから両方からチェックする．一方だけを無理に押えると，他の特性が悪くなる.

4) なるべく最終結果でなく，早く結果のわかる代用特性，中間特性を選ぶこと．すなわち管理点の選び方，計測方法の工夫が大切である.

5) 工程のばらつきに比し測定誤差が小さければ，少しくらい誤差があってもよい.

6) 多くの測定値を用いた計算値よりも，測定値そのもの，生データを用いた方がよい．計算値には誤差が集積したり，何を管理したいのか曖昧になることがある.

7) 長として，方針や目標を示した特性は，管理点とすること.

8) 管理図にかいて，アクションのとれるような特性（結果）の中から選ぶこと．言い換えると，十分な工程解析を行って選ぶこと.

9) ミスや不注意の起りやすい工程では，その結果がチェックできるような特性を選ぶこと.

10) 通常，管理点の数（管理図・グラフを見る数）は2)，3)，7)を考えるとだいたい次のような数になる.

作業員	1～ 3
職場長，係長	5～20
課長以上社長・重役まで	15～50

5.5.2 管理水準の決定

1.5および5.5.1節で述べたようにして，各長は何をチェックすべきかという管理点を決め，なるべく数量化して，以下述べるようにして管理特性の水準，すなわち管理水準,管理限界を決める.

[注] 管理水準と目標値とは違う．管理水準・管理限界は管理をしていくための目安，限界であり，目標値は改善を行っていくための値である．目標値を管理図やグラフ

に記入しておいてもよいが，管理活動と改善活動が混乱しないように注意が必要である．なお目標値も，前にも述べたように，必達目標と努力目標に区別すべきである．

管理水準すなわち管理限界を決定するためには，一般に管理の準備のための管理図を作成する必要がある．管理水準を統計的に決める原則的な方法は，次のとおりである（3.9.2節参照）．

1）　過去のデータを分析して，標準がある程度作成されてきたならば，その標準をしばらく実施させてみる．この際には，標準どおりのサンプリング法，測定法で測定し，群分けしなければならない．

2）　このデータが100個以上集まったならば——1つのデータを得るのに相当時間のかかる場合には，20個か50個でもよい．ただし管理線の推定の精度は悪くなる——これにより，管理図をかいてみる．

3）　この管理図が，管理状態を示すか否か，標準値や目標値を満足するか否かチェックする．

4）　これが管理状態を示すならば，この管理線を将来の管理のための管理水準として採用する．この管理線を将来に延長して，工程を初めとしいろいろの管理に用いて，実用上だいたいさしつかえないという基準が，限界外に出る点の数が25点中0，35点中1点以内，100点中2点以内という条件である．

　[注]　もし，この準備のためのデータが，標準値などを満足しないときは，さらに解析を行う必要があるが，一般には一応現状として，これを管理水準として採用して，現状としては一応これで工程の管理を開始し，別途解析と改善活動を行っていく．

以上でわかるように，われわれは工程管理を行う準備として

①　工程を解析し

②　管理状態を作り上げるように標準を決め

③　その管理限界線を求める

ことになる．

この場合，簡単に過去のデータを群分けして，図をかいてみて，ただ漠然と管理状態の管理図が得られても，将来の工程をうまく管理するのに役だたない場合が多い．これには

①　管理目的をはっきりさせておくこと

5.5 管 理 水 準

② 群分けの意味をはっきりさせておくこと

③ 作業標準を作成しておくこと

④ 責任の所在を明確にしておくこと

⑤ 管理図の使い方の標準を決めておくこと

等々により，管理水準の意味をはっきりさせておくことが必要である．

　以上述べたことは，管理図を本格的に用いるための使い方の原則で，なるべくこのようにすることが望ましいが，わが国の多くの現状のように，作業標準ができていなくとも，あるいは過去のデータを解析して，将来に限界線を延長できるという資格のある管理状態の管理図ができなくとも，一応管理水準を決めて工程を管理することはでき，また効果を上げうる．しかし，これを長く続けると，管理がうまく行われず，壁に衝突するから，なるべく早く原則的な使い方に進むのがよい．この際には，次のような注意が必要である．

　1）　作業標準ができていなくとも，管理図は，一応従来やっていた作業どおりに今後も行われているか否かのチェックには用いることができる．少なくともグラフ化したための精神的効果は大きい．

　2）　過去のデータを解析しても，限界外に原因不明でとび出す点が25点中0などの条件以上にあるときは，これをそのまま延長しても，将来また原因不明の点がとび出すかもしれず，製品についても将来の分布を確信をもって保証することはできない．しかし延長した限界外にとび出す点が出たとき必ずその原因について徹底的に調査して，それにより1つずつ作業標準を設定していけば，次第に限界外にとび出す点も減り，原因不明も減ってきて本格的な管理へと進むことができる．

　3）　このように管理水準が確立していないときには，原則として前月のデータ，あるいは技術的にだいたい同じと思われる最近のデータから，異常データで原因のはっきりわかったものを除いて，管理水準を求めて，今月の工程管理に用いる．

5.5.3　管理水準の管理と改訂

　管理水準は生きものであるから，必要な時期には改訂を行わなければならな

い．とくに作業標準を作成し，改訂しつつ工程管理を行っていく時期においては，この改訂を誤りなく行わなければ，管理図が工程管理の道具としての役割を果たさなくなり，単なるグラフと化してしまう．

改訂すべき場合(3.9.3節参照)は，だいたい品質標準を改訂(5.2.1節の(4))すべきときとほぼ一致する．各管理図について，管理水準改訂の責任者を決めて，管理図原簿に登録しておくこと．またできれば，改訂方式も決めておくとよい．

1) 工程やポリシーなどに変化がなければ，工程管理を開始して，当分の間は1カ月ごとに，あるいはデータ100個ごとに再計算し改訂する．

2) 工程が長く管理状態を示していて，点がすべて限界内に入っている場合には，3カ月ごとに，データ500個ごとくらい，あるいはさらにそれ以上の期間で改訂を行えばよい．このように多くのデータから管理水準の値を推定すれば，その推定の精度もよくなる．

3) 工程が管理状態を示さず，ときどき限界外に点がとび出すときには1カ月ごと，データ100個ごとに検討した方がよい．この場合，もちろん異常原因を追究し，原因が判明して処置をとったデータは除去して再計算する．原因は判明したが処置のとれないデータ，および原因不明のデータは，除去せずに再計算するのが原則である．

[注] 限界外にとび出した点について，原因はわかっても，その工程の管理責任では処置のとれないようなデータを多く含む管理水準を用いるのは，工程管理の責任が不明確になるから，不適当である．このような場合には，その原因による影響を推定し，データを修正して限界を再計算するか，あるいは層別して管理水準を求め，その工程の管理限界とするとよい．

[例] 管理水準の悪い例

a) 点が相当期間，連となり，また限界外にとび出しているような管理図を毎日プロットしている．

b) 毎月，点をプロットする際には，管理線を引いてなく，月が終わってから計算して記入している．

c) 規格値を記入しておき，これより出たらアクション，主として調節を行っている．これは工程管理と検査との混乱，あるいは異常原因の除去と調節との混乱である．

d) 過去のデータ，工程の実力と無関係に厳重な限界を与えている．

5.6 異常原因と管理標準

5.6.1 異 常 原 因
工程における異常原因は，いろいろに分類できる．

（1） 標準による異常原因の分類
1) 標準どおりやっていないため

2) 標準どおりできないため

3) 標準が悪いため

4) 標準に決めてないため

（2） 原因別による異常原因の分類
1) 管理不十分なことに原因しているもの

   ① 人的原因

   ② 機械的原因

   ③ 原料的原因

   ④ 計測的原因(サンプリング・測定・計算などの誤差を含む)

2) 技術的検討を要するもの

3) 外的条件によりやむをえないもの

4) 原因不明のもの

と分けられるが，通常品質管理を推進している工場では，1)によるものが最も多く，2)，3)，4)の順となっている．管理図をうまくかけば，1)の割合が多くなる．4)の原因不明が多いのは多くの場合，工程の解析，したがって標準化不十分，技術が劣っていること，あるいは管理図のかき方，とくに群分けの悪い場合，管理の考え方が職場内でよくわかっていない場合などである．3)のやむをえないものという原因は非常に少ないものである．一般に社内に誰かアクションをとる責任者がいるはずであるから，あきらめずにアクションをとらなければならない．たとえば外注関係がうまくいかないのは受入れ側に60～70％責任があり，アクションがとれるものである．

（3） 発生の型による異常原因の分類

1) **系統的**に起る異常原因(主として技術担当責任)

  ① 系統的に，瞬間的に起きる原因. たとえばある周期をもってポツンと出る

  ② 系統的に，起きると引き続き異常を呈するような原因

2) **散発的**に起きる異常原因(主としてラインの管理責任)

3) **慢性的**に起きる異常原因(技術か管理の責任)

  1)は 層別あるいは 相関分析などにより，その 原因を 発見しやすいものである. 2)は限界外に点がとび出したら，丹念にその原因を捜すことにより発見できる. これは管理図がうまくかかれていれば1)に比し原因探究が容易である. 3)は再発防止のアクションをとっていない証拠である. たとえば，作業員の不注意，治工具・計測器・設備機械の整備不良，悪い原料のためなどというのはこれに入る.

（4） 統計的な型による異常原因の分類

さらにこれらの型を統計的に分類してみると次の2つに分けられる.

  ① 母数模型的な原因

  ② 変量模型的な原因

（5） 工程以外の異常原因

異常原因が工程以外にあることも案外多い.

1) ロットについて：異質ロットの混入

2) サンプリングについて

  ① かたよりのあるサンプリング

  ② 信頼性のないサンプリング

  ③ サンプリング方法標準の不備

3) サンプルについて：サンプルの間違い，サンプルの取扱い不良

4) 測定，試験について

  ① 測定や試験が管理されていない：測定などのミス，あるいは誤読，測定試験器具の誤用，あるいは整備不良

5.6 異常原因と管理標準

② 測定方法標準などの不備

5) データについて：記録や計算の間違い，プロットの間違い，データの加工，異質データのプロット

（6） 異常原因の整理

以上のようにいろいろの分類ができるが，これを次のように整理して再発防止のアクションや工程管理のためのアクション基準を作っておくとよい．

1) どの原因が最も起りやすいか，度数を調べ，パレート図などを作成しておく．

2) どの原因により，どの特性が，どのように異常を示すかを調べておく．たとえば $\bar{x}, R$ いずれが変化するか．限界外にとび出すか，連になるか，傾向を示すか，その他点の並び方の変化は．

3) 限界外の点の個数やパーセントを，週ごと，月ごとにまとめてグラフあるいは管理図として長い目で見た管理状態を調べる．そして，その状況に応じて原因の捜し方，処置のとり方を標準化しておく．

5.6.2 管 理 標 準

管理をうまくやっていくためには，管理のやり方，判断のしかた，アクションのとり方などの責任と権限をできるだけはっきりさせ，標準化して，権限の委譲をしておくとよい．これを管理標準という．

以下，管理図を用いていく場合の管理標準を中心として述べるが，管理図を用いない場合も同じような考え方で，管理標準を作成してゆけばよい．

管理図により，工程の管理を日常作業として円滑に進めていくためには，その作業標準——一種の管理標準といってもよい——を作成しておくことが必要である．とりあえず，各現場に1つでもよいから**使える管理図を作り，その味を覚えよ**．

1) 管理図に整理番号を打って，登録しておく．

2) 管理線の記入．誰が，いつ計算し，あるいは再計算し，誰の許可を得て記入するかを決めておく．

3) 誰が，いつ，どのようにサンプリングし，測定するかを決めておく．デ

第5章 工 程 管 理

ータをどの用紙に記入し，誰に，いつまでに報告するかを決めておく．

4) 点を管理図にプロットする．誰が，いつ計算し，どのように．

5) 管理図を誰が見るべきか，どのような周期で見るべきか，誰の管理点かを決めておく．

6) プロットした点により，工程が管理状態にあるか否かを判定する．いかなるときに管理状態にないと判定すべきかという，判定基準を決めておく．

7) 工程が管理状態にないことを示したときの処置方法を決めておく．誰が，どのようにして原因を捜し，原因を発見したら，あるいは原因不明のときに，どのように処置をとるかを決めておく．すなわち，最下級のところから各職位に応じて，できるだけ権限を委譲して，標準化しておく．1.5節でも述べたように，この権限を委譲するための標準化が，管理の1つの重要なポイントである．これには，下級者からできるだけ具体的に決めておくことがたいせつである．

8) 上長へ，あるいは関係部門へどのようなときに，どのようにして報告するかを決めておく．

9) 各管理責任者が，その権限でとってよい処置を決めておく．

10) 必要ならば，今後その原因が起らないように，いかなる手順で処置をとるべきかを決めておく．標準類との関係を決めておく．

11) 工程が長く管理状態を続けたときの，処置方法を決めておく．

ここでは，管理状態が長く続いた場合にどのようなことを考え，どのような処置をとったらよいかについて，簡単に述べよう．

a) 工程上，非常に重要な管理点については，従来と同様に管理図を続けて用いていく．

b) 工程上，あまり重要でない管理点については，サンプリング間隔を次第にあけていく．あるいはサンプリング個数を次第に減らす．そして場合によっては測定は行っても管理図にプロットするのを中止したり，あるいは測定も中止して，管理経費の節約を図る．

c) 層別した管理図において，工程が長く管理状態を示し，かつ層間の差を

5.7 工程管理がうまく行われているか否かのチェック方法　　321

示さない場合には，これらをプールして1つの管理水準を決め，これに各データを一緒にしてプロットしてよい．管理図にはプールしてプロットしても，あとでそのデータにより工程解析が行えるように，ロットやデータを層別してとっておくとよい．

d) 管理水準，品質標準，作業標準の改訂期間を延長していく．

e) 工程が長く管理状態を続け，しかも製品が検査に不合格になるものがなくなり，その特性についての消費者のクレームがなくなれば，製品の検査間隔，検査個数を減らして，チェック検査に移っていく．そして最後には，無検査出荷にする．

f) その管理状態が，品質目標をいまだ満足していなければ，さらに工程解析を行い技術的向上を図る．

5.7 工程管理がうまく行われているか否かのチェック方法

（1）総合的結果によるチェック

工程管理の結果の良否を，最終的には，品質，原価，原単位，能率，安全，利益，売上，占有率などによって判断し，あるいは工程管理の向上，ばらつきの減少，技術的能力の向上など，総合的結果からこれをグラフ化して判断するのが最もよい．しかし

a) 他の要因の影響(たとえば原材料，部品，設備，作業員など)が混ざり合っている

b) データとして求めにくい．たとえば，官能検査的なデータ，時間がかかる，層別して求められない，など

c) 判断する基準が明確でない

などの理由から，工程管理の良否の判定尺度としては，望ましい尺度ではあっても，実用的でないことがある．

（2）QC 診 断

一方，工程管理のやり方が適切であるかどうか，すなわち結果だけではなくて方法でチェックすることも必要である．結果は，精神的努力だけで，あるい

は偶然によくなる場合もあり，その結果の永続性を保証していない．これについてはみんなの考え方ややり方，TQC の特徴の1つであるプロセスを監査することが有効である．

（3） 新製品開発の工程管理チェック

新製品は企業としてもたいせつであるし，この QC や工程管理がうまくいくようなら，相当 TQC や工程管理が進んでいるとみてよいから，新製品開発工程がうまくいっているかどうか，設計変更件数のステップ別件数，新製品立上り時の様子，売上高，クレーム件数とその内容などをチェックすることも有効である．

（4） 管理図が工程管理にうまく用いられているか否かのチェック

このチェックは，半年か少なくとも1年に1回は行う必要がある．

1) チェックする際の注意事項

① どのような仕事を管理するために用いられているか．

② 特性値は適切か．

③ 異常原因の除去，調節，検査などの混乱はないか．

④ 管理図使用のための管理標準は適切か．

⑤ 異常原因の出方に変化はないか．

⑥ アクションのとり方の標準は適切か．それを改善する必要はないか．確実にアクションがとられているか．再発防止のアクションをとった結果，確かによくなっているか．

⑦ 現在の管理図の種類，管理限界，かき方，群分け，サンプリング間隔や測定方法でよいか．

⑧ この管理図をまだ続ける必要があるか．

⑨ 工程能力に変化はないか．

⑩ 作業標準は適切に改訂されているか．

2) 管理図の枚数

全工場，あるいは全社的に管理図の種類や枚数を，1年に1回くらいは整理してみることもよい反省材料となり，TQC の発展状況を見るよい目安になる

5.7 工程管理がうまく行われているか否かのチェック方法

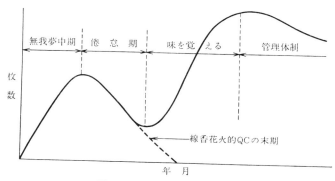

図 5.2 管理図の枚数の変化

ものである．一般に管理図の枚数は，品質管理が導入されてから図5.2のような変化を示していくものである．

無我夢中期：品質管理とは管理図をかくことであるという誤解で，要因，点検点，異常原因の除去，調節，作業標準ということを考えずにむやみに管理図をかいている時代．精神的効果はある．

倦怠期：管理図にあきてきて，あとに述べるように管理図無用論のとび出す時期で，口では使える管理図を作ろうといっていながら，実はファイトは消滅していて，そのままにしておけば，いわゆる 線香花火的 QC の 末期症状で，管理図は自然消滅してしまう．

味を覚える：管理特性，チェックとしての管理図の真の意味と味がわかり，全社的に管理の網が張られ，管理図の枚数は急速に増加する．

管理体制：管理が完全に行われるようになり，あるいは管理がうまくなり，ある程度まで管理図の枚数が漸減する．

管理図の枚数やその使用状況について，半年あるいは1年に1回くらい全社的に診断を行い．表5.2ような報告書を提出するとともに，これを長期的にグラフ化して，その変化状況をチェックしていくとよい．表中の分類評価の基準は以下の通り．

管理用A：工程はあまり細かい管理をしなくてもよいくらい安定しているか

第5章 工程管理

表 5.2 管理図診断報告書

課・係名	管理用 AA'BC	解析用 DE	調節用 F	グラフ G	消滅	$\bar{x}-R$	x	p, pn	c, u	小計
~~										
~~										
小　　計										
パーセント										

ら，サンプリング間隔をあけたり，サンプル数を減らしたり，場合によっては管理図を中止してもよい.

管理用A'：工程能力は十分，規格・目標を満足しているし，うまい管理が行われているから，このまま管理を続けていってよい.

管理用B：管理用としては工程は一応うまくいっているが，工程能力やや不十分.

管理用C：最近工程が乱れている. このままでは問題が起きる. 解析，研究が必要.

解析用D：解析用としてうまく活用されており，管理用にも併用できる.

解析用E：解析不十分，さらに解析が必要である.

解析用F：管理図とはいえない. 異常原因の除去と調節を間違えている. 調節図と名称を変えるか，管理項目の再検討を要す.

グラフG：管理図になっておらず，グラフとしてながめているにすぎない.

消滅：管理図原簿には登録されているが，現在かかれていないもの.

（5）　管理図の長期的見方——工程管理，工程解析，標準類改訂の関係

問題とする管理特性の管理図を，1年〜数年分を月の順に並べてみる. 管理図ならそのまま並べてもよいし，各月の管理線を求め，その値だけをひと月ごとに順にグラフ化してもよい. 特性がいくつもあれば，これを平行にいくつか並べると，なおよくわかる. この見方は工程管理のみならず，すべての仕事が長期的にうまく行われているかどうかを見る場合にも有効である. またこの方

5.7 工程管理がうまく行われているか否かのチェック方法　　325

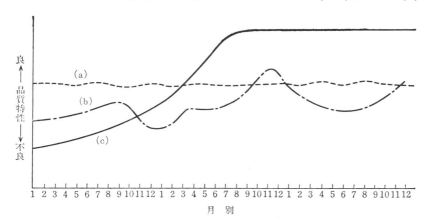

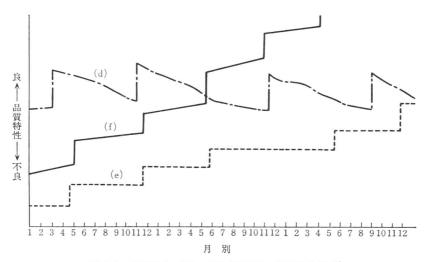

図 5.3　長期的な工程の変化（管理図の長期的な見方）

法は QC 診断に用いるのもよい．

　平均値の中心線を次々と並べてみると，だいたい次のような型が現れる．図 5.3 にその一例を示す．R についても同様なことがいえる．

　これらの図より，だいたい次のように考えてよい．

　（a）型　管理をよくやっており，常に一定の品質のものを作っている．ある

いは技術的に冬眠状態. 改善がほとんど行われていない.

（b)型　管理もやっていないし，解析もやっていない. 景気変動により相当品質を調節している. 悪くいえば信用のおけない会社.

（c)型　工程解析を毎月よく行い，作業標準の改訂を確実に行って，たえず改善・管理している. 管理思想が次第に徹底している. だいたい6〜20ヵ月で飽和点に達する. こうなると設備改善を行うか，技術を根本から考えなおさなければならない.

（d)型　設備投資や工場実験はよく行うが，これが十分活用されておらず，管理も行われていない. 管理が徹底していない.

（e)型　設備改善，実験計画その他の技術的向上を積極的に行い，管理もよく行われている. 欧米型のよいタイプ.

（f)型　実験計画，設備投資などにより，たえざる工程改善，技術革新的向上を積極的に行い，しかも毎月過去のデータを解析し，丹念に工程解析を行い，管理もよく行っている. これが**日本的に最もよいタイプ**.

5.8　管理図および工程の管理状態の利益

（1）　管理図を用いることによる利益

管理図を工程のチェックの道具としてうまく使っていくと，従来の数字の多数並んでいる日報を用いる場合に比し，以下のような利益がある.

1)　データをグラフ化することにより，情報がくみとりやすくなり，とくに時間的変化や，異常がすぐわかるようになり，管理が容易にできるようになる.

2)　長期間にわたる工程の仕事を一目で把握できる.

3)　ばらつきの概念が作業者や管理者に入りやすい.

4)　管理線により判断を下すことになるので，判断が客観的になる. 水掛け論，感情論がなくなる.

5)　その原因に対し，アクションが確実にとられているか否か，チェックしやすくなる. アクションの結果をチェックしやすくなる.

6)　異常なばらつきを重点的に押えることができるから，工程を改善して管

5.8 管理図および工程の管理状態の利益

理状態にもっていきやすい．そして広義の品質が向上する．

7) 社内の責任と権限を次第に明確化していくことができる．

8) 作業標準を初めとし，標準類が合理化されてくる．

9) 工程を管理状態に保持できる．

10) 工程能力を科学的に決定することができる．

11) 技術者の仕事がやりやすくなる．

12) 現場は技術部門の援助を得やすくなる．

13) 作業員・職場長・QC サークルは作業標準，治工具，ゲージ，計測器，部品などが不適当であることがわかりやすくなるので，アクションがとりやすくなる．

14) 作業員・職場長・QC サークルに仕事に対する興味をもたせるようになり，自主管理ができるようになる．

15) 異常原因の統計をとることにより，設備，装置に対し，合理的な投資ができるようになる．

16) データ，測定，サンプリングについて全員が注意するようになる．

17) 管理者がヒマになり，将来のことを考えられるようになる．

（2） 工程の管理状態の利益

工程を人も，材料も，機械も，仕事のやり方もすべて安定させ，管理状態にしていくのが管理の1つの目標であり，このようになればすべてうまくいくようになる．工程の管理状態によって利益となる項目をいくつかあげてみよう．

1) 工程が最大能力を発揮できる．

2) 作業が標準化され，作業がやりやすくなる．

3) 測定，試験個数や回数を減少させることができる．

4) 管理者は安心して，仕事を任せておける．

5) 将来に対する計画も自信をもってたてられ，契約も安心して行える．

6) 技術的向上を重点的に行うことができるようになる．

7) 将来に対する新規計画をたてる余裕が十分出てくる．

8) この管理状態が保証品位を十分に満足していれば，検査しなくとも品質

328 第5章 工 程 管 理

が保証できるようになり，検査コストが下がる．

9) 消費者に対して，安心して製品を保証できる．

10) 予算統制，原価管理が行いやすくなる．

5.9 調節基準の決め方

これまで5.3節を初めとし，各所で異常原因の除去と調節との違いについて
述べてきたが，ここでは調節基準の決め方について述べる．3シグマ管理限界
は，異常状態の判断や異常原因の除去には適切であるが，調節限界，基準は別
の立場から規格値などを考えながら，統計的に決めなければならない．

最初に，次のことをはっきりさせておこう．

1) ある状態(メーター，厚さ，水分など)を見て，ある基準に従って，調節
する(バルブをひねる，原料調合を変える)ことを調節という．

2) 工程には，無調節の場合でも存在するばらつきと，その要因を調節する
ことによって動くばらつきとがある．

3) 調節というのは，一般的にいえば，無調節の場合のばらつき，分布の平
均値を変えることである．したがって，調節基準を決めるには，次のような項
目を調べなければならない．

① 無調節のときの ばらつきの 標準偏差，分散など(移動範囲，合理的群
分け，ヒストグラムなど，サンプリング誤差や測定誤差も求めておく)．

② 何目盛りか調節したときの 調節効果．必ずしも 直線的ではない(平均
値の差の推定，層別，回帰分析)．

③ 調節してから効果が現れるまでの時間的ずれ(測定時間も含む)．

④ データをとってから，判断し，調節するまでの 時間的ずれ(フィード
バックの時間)．

⑤ 工程が変化したのに気がつかなかったロス，調節のためのコスト，調
節のやりすぎのためのロスなどの経費関係．

またそのためには，自動制御の考え方，理論とともに，統計的手法を活用し
て量的にデータをつかまえることが必要である．

5.9 調節基準の決め方

これらの値を結びつけて，理論的には工程が安定するように，利益最大になるように，あるいはコスト最小になるように方程式を解き，調節基準を決めることになるが，いろいろの場合があるのでここでは省略する．しかしむずかしい数式を用いなくても，上記の値がわかっただけで，簡単に調節基準を決められる場合も多いので，まず上記の調査を行うことがたいせつである．

調節基準として，次のことを決めなければならない．

1) どのデータを見て調節するか決める．

2) そのデータのとり方を決める．

この場合には，工程の平均値を精度よく推定する必要があるので，無調節のときのばらつき，サンプリング誤差，測定誤差が大きいときには，統計的に工夫が必要である．たとえば連続サンプリング，系統サンプリングの応用，測定回数をふやして平均値をとるなど．あるいは，根本的に工程の無調節の場合のばらつきを小さくする．

3) 調節限界を決める．

2)で求めた値がある限界値，調節限界を超えなければ調節をしない．従来，この値がはっきり決められていないために，調節しなくてもよいのに，調節してはならないのに調節して，工程を乱している場合が多い．いわゆるオーバーコントロールである．これは無調節の場合のばらつきにふりまわされて，統計的にいうとあわてものの誤りを犯しているのである．調節限界値を超えたら，前に調査してある調節量とその効果の関係を用いて必要量の調節を行う．この調節限界値と調節量を，統計的方法を用いて解析して，決定することになる．

この調節限界は，中心線は目標値をとり，限界の幅は，データの平均値のばらつきの3シグマ限界ではなく，著者の経験では1.5〜2.5シグマくらいの間に最適値がありそうである．

調節量は，連続的に変えられる場合と，段階的にしか変えられない場合とある．連続的に変えられる場合には，限界値から目標値へ戻す量だけ調節すればよい．段階的に調節するときは，それを考慮して調節限界を決めて，1段，必要があれば2段の調節を行う．この考え方は計測器の校正のときにも役に立

つ.

　これらの調査のためには，従来どおり操業して，調節したときに何を見てどのくらい調節したかという記録，その効果を相当な期間にわたってとっておくとよい.

　このようにして，調節基準を決めることになるが，基準ができてから，やはりその結果をチェックして調節基準という作業標準を改訂していく.

　この調節が複雑になり，その都度各種計算が必要ならば，オンラインのコンピュータ・コントロールになるし，簡単な場合で，しかも常に同じような調節を必要とする場合には，自動制御となる．しかし，これらの調節は，あくまで他の要因による変動を，別の要因により押さえているのであるから，うまい管理特性を選んで，管理図を作成し，コトロール・システムの管理を行い，最終的には，その真の要因を除去して，無調節でうまく工程を押えてゆけるような管理体制へもっていくことが理想となろう．すなわちコンピュータ・コントロールや自動制御のないのが理想的な状態である.

第6章　品質保証と検査

6.1　品質保証とは

　品質保証(quality assurance，QA)こそ品質管理の真髄である．品質保証とは，簡単にいえば「消費者が安心して，満足して買うことができ，それを使用して満足感をもち，長く使うことができることを保証することである」，「品質保証とは，品質についての消費者との1つの約束であり，契約である」．

　実際にはいろいろな問題がある．たとえば，従来品質保証ということについて，次のような誤解がある．

① 検査を厳重にしていれば，品質保証をやっている

② 不良品だったら無料で良品と交換すれば，わが社は品質保証をしている

③ ある期間無償で修理すれば，保証している

などと思っている誤りである．とくに，②，③は保証の責任をもっているので保証しているわけではない．むしろ製品に不良品が入っていること，使用中破損することを保証しているようなものであろう．もちろん，これらも品質保証の一部であることは確かであるが，これだけではとても品質保証をしているとはいえない．

　　［注］　ホショウという言葉について

　　品質ホショウといった場合に，保障，補償，保証というようにいろいろの漢字が使われており，人により，業種(法律や消費者，建設関係，QC 関係など)により少しずつ意味が違っているようである．英語でも，security, compensation, assurance, guarantee, warranty などいろいろあり，その使い方もはっきりしていない．

　　ここでは補償といえば償うという意味であるから，補償期間といえば購入して一定期間は，販売したものの責任については無償で修理しますという期間である．たとえば乗用車であれば2年間あるいは5万 km まで，どういう場合に無償修理しますという期間

である.

　一方，保証という意味は，消費者に長く使っていただいて御満足いただくという意味であるから，元来保証期間といえばこの商品は何年間使えますよという意味で，摩耗部品などもあるので補償期間後も何年間は有償で修理・サービスするという意味である．もちろん使用者の使い方，点検，手入れの仕方によって変わるものではあるが，たとえば乗用車の場合でいえば，耐久性もよくなったので，保証期間は最低15年にすべきであると思っている．商品によっては法律で，補給部品を発売後3年間，5年間あるいは7年間もっているように決められているものもあるが，これは最低責任目標であって，各企業ごとに保証期間の方針を決めて，もっと長期間部品を補給できる体制をつくっておく責任がある．部品をlifetime supply(わが社の製品が動いているかぎり，部品を補給します)といっている会社もある．なお耐久消費材の場合に保証書がついていて，保証期間1年とあるが，これは補償期間とすべきである．それは1年の保証期間が過ぎたらすぐ壊れたり，使えなくなるわけではないからである．

　出荷後使用しなくても次第に品質の低下するもの，これは貯蔵方法によっても変わるが，たとえば写真のフイルム，医薬品，食料品などについては，貯蔵上の注意事項と何年間は大丈夫ですという保証期間を明示すべきであると考えている．

6.2　品質保証の原則

　品質保証を行って，使用者・消費者に，買う前にも，買ったときにも，購入後も，その用途に対して十分性能を発揮し，ある一定期間は十分性能を発揮し続けること，すなわち製品やサービスが消費者を満足させる信頼性をもつことが必要である．そして消費者からその品質について，あるいはさらに広くあの会社の製品やサービスならば新製品を購入しても大丈夫だというように会社の質について信用をうるようになれば，品質保証ができているといえよう．

　これを実現するためには，次の原則を実施していく必要がある．

　1)　消費者主義に徹し，消費者の要求をしっかりつかまえること．

　消費者が何を要求しているか，何をどのように保証してほしいかなどをしっかりつかまえること．国により状況は違うし，消費者は分極化・多様化しているので今後は当然多品種少量生産になる．また一般に消費者は素人であり，自分の要求がはっきりしていなかったり，潜在化したりしている．売手である生産者あるいは販売者はプロであるので，誘導尋問的にその要求を明らかにして

6.2 品質保証の原則

いく必要がある．これと逆に，旧式なつくったものを売ってやる式の生産者主義になっては，とても消費者の満足は得られないし，品質保証もできない．

2) 品質第一主義を明確に打ちだし，社長以下全従業員，セールスマン，サービスマン，さらに納入業者，流通機構の人に至るまで，全員が品質に対して関心をもつこと．

人間が皆その気にならなければ，品質保証ができないことは自明の理であろう．このためには全社的品質管理(TQC＝CWQC)さらに外注・流通機構まで含めた皆が協力して，一丸となって品質保証ととりくむ集団的品質管理(GWQC)が必要になってくる．

3) 品質の PDCA を常に回していくこと(1.4.1 節，図 1.2 参照)．

われわれがいくら消費者主義に徹し，よく調査をし，よく考えて品質設計をし，品質保証をしようと思っても必ず落ちがあるものであるし，消費者の要望はたえず上がってゆき，変ってくるものであるから，品質の PDCA を回してたえず品質改善を行っていかなければならない．

4) 品質保証の責任は生産者(販売者)にあり．

品質保証の責任は生産者，つくった人にある．販売会社，スーパーやデパートが，他社に製品仕様書を作成してつくらせた場合は，品質保証の責任は生産者すなわち販売会社にある．

協力企業であれば，納入者に品質保証の責任がある．

納入者が TQC を行い，品質保証がしっかりしていれば，購入会社は安心して無検査購入ができるのである．わが国の TQC の進んだ企業では80〜90％を無検査購入している．

これを企業内でいえば，品質保証の責任は，製品企画部門，設計部門，生産部門にある．**検査部門や品質保証部門には，原則として 品質保証の 責任 はない**．たとえば生産部門は自主管理・自主検査をしっかり行い，消費者に満足を与えるような品質保証を行う責任があるということである．これがうまくいけば，検査部門や品質保証の人員を大幅に減少することができる．出荷検査部門や品質保証部門は，消費者の立場にたって品質をチェックしたり，製品責任問

334 第6章 品質保証と検査

題(6.6節参照)について検討するのであって，品質保証の責任はほとんどない．したがって消費者から不満や苦情がきたときには，トップは，（購買）企画，設計，製造部門を叱るべきであって，**検査部門などを叱ってはならない**．もちろんその前に企画，設計，製造部門に品質保証を行う責任があることを明確にし，品質保証体制をつくらせておく必要はある．

5) 以上消費者を対象として考えて述べたが，社内においても「**次工程はお客様**」であるので，次工程に対して以上述べた品質保証の原則を実施していくことになる．

6.3 品質保証のやり方と品質保証体系

（1） 品質保証のやり方

品質保証の進歩については1.3節に述べてあるので，簡単に要約する．欧米流の検査重点主義の品質保証から，日本で品質保証を始めてすぐに工程管理をしっかり行って不良や欠点をなくしてしまおうという工程管理重点主義の品質保証を始めた．そして品質の向上と生産性向上に成功し，適正価格で良い製品ができるようになった．しかしこれだけでは，新製品の企画や設計が悪ければ，あるいは原材料の選定が悪ければ，いくら工程管理をやっても品質保証できないということがわかってきた．そこで1950年代後半から，もっと源流へさかのぼって，企画・設計・試作・量産試作などの段階から新製品開発中に重点を置いて品質保証を進めるやり方に進んできた．

以上のように新製品開発中に品質保証を行うシステムができても，ものを生産する以上工程管理はしっかり行わなければならないし，不良品がある間は全数検査をしっかり行わなければならない．

さらに外注・納入業者から，流通機構，アフターサービスまで含めて，すべての関係会社がTQCを実施するという，**集団的品質管理（GWQC）を推進する****ことにより，真の品質保証体制ができる**のである．

ある企業が，この品質保証体制を世界中に完成するためには10年以上かかるものである．

（2） 品質保証体系

新製品開発から販売，アフターサービスまでの品質保証のやり方，すなわち品質保証体系については1.6.2節に述べた．さらに詳細については『品質保証ガイドブック』[1]などを参照されたい．

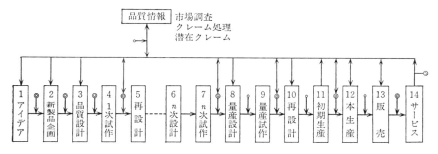

図 6.1　品質保証のステップ

ここでは，新製品開発に絞って，そのうちの重要な項目についてだけ具体的な項目を挙げる．図6.1は図1.16と基本的には同じものである．

実際には，製品の種類別に品質保証のための各ステップの標準化，チェックリストの作成，それら管理方式を具体的に作成し，実行する．しかしこれは，1回ですべて成功するものではない．その失敗を反省して，次の製品で失敗しないよう，再発防止のやり方を標準化し，技術と経験を蓄積する．これを何回も繰り返し，管理していって，初めて品質保証体制ができあがるのである．

新製品企画　新製品開発にあたっては新製品企画書をしっかり決めておく．これを基準として以下の仕事を進めていくことになる．その内容は

1) 対象となるのはどのような消費者か
2) 販売値段および目標原価（原価企画）
3) 月間販売量と販売期間などの予想
4) 品質企画（なるべく消費者の言葉，真の品質特性で）
5) 発売希望時期

---

1) 朝香・石川編：『品質保証ガイドブック』，日科技連出版社，1974．

などである.

品質設計 まず1.4節に述べた品質のことをしっかり勉強し，品質解析を行い，以下の，図6.1のステップ3から10までの設計，再設計を行っていくことになる.

1) 保証すべき特性(性能)が何であるかをよく調査する. 市場調査・製品研究あるいは納入先の規格だけでなく，真の品質要求をよく聞くこと. とくに，品質の重要度や測定方法をよく打ち合わせておくこと.

2) どのくらいの寿命の製品にするかを決める.

3) 安全，誤用，製品責任問題は大丈夫か.

4) 交換部品をどれにするか，その寿命，頻度を決める. 以上により品質標準を決め，それから外れているかどうかを測定評価する方法を決め，検査方式，耐久試験方式や条件を決める.

5) この段階でQC工程図Iを作成し，どのように生産していくか，どのように工程管理していくかという目安を決めておく. そして，関係のある原材料規格，部品公差などを決める. これに必要な社内および納入者の工程能力を調べる.

6) 試作を行い，その性能，寿命などを調べるため実用実験を行い，各部門協力して品質評価を行う. 必要ならば，納入先で実用実験をしてもらう.

7) 使い方，点検手入れ法のインストラクションを作成する.

8) 製造・検査・購買・営業・サービスなどからの情報，各種工程能力を解析し，すぐに品質の再設計を行う.

設計審査(Design Review, DR) 設計審査は狭義にいえば図面審査となるが，ここではもっと広義にステップ2の新製品規格からステップ12の本生産へ入るまでに，図6.1の◎印および○印でチェックすべきことを簡単に述べることにする.

1) 性能，信頼性，保全性，サービス性，安全(特に製品責任対策，6.6節参照)・公害，デザイン，作りやすさ，QC工程表，原価，ライフサイクルコスト，法規，パテントなど.

6.3 品質保証のやり方と品質保証体系

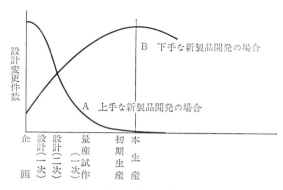

図 6.2 設計変更件数

2) 参加すべき部門：販売，企画，設計，デザイン，品質保証，検査，試作・実験，購買，生産技術，製造，輸送梱包，原価，法務，特許などの専門家．

3) 審査に際しては，消費者に対してセールスポイントのある，十分品質および信頼性が保証できて，新製品企画書，企画品質目標を満足できているかどうか，生産しやすいか，目標原価で生産できるかどうかなど，および1)に述べた項目を満足しているかどうかなどを消費者の立場にたって審査を行う．設計試作部門を非難するのではなく，みんなで協力して良い製品をつくりあげていくために審査を行うのである．

4) 審査に際しては，性能や信頼性のテストデータ，外注，作りやすさ，工程能力に関するデータ，特にまだ目標品質や原価に対して不十分なデータ，設計・試作上問題の残っている点を明確にして行うこと．

5) 特に重要なことは，1次設計・1次試作にはなるべく多くの関係者が参加して，できるだけ多くの不具合点を摘出してしまい，設計変更件数が図6.2のA曲線のよう，できれば量産試作段階では，少なくとも初期生産段階では設計変更ゼロになるように審査を行う．これが図6.2のB曲線になるようでは，新製品開発が下手な企業であり，こんな企業の新製品では「新製品は買いません」ということになる．

6) 新製品開発中の品質および信頼性保証のためのテスト項目，テスト条件

は，ボールペンのようなもので数百項目，乗用車のようなものでは2〜3,000項目となろう．このテスト項目，テスト条件は企業のノウハウであり，これを次第に完備し，その技術を蓄積した企業が，品質および信頼性保証のできた新製品開発に成功することになる．またこれらのデータを製品責任対策(PLP)上もしっかり整理して保存しておく必要がある．

7) 材料や部品，工業用製品の場合には，自社で製品研究を行うとともに，よいユーザーを見つけて，共同研究開発および評価を行うとよい．

工程設計と管理

1) 量産試作前に QC 工程図 II を作成し，初期生産までに完成していく．

2) 品質標準や工程を満足するような原材料，部品を購入する．

3) 管理を十分に行い，ばらつきの小さい製品を工程で作り込む．とくに寿命・信頼性の問題は検査で保証することが困難な場合が多く，むしろばらつきの小さい管理状態を確保することによって，初めて信頼性が確保できる．極端にいえば，信頼性は管理状態によってのみできるといってよい．

4) 工程中の検査によりなるべく不良品を早い段階で除去する．

5) 工程中どこで，何を，いつ，どのような耐久試験をするか決めておく．

検　査

1) どこで，いつ，どのような検査をするかを標準化する．

2) 全数検査および代用特性による検査は，なるべく製造部門が行う．

3) 検査部門は，性能検査，消費者の立場にたった検査，製造部門の検査をチェックするような検査を行う．

4) 品質規格あるいは図面寸法などのうち特性の重要度を決め，どれを検査項目とするか，それを誰が決めるか，その検査の調整をいかに行うか．

5) 消費者および社内各部からの情報により検査標準の改訂を行う．とくに官能検査では，消費者の水準と検査の水準を合わせることがたいせつである．

6) 必要ならば寿命・性能検査を行う．そして，信頼性の管理状態，代用検査特性の検討を行う．

7) 全数検査の自動化．

サービス

1) サービス方式およびサービス網の確立.

2) サービス技術者の養成.

3) 交換あるいはサービス部品の準備と長期確保.

4) 部品交換, 修理, サービス, クレーム処理などの情報を, 解析しやすいような形式として関係部門へフィードバックする.

必要ならば, 会社中で客観的な立場にたてる部門, たとえば本社品質管理部に QA グループ(品質保証グループ, quality assurance group)をおき, どこからでも自由に品質情報がとれるようにし, 設計から消費者の使用状況までを通じた品質監査(quality audit)業務を行わせる. そして, ここに出荷停止についての権限をもたせる. 全社的な品質保証のサークルを回すセンターとする.

[注1] 以上とまったく同様に, 原価についても, 原価目標からステップ別に原価管理を行って, 開発中に高くなりがちの原価を, 原価目標に合致するように工夫, 管理していく必要がある.

[注2] 新製品開発はなかなか予定どおりに進まず, 時間的に遅れたり, そのために品質や信頼性保証が不十分になったりしがちであるから, その進度管理, 納期管理をしっかり行う必要がある. 似たような新製品開発をつぎつぎ行う場合が多いから, 新製品開発の標準日程を決めておくとよい. たとえば新製品企画書が出てから8ヵ月目に量産試作を行い, 10ヵ月目に本生産を行い, 11ヵ月目に販売するというように.

6.4 なぜ不良品が出るか, その対策は

メーカーにとっての不良品ではなく, **消費者にとっての不良品**が出なくなれば品質保証が行われているといってよいであろう. 以下, どんな場合に不良品が出るか, およびそれに対する対策を簡単に述べてみよう.

① 工程中であるいは出荷検査のときに悪いものが出る

② 消費者の要求する品質と別のものが作られてしまう

③ 消費者の手へ届くまでに悪くなる

④ 消費者の受入検査で悪いものが出る

⑤ 消費者が使ってみると悪い

⑥　消費者が使っているうちに悪くなる

⑦　消費者の使い方が悪いために悪くなる

以上でわかるように，不良品，悪いものに対する定義にもいろいろ問題がある．品質保証としては

①　相手の要求している品質特性やそのレベルをつかまえる

②　悪いものが出荷されないようにする

③　製品品質の寿命保証(信頼性，reliability)の定義と期間を決める

④　悪いものが出た場合の対策を決める

ことをきちんと行えばよい．以下，これらの原因と対策を考えてみよう．

（1）　なぜ不良品が出荷されるか

1)　不良品が生産されるから，不良品が生産されないように管理する．

2)　品質規格，検査規格の曖昧さ，特性の選び方(性能と代用特性の選び方)およびその数値が不適当，市場調査と製品研究の不十分，要するに良・不良の定義が曖昧である．これに対しては品質解析，品質機能展開を行い，それが正しいかどうか確認を行う．品質を特性要因図や品質機能展開表により解析しても，それが事実であるかどうか確認しないと危険である．

3)　消費者の真の要求を知らないか，性能についての出荷検査が行えない．これには製品研究・実用試験および検査方式の研究を進める．

4)　全数検査が行えない．これに対しては管理に重点をおくか，うまい代用特性の発見，検査の自動化を行う．自動化した場合にはセンサーの誤差と自動検査機の信頼性に注意する．

5)　ミス(設計，試作，生産，購買，検査，包装，測定器，サンプリング，測定，データ整理や計算等々にいろいろある)．これに対してはこれらの作業を管理すればよい．とくに間違った製品を納入するなどは管理されていない証拠である．

6)　抜取検査による誤差．これは統計的，確率的に起ってくる不良品の混入で，方針として検査水準を決めて抜取検査を行う以上やむをえない不良品である(6.9節参照)が，相手との契約とともにその検査方式の設計を統計的に行う

6.4 なぜ不良品が出るか，その対策は

必要がある．最近日本では，抜取検査で保証できる不良率が大きすぎるのであまり用いられていない．

7) 意識して悪いものを出荷する．これは論外である．

（2） 製品の寿命に関する問題

1) 寿命の定義：まず製品の寿命とはなんであるか，どうなったら寿命がきたというのであろうか．従来は，壊れて使えなくなったら寿命がきたといっているが，これは間違いである．製品がその性能を十分発揮できなくなったら，たとえば機械や計器などの場合にはその保証している精度，工程能力が発揮できなくなったら，寿命がきたという．したがって，まずその製品についての寿命の定義を消費者とも打ち合わせて，明確にしておくことが必要である．

2) ある期間の寿命が必要である：従来は，ややもすると出荷するときに良ければよい，相手が買うときに気がつかなければよい，という無責任な考え方があった．しかしこれでは，消費者の信用を失うのはいうまでもあるまい．信用は1日で失われるが，信用を得るには10年かかるといわれている．この問題は，信頼性(reliability)の問題として，品質管理の一環として大きく取り上げられている．このことは，とくに高価なもの，耐久消費材の場合に重要である．

製品の各性能について，何年くらいの寿命を保証するのかを各社の方針として，品質設計の段階で明確にしておく必要がある．

3) 寿命を定義するには，保存方法，貯蔵方法，点検・手入れ方法，使い方，部品の補給方式，アフターサービス方式などを決めておかなければならない．これらは，製品の説明書として誰にでもわかりやすく示しておく必要がある．とくに機械・計器類などではその定期点検や手入れのやり方，言い換えれば予防保全のやり方，設備管理標準に相当するものをつけておくことがメーカーの責任である．消費者が素人である場合には，この定期点検が容易に行えるようなサービス機構，サービスステーションやサービス技術者を準備しておくことが必要である．また，流通機構，たとえば運搬中，倉庫，問屋，小売店などで品質の劣化をきたしやすいものは，包装の品質管理，貯蔵・保存方法やそ

の設備を整備することが必要である．さらに，交換部品を長期間補給しなければ，品質保証はできない．

4) 寿命は長いばかりが能ではない．むしろばらつきの小さいことが必要である．たとえば，技術のテンポの激しいテレビのブラウン管の寿命など，1カ月で寿命がきてはもちろん困るが，100年間の寿命があってもほとんど意味がない．寿命が100年になるために値段が高くなるよりは，5〜10年くらいの方が消費者にとって有利であろう．

また，寿命と性能とが相反する場合もある．たとえば，ある条件では電球を明るくすれば寿命が短くなり，暗くすれば寿命が長くなるなどがこの例であるが，これも寿命と性能とのバランスを消費者と打ち合わせて，方針として決めなければならない．

一方，寿命も個々の製品によって相当ばらつきがある．たとえば，ベアリングの寿命に3カ月間で悪くなるものと，1年間で悪くなるものとあろう．消費者としては，これではベアリングをいつ替えたらよいのかわからないし，またいつ悪くなるかわからないので不安であるし，信用がおけない．全部200日±10日くらいで悪くなってくれるのなら，190日目にいっせいに全部取り替えてしまえばよいのであるから，消費者には非常に使いやすい．すなわち，寿命は適当な長さであって，しかもばらつきが小さいことが必要なのである．

5) 寿命のバランスがとれていなければならない．いろいろな部品を組み立てた製品であると，部品間の寿命，いくつかの性能の寿命のばらつき，バランスという問題がある．たとえば，ある致命的な部品が壊れてしまえば他の部品がそれ以上寿命があっても，これは過剰品質といえよう．冷蔵庫の冷凍能力の寿命があっても，扉の蝶番やパッキングが壊れてしまっては，冷蔵庫としては役にたたない．もちろん，このような場合には，寿命の短い部品について3)で述べたように，交換部品を準備するという対策が必要である．

（3）　悪いものが出た場合の対策

前にも述べたように，悪いものの出方にはいろいろあるが，ここでは消費者の手元において悪いものが出たという場合について，品質保証という立場から

6.4 なぜ不良品が出るか，その対策は

その対策について述べよう．これは，いわゆる苦情処理に相当する(1.4.1, 6.14節参照)．この場合図4.2に述べたように，潜在不満や苦情を顕在化していかなければならないのはもちろんである．

1) スピードと良心．とにかく相手に不満足を与えたのであるから，良心的態度をもって，スピードをもって，迅速にこれを解決することが第一である．

2) 迅速に良品と交換する．しかし，デパートなどで不良品を良品と交換すれば，品質保証を終ったと考えているのは間違っている．今後そのような不良品が消費者の手元に再び行かないように，その原因を押えるという，9)のクレームの再発防止対策が必要である．

3) 契約によっては賠償金を支払う．日本では，このような契約違反をしたときのペナルティー条項が契約書に書かれていない場合が多いが，契約の合理化，明確化を進めなければならない．

4) 無償修理期間の設定．この無償修理のための費用というのは，当然売値に入っているわけであるから，その費用を製品にかけて壊れないようなものを初めから作ってしまうか，あるいは品質を少し下げておいて修理しやすくしておくか，再検討が必要である．

製品によっては，クレーム製品を個々に修理するよりはサブアセンブリーで，あるいは別の品物と交換してしまい，全部まとめて修理したほうがコストの面からみても，修理技術の確保という面からみても，また消費者に対するサービスという面からみても有利なことがある．この点は特に最近のように部品の電子化が進むと特に重要である．場合によっては，補償期間ゼロとして，値段を安くし，アフターサービスはすべて有償とすることも考えられる．

5) サービスステーションの設置．最近の耐久消費材のように寿命の長いものではもちろんのこと，多くの製品では無償修理期間がすんでも，性能が低下したり故障した場合，あるいは予防保全的な定期点検または交換部品の補給などが必要であるので，サービスステーション網と，しっかりしたサービス技術をもったサービスマンを配置することが必要である．

6) 使い方の標準としての説明書の整備とPR．製品が性能を発揮しなかっ

たり，壊れるという原因の1つは，使い方が悪いという場合が多い．これには，読まれ実行される使い方の説明書の作成と，誤使用を十分考えた品質設計が必要である．この点は6.6節の製品責任と密接な関係がある．

7) 予防保全的な定期点検標準書の整備．従来，多くの製品にこれの整備されていないものが多い．あるいは，たとえ整備されていても，自信がないためか，あまりにも点検間隔が短かったり，繁雑になっていて実施困難であったり，特殊点検技術を必要とするのにサービスステーションや十分訓練されたサービスマンが配置されていない場合が多い．特に問題になるのは，日本人は，たとえこのような標準があってもなかなかそのとおり実施せずに，壊れてから修理するという悪い習慣があることである．これには，点検標準が細かすぎたり，点検コストがかかりすぎるなどという問題があるが，さらに消費者に定期点検が長期的にみて有利であることを十分 PR することも必要である．従来，この種の PR が遅れている．またこれを考慮して，設計，試作の際にサービス面からみて製品の評価，アクションをしておかなければならない．消費者がどうしてもそれをやらない場合には，点検・注油などをしなくともよいように品質設計をしておくか，簡単にできるようにしておくか，あるいは積極的にサービスに出かけるなどを考えなければならない．

8) 交換部品の長期準備．製品の寿命は，使い方，点検整備の有無・優劣により相当変化するが，少なくも相当長期と思われる寿命に対して交換部品を準備しておくことが1つの重要な品質保証である．部品が破損あるいは摩耗した場合に，たとえば昨年度型の製品の部品が今年はもうありませんなどというのでは，品質保証をやっていない信頼のおけない会社の典型的な例である．6.1節で述べたように，"lifetime supply" という方針を打ち出すことも必要である．しかし，この部品在庫に対する資金や金利はうっかりすると膨大なものになり，事務経費も相当かかるものであるから，新製品を出す場合に部品の標準化を始めとし，これら交換部品のサービスやコストということを十分検討しておく必要がある．

9) クレームの再発防止対策．これは，1.5.3節で述べた再発防止とまった

く同じである．ここでもう一度強調しておきたいのは，従来のようにただ良品と交換してそれですませたり，無料で修理してそのまま，あるいはサービスステーションで点検手入れをしているだけでは，品質保証は向上しないということである．これらの情報がそれを必要とするところへフィードバックされているかどうかということであり，いくらりっぱなクレーム処理規定があっても，これらの情報が必要なときに必要な場所に整理されて報告され，再発防止のアクションがとられなければ，何にもならないということである．たとえば，サービスステーション，修理工場などにおけるデータ，たとえば製品や部品の寿命やいたみ方のデータは，信頼性向上のための貴重なデータである．そしてもちろん，これらのデータをパレート解析して，再発防止対策を最後まで推進することが必要である．

6.5 信頼性について

信頼性(reliability)とは，JIS によれば「アイテムが与えられた条件で規定の期間中，要求された機能を果たすことができる性質」，信頼度(reliability)とは「アイテムが与えられた条件で規定の期間中，要求された機能を果たす確率」ということになる．しかし，きわめて常識的にいえば「その製品が安心して買えるか，あるいは安心して長く使えるかどうか」という問題である．

したがって信頼性とは品質特性の1つであり，品質保証活動の1つである．以下，信頼性を品質保証に含めて話を進めていく．

ただ，信頼性という品質特性が通常の品質特性と違う点は，使用条件の違いや時間的ファクターを重視した品質特性であり，測定に非常に時間や金がかかり，検査することが困難または不可能な場合が多いことである．

したがって設計から始まる新製品開発の各ステップにおいて，信頼性テストを部品，サブアセンブリー，さらに製品にしっかり行い，また工程を十分管理して管理状態にするとともに，市場情報をうまくフィードバックして原因および根本原因の再発防止というアクションをとることが重要になってくる．シューハートは統計的品質管理を始めた段階において次のようにいっている．

「管理により，予測性と信頼性が決ってくる.」

「統計的管理状態こそ，信頼性の基本的な問題である.」

信頼性の問題は，歴史的には次の4つのことから問題になってきた.

1)　長い寿命の製品が必要になった.　たとえば電話ケーブルの寿命.

2)　きびしい使用条件.

3)　新製品開発期間の短期化.

4)　非常にたくさんの部品を使用する製品がふえてきた.　たとえば，130万個も部品を用いるロケット，大型コンピュータ，たくさんの自動制御装置のついた複雑な化学プラントなど，非常に多くの部品を用いる場合には，部品の不良率が100万分の1あってもうまく動かない.　いわゆる不良率100万分の1以下の ppm 管理が必要である.

この場合に，もしどの部品でも壊れたらうまく飛ばないものとすれば，このロケットがうまく運転する確率は

$$\left(1-\frac{1}{1,000,000}\right)^{1,300,000} \fallingdotseq 0.27$$

となる.　すなわち，これでは27％，100本打ち上げて平均して27本しか成功しないことになる.　もっと簡単な例でも，たとえば100分の1の不良率のものを100個用いた製品では

$$\left(1-\frac{1}{100}\right)^{100} \fallingdotseq 0.37$$

すなわち37％，10個用いた場合でも成功する確率は

$$\left(1-\frac{1}{100}\right)^{10} \fallingdotseq 0.904$$

約90％くらいになってしまう.　このように，機構が複雑になると従来と同じ部品や同じような設計をしていたのでは，とても高い信頼度を得られない.　したがって，部品の不良率を非常に小さくしたり，設計の際に冗長性(redundancy; 一口でいえば予備回路，予備品をつけること)を考えなければならなくなってきた.　そして，この信頼度を高めることが各国，各企業間の競争になってきている.　これら高度の信頼性の問題については，それぞれ専門書により学ばれた

6.5 信頼性について

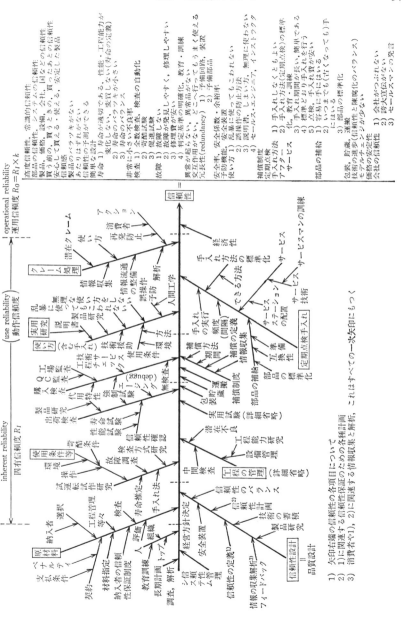

図 6.3 信頼性の特性要因図

い. ここではもっと一般的に, きわめて**常識的信頼性**, 基礎的な信頼性につい
て考えてみよう.

消費者, 使用者という立場にたって考えると, 信頼性はまず次のように分け
られよう.

1) 買う前の信頼性：あの会社の製品はいつも良いかどうか, 安心して買う
ことができるかという信頼性.

2) 買うときの信頼性：買ったときに良いかどうか, 初期特性がよいかとい
う信頼性.

3) 買ったあとの信頼性：安心して, 長く使えるかどうかという信頼性.

これらについて図示したのが図6.3の特性要因図である.

この場合, 統計的にデータを処理することはもちろんたいせつであるが, や
はり固有技術がQCとしっかり結びついて, 各材料や部品が良くなり, その不
良がゼロに近くならなければ, そして工程が管理状態にならなければ, 高度の
信頼性は得られないことは自明の理であろう.

(2) 信頼性の用語

ここで信頼性に関係する簡単な用語についてだけ説明をしておこう(JIS Z
8115-1981参照).

固有信頼度(inherent reliability, R_I)：設計, 制作, 試験などの過程を経
て, アイテムに作り込まれる信頼度. 定量的には, 設計時に付与される信頼
度の目標値・予測値または信頼性試験の結果得られる信頼性特性値(図6.3参
照).

運用信頼度(operational reliability, $R_0 = R_I \times k$)：運用または使用状態での
アイテムの信頼度. ここに k は使用・保全の条件で変る係数で, 通常の場合
$k < 1$ である(図6.3参照).

動作信頼度(use reliability)：この言葉はJISには入っていないが, 固有信
頼性の中, 試験などでアイテムに作り込まれる信頼度. 広義にいえば固有信頼
度に含まれる.

平均故障間隔(mean time between failures, MTBF)：修理系の相隣る故

6.5 信頼性について

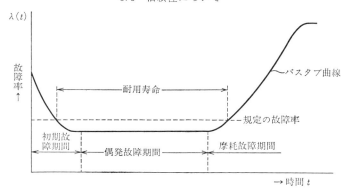

図 6.4 故障と用語

障間の動作時間の平均値.

初期故障(initial or early failure):使用開始後の比較的早い時期に,設計・製造上の欠点,使用環境との不適合などによって起る故障.

偶発故障(random or chance failure):初期故障期間を過ぎ摩耗故障期間に至る以前の時期に,偶発的に起る故障.

摩耗故障(wear-out failure):疲労・摩耗・老化現象などによって時間とともに故障率が大きくなる故障.

耐用寿命(useful life):修理系の故障率が著しく増大し,経済的に引き合わなくなるまでの期間.

劣化故障(gradual failure):特性が次第に劣化し,事前の検査または監視によって予知できる故障.

突発故障(sudden failure):突然生じ,事前の検査または監視によって予知できない故障.

保全度(maintainability):アイテムの保全が与えられた条件において,規定の期間内に修了する確率.

故障(failure):アイテムが規定の機能を失うこと.

故障率(failure rate):ある時点まで動作してきたアイテムが引き続く単位期間内に故障を起す割合.

冗長性(redundancy)：規定の機能を遂行するための構成要素 または 手段を余分に付加し，その一部が故障しても上位アイテムは故障とならない性質.

並列冗長(parallel redundancy)：すべての構成要素が機能的に並列に結合している冗長.

待機冗長(stand-by redundancy)：ある構成要素が 規定の 機能を 遂行している間，切り換えられるまで予備として待機している構成要素をもつ冗長.

初期故障，偶発故障，摩耗故障の関係を図示すると，図6.4のようになる．この線は洋式の風呂と形が似ているのでバスタブ曲線ともいう．また，人間の寿命によく似ている．初め乳幼児時代に先天的に，または抵抗力がないために死亡するものが初期故障であり，青・壮年期に交通事故や流行病で死亡するのが偶発故障であり，最後に老衰で死亡するのが摩耗故障である．

6.6　品質保証と社会的責任（製品責任と製品公害）

品質保証に関連して考えておかなければならないのは製品による社会あるいは消費者に対する安全(怪我，病気，死亡，火災，爆発など)と公害(排気ガス，騒音，振動，電波，食品，薬品，製品スクラップなど)の対策である．これらの問題は企業の社会的責任として，しっかりした品質保証活動を行い，またもし訴訟が起った場合の対策も考えておかなければならない．この問題は企業や個人にかかわりがあるのみでなく，同業種産業や一般大衆に対する問題となるので十分慎重に対処する必要がある．このことは 人間尊重という 原点に 戻って，社会的品質を保証しなければならないということである．

以上の2つのうち**製品公害**については，常識的にわかる問題が多いのでここ、では省略する．

（1）　**製品責任とは**

製品責任(product liability, PL)については，話合い社会の日本ではあまりよく知らない人もいるので，簡単に述べておく．この問題は法律問題もからんでくるので，特に対米輸出を行う企業では，品質保証部あるいは法務部の中にPL 専門家をおいてしっかり勉強し，対策を考えておく必要がある．これに関

6.6 品質保証と社会的責任

連してすでに多くの専門書が出版されているので，それを参照されたい[1].

製品責任（法律家は製造物責任といっている）とは，販売した欠陥のある製品を最終消費者が使用し，身体に傷害または財産に損害をうけたことに対する販売者などの賠償責任の問題である．日本は話合いの社会といわれているくらいで，訴訟になる場合は比較的少ないが，しかしカネミ事件，ヒ素ミルク事件，サリドマイド事件，欠陥車問題，食品中毒などはある．米国は訴訟・契約社会といわれるようにすぐ訴訟もちこむので，特に 1961 年代後半から PL 訴訟が急増し 100 万件以上になり，賠償金額も場合によっては 1 件10億円以上にもなっている．これは米国においては弁護士が大勢おり，1960年頃交通事故についてはあまり弁護士がいらなくなったので，弁護士が PL 問題に仕事をもとめ，勝訴すると弁護士はその賠償金額の30％～50％分報酬になるというよい商売になったためともいわれている．したがって生産者あるいは販売者としては，対米輸出する場合はもちろんのこと，企業の社会的責任として製品責任の予防対策（product liability prevention, PLP）をあらかじめ検討しておく必要がある．このためには大きくいって 3 つのことをやっておく必要がある．

1) PL に引っかかりそうな製品（印刷物を含めて）を出荷したり，あるいは発言をしたりしないこと．

2) 訴訟になった場合に備えて，欠陥商品でないという証拠・データをそろえておくこと．

3) 万一の場合に備えて PL 保険に入っておくこと．しかし最近米国ではこの保険料が非常に高くなっており，場合によっては保険に加入することを拒否されているという．たとえば札付きの業者，医者など．そして医者も賠償が大

---

1) 入門書としては下記の 3 冊を推薦しておく．

石川馨編：『プロダクト・ライアビリティー──製品責任問題を探る』，日科技連出版社，1973.

水野滋編：『製品責任時代の品質表示』，日科技連出版社，1974.

朝香鐡一，石川馨編：『品質保証ガイドブック』，第18章「品質と社会的責任」，日科技連出版社，1974.

変だというので出産や手術業務をやめているという.

まずあまりむずかしいことをいわず,わかりやすい米国の例を述べておこう.

[例1] 米国では日曜大工で家に塗料を塗るために梯子がよく売れる.そこであるメーカーが塗装作業に便利のためというので梯子に塗料を乗せる台をつけた.ところがある御主人がその台に乗ったところが,台が曲って転落し,大怪我をした.そこで乗ってはいけないと警告が書いてないのはメーカーの責任であると訴訟した.その結果は原告勝訴,梯子メーカー被告は敗訴して賠償金をとられた.これは注意書,警告(warning)がしてなかったからである.

[例2] 石油ストーブを販売したところ,消費者が燈油でなくガソリンを入れてしまい,火をつけたところ火事になり,家が焼けてしまった.ガソリンを入れてはいけないという警告が書いてないからというので訴訟になった.そのタンクの蓋に燈油を入れると書いてあったが,ガソリンを入れてはいけないと書いてなかったので被告敗訴.

[例3] 大分昔に乗用車のフロントガラスが強化ガラスから合せガラスになった.そこでセールスマンが,今度の車のフロントガラスは絶対安全ですといって車を売りこんだ.ところがその車を運転中に,前のトラックからスコップが落ちてきてフロントガラスを壊して車内に飛びこみ運転者が失明.そこで絶対安全といったのにといって訴訟.被告敗訴.セールスマンは絶対安全などという言葉を絶対に使ってはならない.その他セールスマンの禁句集をつくっておく必要がある.

[例4] あるオートバイメーカーが宣伝用に美女がパンタロンをはいてバイクに乗っている宣伝用ポスターを作成した.ところがその後パンタロンをはいて乗ると危険であることが判明したのであわててポスターをすべて撤去した.そのようなポスターを出すと,パンタロンで乗ってよいことを証明することになってしまう.宣伝広告・ポスターなどの内容に注意.

[例5] ある学生が大学へ登校途中に車にちょっと追突された.車にちょっと傷がついた程度で何も人体障害はなかった.大学へついてから早速 PL 専門の教授のところへいって賠償金をとれないかと聞いたところ,先生はそんなのは修理代だけと答えた.ところが学生は,「医者のところへいって鞭打ち症の証明をもらって,そのために10日間アルバイトできなくなった金額と精神的苦痛を加えて賠償金を請求しようか」といったという.かくして PL 訴訟はでっちあげられる.

[例6] あるメーカーが機械を販売した.使用者がその機械を使用中に怪我をした.ところが当時他社の機械には,そのような事故のないように安全装置がついていた.そこで安全装置をつけていないからというので訴訟になり被告敗訴.どこまで安全装置をつけるかは,少なくもその当時の技術と社会水準などによって決ってくる.もちろんいわゆる安全自動車のようにすべて安全にしようとすると1台1億円もする車になってしまうから程度問題である.米国のジュラン博士は,前にラルフ・ネーダー等の消費者運

6.6 品質保証と社会的責任

動により，車に安全用風せんをつけたり，警報器を沢山つけることになると結局消費者
は高い車を買わされることになる．それよりもむしろシートベルト着用の義務づけと酒
飲運転禁止をやった方がずっと効果が大きいのにと怒っていた．

以上で PL 問題の様子は大体わかったことと思うが，米国でも現在 PL 訴
訟について反省の動きが出ている．

ちょっと厄介であるがここで PL の法律用語を簡単に説明しておこう．

（2） PL の法律用語

過失責任(negligence)：おかれた環境において通常必要とされる注意義務を
怠った行為．したがって原告は，被告に過失があったことを立証する必要があ
る．しかしこれは米国では昔のことで，その後無過失責任となり，被告が過失
(欠陥)がなかったことを立証する必要があるようになった．これが PLP 上大
変なのである．

担保責任(warranty)：「明示の担保」は製品について，売主がある事柄を確
認したり約束した場合に発生し，もしその約束が自然ななりゆきとして，買主
にその製品を購入する気にならせて買った場合に明示の保証を与えたことにな
る．たとえば，絶対安全，完全に有効，安全を保証しますなど．「黙示の担保」
はある製品が製造され，その銘柄を表示して一般に売りだされるときには，通
常の目的に適するという保証があることになる．米国では1930年代からこのよ
うになった．

厳格責任(strict liability)：契約とは無関係に無過失責任に近い責任が発生
する．すなわち

1)　損害がその製品から生じたこと

2)　その製品に著しい危険がある

3)　その欠陥は製品がメーカーの管理下を離れたときすでに存在していた

の3点を原告が立証すればよい．この判例は1944年に出されている．さらに
1966年には，欠陥商品により生じた傷害の経費は，自ら守る力のない被害者で
はなく，そのような商品を市場に出したメーカーが負担すべきであるという判
例が出され厳格責任が確立した．これにより PL 訴訟が急増した．

日本では, 不法行為責任(民法709条), 瑕疵担保責任(民法570条)などがある.

製品責任対策(PLP): 以上のようなことを考えて対策をたてておく必要がある. これには TQC とまったく同様に, 企画・設計部門から, 開発, 購買, 製造, 品質保証, PLP 担当部門, 販売・アフターサービス部門 まで, さらに 外注・ディーラーまで含めて, 全員に PLP の重要性を教育し, 全員参加で対策を考え, 実施していく必要がある.

1) PL 問題が起らないようにする. 設計欠陥がないように, その製品の安全性, 誤用などについて徹底的に調べる. 他社製品よりも安全性について劣っていないかも調べる. PL の起りそうな 重要部品を指定して(自動車の 保安部品のように)その信頼性, 故障解析などを 行い, その製品の ライフサイクルにおける安全性を検討し, テストを しっかり行って おく(PL 問題は 発売後相当な年数を経ても起るものである). 製造工程において 十分な 工程能力をもった工程でしっかり工程管理を行い, フールプルーフ対策をしっかり行う. 外注部品の品質 および 信頼性保証を しっかり行う. 危険, 誤用のありそうな 点については, 使用者に わかりやすい ように 警告を 明示する. 取扱説明書, カタログ, サービスマニュアル, 点検手入方法, 宣伝広告などの文書類について PLP の立場から文章・写真・イラストなどについて詳しく検討する. 危険についての予防方法およびもし傷害を受けたときの緊急処置方法の明示. 取扱説明書や注意書を使用者がその製品を使用中紛失しないようにする工夫. セールスマン発言に対する注意, 禁句集の作成. 以上の書類について外国語, 特に英語の場合には, 米国の専門弁護士にチェックしてもらう必要がある.

2) PLP 保険への加入

3) 訴訟が起った場合の準備: その製品に欠陥がなかったという事実を示す証拠の準備. 事故製品の迅速な回収を調査. 新製品開発中に安全性・信頼性について行ったテストとその方法と結果のデータの保管. 図面と現物が一致していること. 工程管理データをロット別に保管. 作業が作業標準通り行われている証拠. 検査データ(購入, 中間, 出荷, ディーラーの出荷検査など)のロット別保管. このために無検査でよい場合でも PLP のために検査を行わなくては

6.7 検査とは

ならないことも起る．その他品質保証上考えられるデータをよく考えて準備しておく必要がある．

　なお，外注部品が原因あるいはディーラーの出荷検査不備などで PL 問題が起ったときにその賠償金をどこが払うべきかについて，われわれが日本の法律家と議論した結果では，外注・メーカー・ディーラー間で契約しておけば，メーカーが一括して責任をもって賠償金を払えばよいだろうということになった．もちろんこの場合，メーカーが PL 保険に入り，その保険料の一部を外注とディーラーが分担する必要がある．

6.7 検査とは

　検査(inspection)とは，従来からばく然といろいろな意味に用いられているが，検査という機能は品質管理では JIS で次のように定義している．

　検査とは，「品物をなんらかの方法で試験した結果を，品質判定基準と比較して，個々の品物の良品・不良品の判定を下し，又はロット判定基準と比較して，ロットの合格・不合格の判定を下すこと」をいう．

　　[注] 測定・試験と検査という言葉がよく混乱して用いられているが，品質管理では測定してデータを出すだけのことを試験・測定といい，検査と厳密に区別している．海外では inspection という言葉がいろいろの意味で用いられ，QC 実施上困惑している．

　以上でわかるように，検査を行う目的は品質の保証である．しかし6.3節でも述べたように，検査は品質保証の第一歩であるが，品質保証機能のほんの一部である．なお，ここでいう検査という機能はすべて検査部門が行うわけでもなく，また検査部門は検査だけやっていればよいというわけでもない．すなわち，6.12節で述べるように，検査とは何ぞやということと，検査部門が何をすべきかは，分けて考えなければならない．

　品質管理の原則「品質は設計と工程により作られるもので，検査により作られるものではない」から明らかなように，いくら検査を厳重にしても良くて安い製品はできない．とくに，信頼性のある製品はできない．検査により不良品がただちに良品になるわけではなく，手直しにより，あるいはスクラップとな

り，コストは増加するばかりである．これは，生産者にとって不利であるのみならず結局は購入者もそのコストをかぶって不利である．

また，たとえ管理図により工程が管理状態になっていても，それは決して品質の保証にはなっていない．工程が管理状態を示していても，その工程能力，すなわち製品が規格を満足していなければ，出荷検査は必要である．

以上のように，工程管理と検査とは異なった機能である．すなわち，工程に対するアクションは，作業標準や管理限界などで行うべきで，製品・ロットに対するアクションは検査の判定基準で行うべきことを忘れてはならない．

6.8 検査の種類

検査にはいろいろの方法があり，また分類法がある．これについて簡単に述べよう．

品質保証を行うときに，どこでどのような検査を行ったらよいか，検査についての調査をときどき行い，検査計画をたて直す必要がある．

（1） 検査個数による分類

1) 全数検査＝選別：これは，全製品を1個1個調べて良品と不良品とを選別する検査であるが，この場合は一般に検査ミスが多いものであるから，検査という作業工程と考えて，重点的に層別して行うなど，工程管理のセンスを入れ，これをさらにサンプリングなどによりチェックし，管理しなければならない．とくに全数検査は，官能検査的なものが多いから，常にその検査水準を管理しなければならない．

2) 抜取検査：ここでいう抜取検査は，統計理論に基づく抜取検査をいうのであって，従来よく行われていたように，いいかげんなサンプルをとって調べたものとは違う．サンプルにより判定を行い，ロットに対して処置をとる検査である．これにはいろいろの型がある．

3) チェック検査：きわめて少量のサンプルで，品質水準の大きな変化などをチェックするための検査．多くの場合，物に対してアクションをとるためではなく，工程管理と兼用したり，検査方式のチェックなど管理的に用いられる．

6.8 検査の種類

4) 無検査:全製品が満足する品質水準で,工程が管理されていれば検査はいらない.

(2) 品物の流れ方を考えた分類

1) 購入検査:原材料規格に合格したものを購入し,不合格のものが入ってこないようにする検査.しかしこの検査だけでは,原材料規格に合格したものを経済的に購入することは困難であるから,購入契約書を合理化し,供給者を選択し,あるいは供給者に品質保証・品質管理を行う意欲を起させるような検査方式をとるとよい.すなわち,供給者に品質管理を行わせることに重点をおくと効果的である.

2) 中間検査:工程間において,前工程から次工程へ,製品ロットを渡してよいか否かを決める検査.工程検査ともいう.工程に情報を提供する測定を工程検査ということもあるが,本来の検査の機能ではないから,これはむしろ工程試験,測定といった方がよい.しかし,検査部門の1つの任務である場合もある.

3) 製品検査:完成品として合格としてよいか否かを決める検査.これは,出荷検査と同じ場合が多い.最終検査ともいう.製品をそのまま出荷するときは,出荷検査と一致する.

4) 出荷検査:出荷の際に製品が保証品位を満足しうるか否か,消費者を満足させうるか否か,出荷してよいか否かを決める検査.一般に,出荷検査だけでは合理的な品質保証は困難で,工程管理を十分に行わなければならない.製品検査と別に行うときは,致命欠点,重欠点あるいは貯蔵中に変化のある特性だけを行う.抜取検査ですむようにせよ.

5) 引渡し検査,立会検査:製品を相手に引き渡すときに行う検査.

6) 在庫検査:倉庫などに長く貯蔵する場合の検査.貯蔵期間によりどの特性を検査するか決めておく.

7) 監査検査:品質保証や検査がうまく行われているかどうかをチェック,診断するための検査.一般に品質保証部門が行う.

8) 第三者による検査:たとえば国家検査,輸出検査,検査会社・検査協

会・消費者組合などによる検査. これには一般消費物資を消費者保護の立場で行うものと, 誇大宣伝あるいは不当競争を避けるため, 第三者として審判官的な立場で検査するものとある. 日本ではこの制度が比較的遅れている.

（3） 検査内容による分類

1) 認定・型式検査：試作品, あるいは初めて納入するときに, その能力があるかどうかを判定する検査. 主として設計の品質や工程能力を検査することになる.

2) 性能検査：性能を発揮できるかどうかの検査.

3) 耐久検査：性能を長期間にわたって発揮できるかどうかの検査, 言い換えると信頼性の検査. 2)と3)は単なる試験である場合が多い.

4) 苛酷検査：苛酷な条件で行う検査. 主として信頼性の検査.

5) 代用特性による検査.

6) 分解検査(精密検査)：通常, 合否を決める検査では, 1つの製品について多くの品質特性があるときに, 1つの品質特性について不合格となるとそれで検査を打ち切って, 他の特性の検査をしない. これではその検査データは, 真の工程解析や改善には用いられない. また, 抜取検査で不合格判定個数まで不良が出ると, 検査を中止してしまう場合がある. このような場合, 検査データを解析や管理に有効に使用するためには, すべてのサンプルのすべての特性を検査したデータをとっておかなければならない. これを分解検査という. 従来の検査データが, 解析や管理に十分用いられないのはこの点にも問題がある. また, 検査の調整のためにも分解検査が必要である.

（4） 判定方法による分類

1) 計量検査：計量値により判定する検査.

2) 計数検査：ゲージ, 標準品, 規格などと比較し, 個々の品物を良, 不良あるいは1級, 2級, 3級品などに分けて判定する検査.

（5） 検査された品物が使用可能か否かによる分類

1) 破壊検査：測定, 試験により製品を破壊してしまう検査. このときには全数検査は実施不可能である.

2) 非破壊検査：測定，試験により製品を破壊しない検査．

（6）　検査場所による分類

1)　集中検査：一定の場所に製品を集めて行う検査．

2)　巡回検査：検査員が巡回して行う検査．しかしこれは，QC の進展とともに自主検査あるいはプロセス・チェッカーに変りつつある．

（7）　供給者を選択できるか否かによる分類

1)　供給者を選択できない場合：工場内の工程間の検査，出荷検査，あるいは特定の下請工場からの購入検査などでは，供給者を選択できない．注文して製作させる部品，機械，装置類の場合もこれに相当する．このときには，合格ロットはそのまま出荷あるいは受入れ，不合格ロットは全数選別する・手直しする・別の用途に用いる・格下げする・スクラップにするなどしなければならない．このような場合には，供給者の工程管理に重点をおいた方がはるかに有利である．

2)　供給者を選択できる場合：一般会社や官公庁の購入検査で，特定の供給者のみから購入するのでなく，多くの供給者，専門メーカーから選択して購入する場合の検査である．この場合には，供給者の信用状況，品質管理の実施状況などを事前に十分調査することが必要であるが，さらに検査成績 を 検 討 して，合格ロットを管理状態で供給してくる会社を選択できるような検査方式をとり，また検査の緩厳の調整を行うことが必要である．

一般に購入の際には，調査や選択が合理的に行われるならば，2)の場合になるように持ち込むことが有利である．従来は2)の方式で購入した方が有利である場合に，関係会社であるなどの理由で1)の方式で購入している場合が多い．

6.9　抜取検査とは

本節では，統計理論に基づいて設計された統計的抜取検査の概要について述べる．しかし一般に抜取検査では，ロット不良率1％以下，特に0.1％以下あるいは ppm 不良率を保証することは困難である．したがって現在日本では，一部の破壊検査の場合を除いては，抜取検査はあまり用いられていない．しか

360 第6章 品質保証と検査

し統計的品質管理の常識としては知っておく必要があるので簡単に述べておく.

6.9.1 サンプリングによる誤差

いまここに，不良品100個を含んだ1,000個の製品からなるロット，すなわち不良率10%のロットを考えよう．これから10個のサンプルをランダムにとり検査すると[1]，いかなる結果が得られるであろうか[2]．常識的にわかるように，10個とも良品の場合，1個，2個，…，9個不良を含む場合もあり，10個全部が不良品であるチャンス（確率）もあろう．いま，これらの確率を求めると表6.1のようになる.

表 6.1 サンプル中に不良品の現れる確率
($N=1,000$, $P=10\%$, $n=10$)

サンプル中の不良個数	0	1	2	3	4	5	6	7	8	9	10	計
確　　率	0.35	0.39	0.19	0.06	0.01	—	—	—	—	—	—	1.00

—印は確率が非常に小さいことを示す.

そこで，不良率が10%以上のロットを不合格としたい場合に――この10%をロット許容不良率(lot tolerance percent defective; LTPD)という――，10個のサンプルをとり，その中に不良品0（これを抜取検査では $n=10$, a（または c）$=0$ と表す[3]）のときにはそのロットを合格，不良品1個以上($r=1$)あるときには不合格という抜取方式をとったとしよう．すると，このように10%不良率のロットでも，約35%は合格してしまう．これは，抜取検査である以上やむをえないサンプリングによる誤りである．この例では，消費者の要求にかかわ

---

1) 以下の話は，すべてサンプルはロット全体からランダムにとられているものとして論じてある．一般の抜取検査表は，ロット全体から完全なランダム・サンプリングしたことを前提として作成されている.

2) 以下の話は，検査は十分に管理されていて，検査ミスはないものとする.

3) 抜取検査では a を合格判定個数，$c+1$ あるいは r を不合格判定個数という．a の代わりに c という記号も用いる.

6.9 抜取検査とは

表 6.2 サンプル中に不良品の現れる確率
($N=1,000$, $P=5\%$, $n=10$)

サンプル中の不良個数	0	1	2	3	4	5	6	7	8	9	10	計
確 率	0.60	0.32	0.07	0.01	0.001	—	—	—	—	—	—	1.00

らず，LTPD 10% のものが 35% の確率で合格となってしまうのでこのような誤りを**消費者危険**(consumer's risk)[1]，この合格する割合(確率)35% のことを消費者危険(率)といい，β で表す．LTPD より大きい不良率のロットの合格する確率(消費者危険率)は，β より小さくなる．

次に不良率 5% の大きさ 1,000 個のロットが入ってきた場合を考えよう．このロットは，LTPD 10% なら生産者は合格としてもよいロットであるが，このとき $n=10$，$a=0$ という抜取方式をとったらどのようになるであろうか．

表6.2 よりわかるように，$100-60=40\%$ の確率でこのロットは不合格となってしまう．すなわち，合格としてもよいロットであるにもかかわらず，これを不合格としてしまう誤り[2]——これを，**生産者危険**(producer's risk)という——があり，この誤りをおかす確率(40%)を生産者危険(率)[3] といい，これを α で表す．

以上の例でわかるように，われわれがロットからサンプルをとって，ロットの合否を判定するという抜取検査を行う以上，これら 2 種類の誤りをおかすのはやむをえないのである．この場合，β を小さくするには a を小さく，α を小さくするためには a を大きくすればよい．α, β 両者を小さくするためには n を大きくすればよい．ところがこれでは，検査コストが高くなってしまう．そこでわれわれは，受け入れたい品質，保証したい品質，いろいろな確率，経営のポリシーなどを考慮して，経済的技術的にいかなる抜取検査を行ったら最も有

---

1) これが第 2 種の誤り，ぼんやりものの誤りに相当する．
2) これが第 1 種の誤り，あわてものの誤りに相当する．
3) 合格品質水準 AQL を決めたときに，AQL のロットが不合格となる確率をいうことがある．AQL については 6.9.5 節参照．

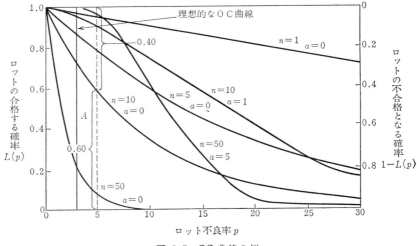

図 6.5　OC 曲線の例

利であるかを検討することが必要である．

以上述べてきたことから明らかなように，抜取検査は，サンプルによりロットの合格，不合格を決定するために行うのである．

［注］　以上述べてきたのは計数値の場合であるが，計量値の場合もその分布を考えて同じように論ずることができる．

6.9.2　O C 曲 線

実際にわれわれが出荷するロット，あるいは入荷してくるロットは，工程がいくら管理状態でもロットの不良率はばらつき，たとえば 3％から 10％以上に及ぶことも珍しくない．このように，ロット不良率 p が変るときに $n=10$, $a=0$ という検査方式をとったときに，各 p に応じてロットが合格し，あるいは不合格になる確率をプロットしたのが図 6.5 である．図のような曲線を，この抜取方式における **OC 曲線**(operating characteristic curve, 検査特性曲線)という．

図において，いま不良率 5％のロットについて，$n=10$, $a=0$ の抜取検査を行ったときに，これが合格となる確率60％は，曲線から下方の横軸までの長さ

6.9 抜取検査とは

（左縦軸の目盛り）で示され，このロットが不合格となる確率40％は，曲線から上方の横軸までの長さ（右縦軸の目盛り）で示されている．したがってこの曲線は，ある抜取方式で検査した場合の状況がだいたいわかる便利な曲線である．

さらに $n=1$, $n=5$, $n=50$ で，$a=0$ の場合および $n=10$, $a=1$；$n=50$, $a=5$ の OC 曲線を併記してある．n を小さくとって，たとえばサンプルを1個とって不良品がゼロだったら合格とするという $n=1$, $a=0$ という検査では，ほとんどロットを選別する検査になっていないことがわかろう[1]．n が大きくなると，曲線は次第に急傾斜になり，検出力がよくなる．また，いわゆる「パーセント抜取検査」を行い，ロットの大きさに比例して，$n=10$, $n=50$ というサンプルをとり，不良個数が 1/10，すなわち各 $a=1$, $a=5$ の場合では，検査特性が相当異なることがわかろう．同じ n の場合には，a が大きくなると曲線は右へずれる．

この OC 曲線は，検査を行うべき個数 n，合格判定個数 a あるいは不合格判定個数 r が決まれば，だいたい決定されるものである．そして n 個のサンプルをとって，不良品の数が9個以下ならば，そのロットは合格として受け入れる（accept）ことになる．

検査としては，経済性を考えなければ，できるだけ OC 曲線 の 傾斜の急なものほど2種類の誤りを小さくできて有利である．理想的にいえば，たとえば3％以下のものは合格，3％をこえるものは不合格にしたい場合は，図6.5 の A のように垂線になっていればよい．これは全数検査を検査ミスなく実行した場合にしか得られない．

[注]　受入検査と購入検査

抜取検査ではその結果によってロットを合格（accept）とするという意味でよく受入検査（acceptance inspection）という言葉が使われる．この言葉は購入検査でも中間 検査でも出荷検査でも，ロットが合格（accept）か不合格（reject）されるときに用いられる．日本語で受入検査というと購入品の受入れのための検査と間違えやすいので，本書では購入の際の検査のことを購入検査としてある．そして受入検査という言葉はなるべく用

---

1)　この場合でも，ロット不良率が 0％か100％ というように大きく変る場合には，$n=1$ の抜取検査も意味がある．

364　　　　　　　　　　第6章　品質保証と検査

いないようにした.

6.9.3　検査後の平均の出荷品質（AOQ）

ある抜取方式で検査した場合，前節の OC 曲線からわかるように，不良率
の小さいロットは不合格となる確率が小さく，不良率の大きいロットは不合格
となる確率が多くなる．したがって，検査に合格して出荷されるロットの長期
間の平均の品質は，検査前よりも良くなる.

　[注]　ただしこの場合，同じ3％の不良率のロットが次々と抜取検査されると，たと
えば20％のロットが不合格になっても，合格ロットの平均不良率は変らないことに注
意.すなわち，ロット不良率がほとんど変らなければ，単なる抜取検査をやっても不良
率はほとんど下がらず，あまり意味がない.

この差は，検査個数 n が大きくなるほど大きくなる．言い換えると，OC 曲
線が急傾斜になる．すなわち，主として n によりロットの良否を判定する能力
は決まり，ロットの大きさ N にはあまり関係しない.

たとえば，$n=50$ という検査の場合，ロットが1,000個のときでも2,000個
のときでも，同じ不良率ならその合格となる確率はほとんど変らない．また従
来よくロットの大きさに比例して，たとえば1/20のサンプルをとるという検
査が行われているが，図6.5からわかるように，これではロットの大きさに
より n が変るので，不良ロットを検出する能力が大きく変化するので不適当な場
合が多い.

以上述べた検査後のロットの長期間の平均品質を，平均出検品質（average
outgoing quality，AOQ）という．この AOQ は，前に述べたように，入荷ロ
ットの不良率が大きくばらつくときには通常の抜取検査でも向上するが，さら
に検査して不合格になったロットは，全数選別して不良品を除去し，良品のみ
受け入れるようにすれば AOQ はさらに向上する.

　[例]　大きさ $N=100$ のロットを $n=5$，$a=0$ という抜取検査をし，不合格になっ
たロットは，不良品を選別し良品と交換した場合の AOQ は表6.3のようにして求めら
れる．この AOQ を検査前のロット不良率 p に対してプロットすると，図6.6のよう
な曲線が得られる．この AOQ の曲線は，後述の選別型抜取検査の1つの特性を表す
ものである．またこのときの最大の AOQ を AOQL という（6.9.5参照）.

6.9 抜取検査とは

表 6.3 AOQ の計算法
($N=100$, $n=5$, $a=0$, 選別型)

検査前の不良率(%)	ロットの合格する割合(%)	ロットの不合格となる割合(%)	計算法	AOQ(%)
5	77	23	5%×0.77+0%×0.23	3.9
10	59	41	10%×0.59+0%×0.41	5.9
15	44	56	15%×0.44+0%×0.56	6.6
20	33	67	20%×0.33+0%×0.67	6.6
25	24	76	25%×0.24+0%×0.76	6.0
30	17	83	30%×0.17+0%×0.83	5.1
40	7.8	92.2	40%×0.078+0%×0.922	3.1
50	3.1	96.9	50%×0.031+0%×0.969	1.6
60	1.0	99.0	60%×0.010+0%×0.990	0.6
70	0.2	99.8	70%×0.002+0%×0.998	0.2

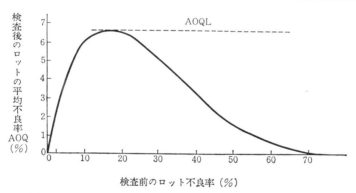

図 6.6 検査前のロット不良率と AOQ($n=5$, $a=0$, 選別型)

6.9.4 抜取検査の種類

抜取検査は，古い形式の，いいかげんな検査個数をとり判定していた時代から，ベル電話研究所の H. F. Dodge と H. G. Romig の1930年ごろからの研究により新しい統計学を利用した統計的抜取検査の時代に入った．その後，現在に至るまでいろいろの用途に応じ，多くの抜取方式が続々と発表されているが，そのうち主なものだけをここに分類してあげておく(表6.4)．これらの検査方式の詳細については，専門書を参考されたい．

366　　第6章　品質保証と検査

表 6.4 抜取検査方式一覧表

試験法	型	代表的抜取検査法	形　式	想定する方法	年　号
計 数	規 準 型	JIS Z　9002	1 回	$p_0,\ \alpha\ ;\ p_1,\ \beta$	1956年
		JIS Z　9009	逐次	$p_0,\ \alpha\ ;\ p_1,\ \beta$	1962年
		Paul Peach の表	1, 2 回, 逐次	$p_0,\ \alpha\ ;\ p_1,\ \beta$	1947年
	選 別 型	JIS Z　9006	1 回	LTPD あるいは AOQL	1956年
		Dodge-Romig の表	1, 2 回	LTPD あるいは AOQL	1944年
	調 整 型	JIS Z　9011	1 回	p_b(臨界不良率)	1963年
		MIL-STD 105D	1, 2, 多回	AQL, 検査水準	1963年
		(ISO 2859)		（3 または 4 ）	1974年
		JIS Z　9015			1980年
		MIL-STD 1235A			1974年
	連　続 生 産 型	JIS Z　9008	—	AOQL(個々の製品 を保証単位として)	1957年
		Dodge CPS-1	—	〃	
		〃　　〃 -2	—	〃	1951年
		〃　　〃 -3	—	〃	
		〃　SKSP-1	—	〃 （ロットを保 証単位として)	1955年
計 量	規 準 型	JIS Z　9003(σ 既知)	1 回	$p_0,\ \alpha\ ;\ p_1,\ \beta$	1979年
		JIS Z　9004(σ 未知)	1 回	あるいは	1955年
		JIS Z　9010	逐次	$m_1,\ \alpha\ ;\ m_2,\ \beta$	1979年
	調 整 型	MIL-STD 414	1 回	AQL, 検査水準(5)	1957年
		(ISO 3951)	1 回	〃	1980年
		電電公社計量 抜取検査規格	1 回	〃　（3 ）	1952年

6.9 抜取検査とは

（1） 判定法による分類

1) 計量抜取検査：計量値により判定する抜取検査.

2) 計数抜取検査：不良個数，欠点数により判定する抜取検査.

（2） 検査の実施方式による分類

1) 規準型：ある抜取方式で検査をした場合，その判定基準に従ってロットの合否を判定するだけの検査で，基本的な考え方を理解させる方式である．これを応用して，いろいろな検査方式が設計できるが，実際にこのまま用いられることはあまりない.

2) 選別型：ある抜取方式で検査を行い，その判定基準に従って判定を行った結果，ある判定基準以下の値だったらロットはそのまま合格とし，判定基準を外れたならばそのロットは全数選別を行うという検査．この方式は供給者を選択できない購入検査，工程間の中間検査，出荷検査などに用いられる．この場合，一部だけ選別するということも考えられる.

3) 調整型：まず，通常の検査方式――通常の規準型――で検査を行い，そのデータを解析して，成績の悪い供給者からのロットについては厳重な検査に移り，成績のよい供給者からのロットについては検査個数を減らすなどして緩和検査に移るという検査方式．これまで発表されているものは，大部分は，通常(normal，なみ)，厳重(tightend，きつい)，緩和(reduced，ゆるい)検査と3水準の検査水準がとられている．しかしさらに，無検査，スキップロット検査あるいはチェック検査から全数検査までの調整方式も考えられる．この方式は，供給者を選択できる購入検査に用いられ，したがって供給者に品質管理を実施させる刺激を与えるのに役だつ.

以上の3方法は，次のように用いると有利である．規準型は，ときどき購入するロットを検査するのに用いる．しかし一般に，2)，3)が用いられる場合が多い．選別型は，主として供給者を選択できない場合の購入検査，工程間の検査，出荷検査に用いる．調整型は，供給者を選択できる場合の購入検査に用いる.

4) 連続生産型：連続的に生産されて，コンベアー上を流れてくる製品を途

368　　　　　　　　第6章　品質保証と検査

中で検査して，検査通過後の製品の平均不良率をある値(AOQL)以下に押えようという検査である．最初は，連続に次々と製品を100％検査し，その結果不良個数がある値以下ならば，一定間隔の抜取検査に移る．その結果，不良が出れば，また100％検査に移るという方法である．さらに「SKSP-1」では，ロットが次々と入荷してくる場合に，ロットを単位として上に述べたような検査を行う場合に用いられる．

（3）　検査回数による分類

　1つのロットを検査するのに，サンプルを何回に分けて検査するかによる分類法である．

　1)　1回抜取検査：たとえば，ロットからとったサンプル10個を調べ，その結果により，すなわち1回にまとめて行ったn個のサンプルについての結果からロットの処置を行う検査．

　2)　2回抜取検査：たとえば1回目に5個(n_1)のサンプルについて調べ，その結果不良個数が1個(a_1)以下ならば合格とし，3個(r_1)以上ならば不合格とする．そして，1個(a_1)をこえ3個(r_1)より少なければ，さらに第2回目に10個(n_2)のサンプルについて調べ，15個(n_1+n_2)中の不良個数により，これが2個($a_2=r_1-1$)以下ならば合格，3個(r_1)以上ならば不合格とする．すなわち，2回の検査によりロットの合否を決める検査．

　3)　多回抜取検査：2)と同様な方法で，2回以上k回に分けて検査を行う検査方法で，たとえば4回の場合には次のように行う．

サンプル番号	検査個数(n_i)	検査個数累計	合格判定個数(a_i)	不合格判定個数(r_i)
1	50	50	1	6
2	50	100	3	8
3	50	150	7	11
4	50	200	13	14

　4)　逐次抜取検査：3)と同様な検査を，製品を1個あるいはn個ずつ順に試験し，そのつど累計した結果を各合格判定個数a_i，不合格判定個数r_iと比較

6.9 抜取検査とは

して，その不良個数の累計が合格判定個数以下ならばそのロットを合格，不合格判定個数以上ならば不合格とし，その中間の数値だったならばさらにサンプルをとり検査を続行するという検査.

以上1)〜4)を比較すると，平均検査個数(average sample number, ASN)は，一般に4)が一番少なく，4)→3)→2)→1)と多くなる．しかし，4)ほど複雑になるので検査目的や試験方法によっては，かえって1)あるいは2)の方がよい場合がある.

6.9.5 検査後のロットの処置と品質水準

抜取検査を行うのは，ロットに対して処置をとるためである．合格ロットは，そのまま合格として検査を通過させるが，不合格ロットの処置は場合によりいろいろ変る．たとえば

1)　全部を返却する.

2)　全数選別して不良品を除去，修理あるいは良品と交換して合格とする.

3)　返却して全数選別を行わせるか，あるいは手直しさせて再検査する.

このときには，選別や手直しの作業をとくによく管理・監視しなければならない.

[注]　不合格ロットは，これを手直ししなくとも，何回か抜取検査を行っていればいつかは合格してしまうから.

4)　スクラップにする.

5)　格下げする，値引きする.

以上のロットに対する処置は，標準として，あるいは契約の際に明確に決めておき，そのとおり実施しなければならない．製品に対し，ロットに対し，あるいは値段に対しアクションをとらなければ，検査をする意味がない.

このようにして，検査に合格となった製品の不良率はどうなるであろうか．これをある不良率以下に押えるのが，抜取検査の1つの目的である．この平均値 AOQ について6.9.3節に述べたが，さらにいろいろのことを考慮しなければならない．たとえば，購入者の品質に対する要求，あるいは出荷者がどの程度の品質を保証したいかというポリシー，不合格ロットに対していかなる処

置がとられるか，などにより変ってくる．多くの場合，まず工程平均 p を考慮して，次のいずれか1つあるいは2つを決める．

a) AQL, b) LTPD, c) AOQL, d) $p_0, \alpha ; p_1, \beta$, e) $p_{0.50}$

以下，これらについて簡単に説明する．

AQL（合格品質水準, acceptable quality level） 合格とすることのできる最低の品質．これは購入検査のときによく用いられる品質の水準で，購入者がその原材料を使用する目的を考慮して，平均としてそれ以上の不良のものを購入したくない品質の水準である．場合によっては，供給者の実力を考慮して決定する．たとえば，AQL＝2％と決めて抜取方式を決めるということは，たとえば工程平均不良率が約1.5％の供給者からは，引き続き製品を購入するにはよいが，2％以上の悪い供給者からのロットは不合格となるチャンスが増加し，その結果，そのような供給者からは購入しないように供給者を選択していく抜取方式となる．表6.4に示したように，調整型は AQL を決めて，さらに検査の平均成績 $\bar{p}$ により抜取方法を調整するようになっている（MIL-STD-105D）．

LTPD（ロット許容不良率, lot tolerance percent defective） なるべく不合格としたいロット不良率の下限．これは合格とするいずれのロットも，不良率がこの値以上にしたくない場合に，すなわちロットの最大許容不良率（LTPD）のロットが合格となる確率 β が消費者危険（率）である．検査で合格となったロットが，そのまま次の工程で，あるいは消費者に使用されるような場合には，この LTPD, β を決めて抜取方式を決めるとよい．この場合は，選別型に多い（図6.7）．

AOQL（平均出検品質限界, average outgoing quality limit） 検査を通過したロットの平均品質 AOQ の最大値・最悪値．

検査を通過したロットの平均不良率 AOQ が，図6.6に示したように最も悪い場合でもこの値以下になるという限界である．AOQL により抜取方式を決めるには，さらに工程平均不良率や検査費用などを考慮しなければならない．選別型，連続生産型の検査の場合，すなわち工程間の検査やロットがバラバラ

6.9 抜取検査とは

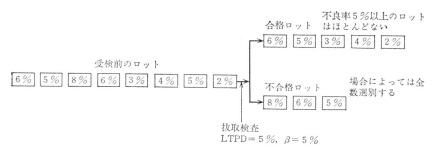

図 6.7 LTPD を決めたときの抜取検査の一例

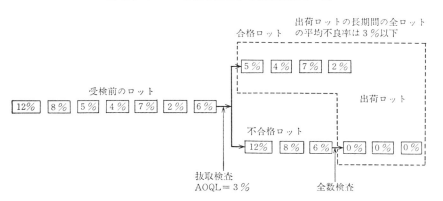

図 6.8 AOQL を決めたときの抜取検査

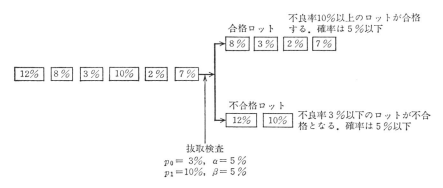

図 6.9 $p_0, \alpha ; p_1, \beta$ を決めたときの抜取検査の一例

372　　　　　　　　第 6 章　品質保証と検査

になって消費されるような出荷検査の場合によく用いられる（図 6.8）.

　LTPD あるいは AOQL を 基準にして 決めてある 有名 な ものは，Dodge-Romig の抜取検査表で，これは工程間あるいは出荷検査のときなど，すなわち供給者を選択できないときによく用いられる．なお，Dodge-Romig の方法では，発見された不良品は手直しするか，良品と交換することを前提にして作られている（図 6.8）.

　$p_0, \alpha ; p_1, \beta$　不合格としたいロットの不良率 p_1 と，そのようなロット が合格となる確率 $L_{p1}=\beta$（消費者危険率），および合格としたいロットの不良率 p_0 と，そのようなロットが不合格となる確率 $1-L_{p0}=\alpha$（生産者危険率）を決めて検査方式を決める方法である．規準型の抜取検査を用いるときに，これを決める場合が多い（図 6.9）.

　$p_{0.50}$　ある不良率のロットが合格となる確率が，ちょうど50％となるようなロット不良率 $p_{0.50}$ を押えて抜取方法を決める方法である.

　以上いずれの品質水準をいかに選ぶかは，検査の目的，検査を受けるロットの条件やポリシーにより決定することになるが，この選定が検査として最も重要な項目であるから，十分に研究，討議して決めなければならない.

6.10　全数検査か抜取検査か

　全製品が完全に良品であることを保証するためには，工程能力指数 C_p が約 1.67 以上で工程が管理状態でない限り，全数検査を行う必要がある．しかし，人間による全数検査はミスが多く，通常10〜30％くらいの不良品を良品と間違えたり，良品を不良品と間違えたりしている．従来，わが国の多くの産業で形式的に全数検査が行われているが，検査後のロットをチェックしてみると，不良品を相当含んでおり，不良品の中に良品が含まれているのが大部分である．したがって，不良品が 0 ％ということを保証するためには，人手でやったのでは全数検査を 7〜8 回も反復して慎重に行わなければならず，非常にコスト高につく．機械の方が正しい検査を行うので，検査の自動化を行う．自動検査機の場合でも，検査機の信頼性や誤差に問題があるので，万全を期すためには，

6.10 全数検査か抜取検査か

自動検査機を2回通したり，検査結果をチェックする必要がある．製品によっては，破壊試験をしなければ検査できず，このときは全数検査は不可能である．

また，製品の種類やそのある品質特性については，数パーセントの不良品が混入していても，使用上大きな障害を与えないものもある．したがって，検査をする場合に，全数検査か抜取検査か，さらに無検査か，いずれがよいかということが問題になる．これらは，いずれも大きな目で見た品質保証の必要性と経済的な問題として決定されるべきであるが，検査の自動化とともに次のようなことを考慮するとよい．

（1） 全数検査を必要とする場合

1） 不良品がゼロでなければ困る場合．たとえば，その不良が人命に影響を与える致命的なもの．不良品が1個でも出荷されると，経済的にあるいは信用に非常に大きな影響を与える場合．

［注］ 輸送中に不良が出るようなものならば，不良品ゼロとなるような全数検査をしてもあまり意味がない．

2） 製品が非常に高価な場合．たとえば，完成した飛行機，船，クレーン，自動車など．

3） 組み立ててみないとその性能のわからないもの．これは，組み立ててから全数検査することになる．

4） 出荷ロットに不良品がある場合には，**原則として出荷検査は全数検査を**しなければならない．

（2） 全数検査が有利な場合

1） 全数検査が容易に，確実にできる場合．たとえば，電球の点滅試験，信頼のおける自動選別機を使用する場合．

2） ロットの大きさが小さくて，抜取検査をする経済的価値のない場合．

3） ロット平均不良率が，必要とする不良率よりもはるかに大きい場合．

（3） 抜取検査が有利な場合

1） 不完全な全数検査の場合．

374　　　第 6 章　品質保証と検査

2)　検査すべき特性の多い場合.

3)　検査費用が高価な場合.

4)　ある不良率でロットの品質を保証したい場合.

5)　生産者に品質向上の刺激を与え,品質管理を実施させたい場合.

6)　購入検査の場合.

購入検査は原則として抜取検査あるいは無検査にすべきである.全数検査は原則として納入者が行うべきものである.

(4)　抜取検査を必要とする場合

1)　破壊検査の場合.

2)　化学分析の場合.

3)　非常に多数,多量の製品であって,全数検査が不可能な場合.

4)　購入側が,納入側の品質保証が信用できない場合.

(5)　無検査でよい場合

工程が安定しており,管理状態であって

1)　製品のどの特性も,規格を十分に満足しており,全製品が良品であると判断できる場合.たとえば,工程能力指数 C_p が 1.67 以上で工程が管理状態の場合.

2)　ロットの不良率が,必要とする不良率よりも明らかによい場合.しかしこの場合でも,チェック的にときどき検査を行う方がよい.

6.11　工程管理か検査か

工程管理に重点をおくべきか,検査に重点をおくべきか,という問題は,簡単にいえば,1.3 節および 6.3 節に述べたように,工程管理は常に行うべきであり,検査は必要な場合に行えばよいといえる.

(1)　検査が不要な場合

工程が管理状態であり,しかもその工程からの製品が保証品位を十分満足している場合には(一般的には $C_p=1.33$ あるいは 1.67 以上),検査を行わなくともよい.

（2） 工程管理が不要な場合

このような場合はない．もちろん，作業標準がうまくできており，教育も徹底しており，工程が十分管理されており，長く管理状態が続くようならば，品質に関する測定や管理図のプロットは，間隔を延ばし，あるいは中止してよい場合もあるが，工程の管理は続けるべきである．

（3） 検査により品質保証をすることが不利な場合

このような場合は案外多い．たとえば

1) 1個たりといえども不良品を出さないというポリシーの場合．保証不良率を非常に小さくしたい場合もだいたい同じ．

2) 信頼性，とくに耐久性などの寿命を問題にする場合．

3) 検査コストが高価につく場合．

4) 製品のばらつきの大きい場合．測定やサンプリング誤差の大きい場合．

5) 破壊検査の場合．

これらの場合は，検査により品質保証をすることはいずれも経済的に不利な場合が多く，むしろ

a) 工程管理に重点をおく

b) 工程の技術的向上に重点をおく

c) 信頼性のある部品を用い，信頼性の向上するような設計をする

d) 現在の技術ではやむをえないから，保証品位を下げる

などの手を打った方がよい．

6.12　検査部門の任務

6.12.1　検査部門の任務

6.7 節に述べたように検査の機能と検査部門の任務，行うべき職務とは，分けて考えなければならない．この両者が区別されずに議論されるために，話が混乱していることが多い．そこで，現在，検査部門がいろいろ行っている業務について，簡単に論じてみよう．

1) **原料，半成品，製品のロットについて測定を行い，決められた基準と比**

較して良否の判定を行い，決められた方法によりそのロットの処置を決める任
務：これは検査本来の機能であり，必要ならば検査部門が行わなければならな
い任務であって，検査員や検査部門の主観が入らないように，厳重に警戒しな
ければならない．工程が向上して，品質が規格を十分満足するようになり，工
程が長く管理状態を続けるようになれば，検査も緩和検査か，併合検査，簡単
なチェック的な検査，あるいは無検査とすることができるから，この業務は暇
になる．工程が規格を満足せず乱れてくれば，厳重検査となりこの業務は多忙
になる．またこのために，検査部門でも現場の管理図を見るなどして，工程の
情報をつかんでおく必要がある．

2) 原料，半成品，製品などの個々の品物について測定を行い，決められた
基準と比較して良否を判定し，これを選別する任務：全数検査を行って，個々
の不良品を除去するという任務である．しかし TQC が普及してくれば，半成
品や製品については，製造部門の仕事とするとよい．いわゆる自主管理，自主
検査体制である．検査部門でこれを行うと，製造現場ではいくら不良を出して
も検査が選別してくれるからというので，品質に対して関心をもたず，量産に
のみ気をとられたり，あるいは情報のフィードバックが遅れ管理がやりにくく
なるので，品質保証の責任のある現場で全数検査をやるのである．またこの検
査データを工程管理に用いることになる．また，全数検査はミスが多いから，
必ずチェック検査をしなければならない．

3) 原料，半成品，製品などについて測定を行い，その情報を必要とする部
門にサービスする任務：工業の発展とともに，工場内における分業化が進み作
業者が測定を行わず，あるいは行っても記録をとらず，検査員が測定し記録を
とる場合が生じる．しかし，これは本来，現場の責任であるから，このような
検査員を配置転換し，プロセスチェッカーとして現場監督者の下におき自主管
理をやる方向へ進める．もし検査で行う場合には，生産現場では製品品質に関
する情報が直接得られないので，測定を行っている検査部門がこの情報を製造
現場へ提供し，これにより工程管理を行うことになる．このような場合には，
検査部門は工程管理のためのデータをサービスする責任がある．この際に注意

6.12 検査部門の任務

しなければならないことは

a) 検査部門はデータの供給者であって，原則として工程に対しアクションをとる権限はない.

b) このデータは工程管理や解析のために提供されるのであって，製品検査のためにとるデータではない. 三者の目的は異なるのであるから，工程管理用あるいは解析用のデータとして，検査のためのデータが適当であるか否か反省してみる必要がある. 製造現場でも，このデータは工程管理用，不良原因除去用に使うべきで，ロットの処置や不良品の再加工に重点が向いてしまわないように，管理と検査の混乱が起らないように注意しなければならない.

c) 工程管理用にデータを供給する場合には，データを十分層別してとるとともに，迅速に提供する義務がある.

d) データの供給方式として，データのまま供給し，現場管理者に管理図にプロットさせるか，検査工が現場にある管理図にプロットし，異常を示したら管理者に連絡するという方法とがある. 普通は前者でよい. もし後者にするのなら，検査工をプロセスチェッカーとして現場配属させる方がよい.

4) **包装作業**：コスト切下げのため，検査部門で行わせてもよいが，包装作業の管理と包装にとらわれて検査がいいかげんになる傾向があるから注意のこと. 一般には，製造部門にやらせるべき仕事である.

5) **検査部門でとったデータにより，現場作業者に対して勧告を行い，あるいは処置をとる任務**：検査員が管理図に点をプロットする場合は，工程が異常を示したり，あるいは不良品がとくに増加したということを製造部門に迅速に連絡することはよいが，一般に検査部門が工程に処置を勧告したり，処置をとったり，工程の原因の探求をやらせてはならない. しかし，検査部門の作業標準が完成し，製造部門の了解のもとにその作業標準で検査した結果，ある基準を超えた場合工程の停止を命ずるという任務は与えてもよい.

6) **クレーム処理**：クレーム処理は，QC 的にいうと非常に広くかつ重要な仕事であるから，できれば品質保証部または品質管理部にやらせた方がよい.

7) **製品を 消費者の 立場にたって 監査する 任務**：これは，品質保証部門，

378　　　　　　　　第6章　品質保証と検査

QA グループ，品質管理部などの任務であり，普通，検査部門にはやらせない方がよい．

8)　**検査部門の技術者の任務**：元来，検査部門は検査標準どおりに検査を実施する部門であるから，製造現場と同様に，技術者はあまりいらない．検査部にいる技術者の任務は，相手側との打合せ，測定方法，検査標準や判定基準などの研究，作成，改善，管理にある．

9)　**検査に関するいろいろな計画や標準を作成・決定する任務**：検査計画や標準などの作成をどこでやらせるかは，社内の実情により異なるが，現状では次のいずれかの部門であろう．

①　技術部門

②　品質管理部門

③　検査部門

品質管理が次第に発展し，組織が合理化されてくれば，検査部門で標準の作成は行ってもよいが，決定を行わず，技術部門，品質管理部門あるいは品質保証部門で決定すべきであろう．

10)　**検査の管理を行う任務**：これは，検査を行っている部門で必ずやらなければならない仕事である．検査の管理は，検査方式の管理，検査関係標準類の管理，検査作業の管理および計測器・治工具の管理などである．

検査方式の管理というのは，ゆるい，なみ，きつい検査などのように，機動的に検査の調整を行うことである．これには，検査データが蓄積できたら，コンピュータなどを活用して，自動的に調整できるようにしておくとよい．

検査関係標準類の管理は作業標準類の管理とまったく同様に行えばよい．

検査作業の管理は，いうまでもなく検査という工程の管理で，とくに検査を行っている部門の管理者，監督者の最も大きな任務の1つである．

6.12.2　検査および検査部門の陥りやすい誤り

検査部門の職能について述べたので，これらに関連して陥りやすい誤りと注意事項を述べておく．最近日本では TQC の普及により前よりもよくなっているが，海外ではまだ以下に述べるような誤りをおかしている．

6.12 検査部門の任務

1) 検査部門は，検査標準どおりに検査作業を実施する部門であるという大きな任務を忘れやすい．検査管理者は，サンプリング，測定や試験を含めた検査作業を管理しなければならないにもかかわらず，検査作業という工程の管理方式が確立していないか，あるいは管理していないことがある．極端にいえば検査の作業標準が作成されており，そのとおり検査を実施していれば，不良品が出荷されてもそれは検査員の責任ではない．その標準を決定した部門，承認した人の責任である．

2) ある検査方式が，次の工程に対してあるいは消費者に対して，いかなる結果を与えているかの検討が十分に行われていない．たとえば，購入検査において，無検査になったと検査部門では得意になっているにもかかわらず，工程では不良品が多くて困っていたり，出荷検査していても，消費者からクレームが少しも減らないということがよくある．これらの情報やクレームの情報が，検査標準の合理化にフィードバックされていない．

3) ロットの定義がはっきり決められていなかったり，異質のものが混入したものがロットとなっている．

4) 検査の結果，ロット・部品に対して処置をとるべきであるにもかかわらず，その標準どおり処置がとられていなかったり，勝手に**特採**としてしまったり，極端な場合には処置のとり方が標準化されていない．これらの判断を製造課長や製造部長が勝手に判定をしているのもおかしい．また，不合格になったロットを出荷している．出荷停止をしていない．

5) 工程管理や解析のためのデータを提供すべき任務があるのに，それを忘れて不合格になったロットや製品のことだけを製造部に連絡している．いかなるデータを提供したら，工程を管理し，解析しやすいかという検討が不足，極端な場合には無関心である．分解検査をやっていない．

6) 統計的抜取検査にのみ興味をもち，検査技術者が本来の検査業務を忘れている．

7) 検査により工程管理が推進されるような方式がとられるべきであるのに，たとえば MIL-STD-105D，あまり実施されていない．

8) 各工程はそのときの状況に応じ，経済性を考慮していろいろの検査方式により機動的に調整すべきである．しかるに，従来発表されている検査方式にとらわれたり，あるいは検査工の数から逆に検査方式を決めている．また，きつい，ゆるいなどの調整をやっていない．

9) クレームがつくと検査が厳重になったり，しばらくするとゆるくなったり，そのときの気分で，検査工により判定基準が変っている．あるいは営業からの注文により，独断で判定基準を変えている．会社のポリシーとでもいうべき非常に重要な品質の基準を，一検査工などにより，あるいは検査部や営業部員の独断で勝手に変えてしまうのは，非常におかしい．このためにも，検査の標準化と管理は，工程管理の場合と同様に重要である．

6.13　検査標準とその決め方

検査も1つの作業である以上，その作業標準を作らなければならない．これは細かくいえば，試験法標準，測定法標準，計測管理標準，治工具管理標準，サンプリング法標準，検査標準，検査実施規定，検査標準類の管理規定などいろいろの標準類に分けられる．この分類は，業種により，各社の実情によりどのように行ってもよいが，ここではこれらいずれかに含まれていなければならない検査について，重要な項目だけを述べておく．

（1）　検査標準類に規定しておくべき項目

少なくとも次の各項は，標準類に規定されていなければならない．

1) ロットの規定，構成法を明確にしておくこと．

2) サンプリング単位，保証単位および測定あるいは試験する製品の単位を明確にしておくこと．必要ならばその区別や関係をはっきりさせておくこと．

3) サンプリング方法をサンプルの大きさだけでなく，とり方を具体的に決めておくこと．

4) 検査項目，重軽徴の分類，検査順序およびその測定，試験のやり方を決めておくこと．分解検査をどのように行うか決めておく．

5) 個々の品物に対する判定基準，ロットに対する判定基準を明確にしてお

6.13 検査標準とその決め方

くこと. 設計値, 保証品位と判定基準の関係に意見の不一致はないか. 合理的か, とくに官能検査のときには, 個々のサンプルに対する判定基準として, 限度見本などを準備してはっきりさせ, ときどきチェックすること.

6) 個々の不良品, 不合格ロットについての処置方法, 処置責任者を明確に規定しておく. 不合格ロットや不良品の処置・特採については, 部長, 工場長の権限において処置するようになっている場合がよくあるが, これらはできるだけ標準化しておいた方がよい.

7) 検査報告の提出, 回覧に関する項目, とくにスピード, さらに必要ならば検査記録の活用方法を標準化しておくこと. たとえば, 検査方式の調整, 工程管理, 工程解析への活用方法など.

8) 必要ならばクレーム, 品質保証部, 次工程などからの情報を, 検査標準類の改訂などに活用する方法を決めておくこと.

9) 検査作業をチェックし, 管理する方式を決めておくこと.

（2） 検査方式の決め方

本書で, 実際にいろいろの検査方式を決める手法を述べることは不可能である. 以下, 基本的な手順, 考え方だけを述べよう. 手順は, 場合により前後することがある.

1) 検査目的を決める. 次工程あるいは消費者などの使用状況, 不良品・不良ロットが出た場合の経済的損失や信用の失墜による損失を調査し, ポリシーにより決定する. 真の特性（性能）と代用特性との関係は, 製造部門で行う検査と検査部門で行う検査特性・方式の分担は, 検査の重複はないか.

2) 過去のデータの統計的解析. 必要ならば, 新たにデータをとって解析を行う. この際, 管理図は非常に役だつ.

3) 保証単位を決める. どの単位で製品を保証するかの決定, とくに集合体の場合に重要.

4) 検査あるいは品質保証工程図の作成. 品物の流れを考えて, 検査個所の決定, 購入検査, 中間検査, 製品検査, 出荷検査など, どこでどの不良品の流れを止めるべきかという検査計画を決める. なるべく前の工程で検査した方が

有利な場合が多い．また，製造部が検査をするか，検査部門がするか，巡回検査とするか，集中検査とするかの決定．

5) サンプリング単位，測定単位を決める．

6) 検査すべき品質特性 および 検査順序を 決める．測定法，試験法を決める．図面寸法がたくさんあるときに，どれを検査すべきか，誰が決めるか．

7) 個々の製品の各特性値に対する判定基準を決める．

8) 必要とする品質水準を決める．たとえば，抜取検査の場合には，ロットについては AQL，LTPD；AOQL；p_0, p_1, α, β；$p_{0.50}$ などのいずれかを決める．このいずれを選び，どのくらいの大きさに決めるかは非常に重要であるから，1)に述べた検査の目的，抜取検査，工程管理，不良品，不合格ロットの処置法およびそれらの経済性などを十分に勉強し，検討しなければならない．

9) ロットの構成法を決める．ロット内は，なるべく均質になるように層別しておくと有利である．

10) 全数検査か，抜取検査か，無検査か，計量検査か，計数検査か，等々．

11) 抜取検査ならば

　　a) 抜取方式（n_i, a_i, r_i など）を決める．

　　b) ロットに対する判定基準を決める．

　　c) サンプルのとり方をできるだけ具体的に決める．

12) 合格ロット，不良品，不合格ロットについての処置方法を決める．いくら判定基準が決っていても，この処置方法が明確になっていなければ，検査を行う意味はほとんどない．また，製品に対して良・不良，合格・不合格を表示する方法も決めておく．

13) 検査作業の管理方式を決める．

14) 検査の調整方法を決める．必要ならば，どの特性についてはいかなるときに無・チェック・緩和・通常・厳重・全数検査に移るか．

15) 検査標準の改訂方式を決める．たとえば，検査データあるいは前工程，次工程，クレーム，市場調査などのデータを，いかにフィードバックして，いつ，誰が，どのような手順で検査標準類を改訂するかを決める．

6.14 苦情(クレーム)処理と特採　383

16)　検査成績報告書の形式，記入時間，回覧方法，活用方法などを決める.
ただし，あまり細かいデータを上級者が見るな.

6.14　苦情(クレーム)処理と特採

6.14.1　苦情(クレーム)とは

クレーム処理については，すでに1.4.1および6.4節でも述べてあるが，品質保証としては非常に重要な項目であるから，ここにまとめて述べておく.

（1）　クレームの分類

クレームの種類

品質に関するクレーム，サービスに関するクレーム
量に関するクレーム
納期に関するクレーム
値段に関するクレーム

金に関係のあるクレーム
金に関係のないクレーム

顕在クレーム
潜在クレーム(潜在クレームの顕在化)

誤選択
誤　送
誤操作，誤修理，誤判定
不良品

個々の製品に対し
ロットに対し

設計の品質に対し
検査が悪いため
製造工程が悪いため
外注部品が悪いため
アフターサービスが悪いため
売り方が悪いため

（2） クレーム処理の問題点と一般的注意

クレームおよびその処理について，問題になる点と一般的注意事項を TQC の立場から述べておく．

1) 臭いものにはフタをしろという主義で，営業部門や流通機構で，簡単に片づけてしまって自慢している．これでは，クレームはいずれも潜在化してしまって，アクションがとれない．

2) QC では，消費者の不平・不満を積極的に引き出してきて，潜在クレームを顕在化し，これをなくすようにアクションをとっていくのである．したがって，一般に全社的に QC を始めるとクレームが増加する（図4.2）．

3) クレーム処理規定を作って，きたクレームは形式的に処理しているが

 a) 金に関係のあるクレーム情報しか入ってきていない．

 b) 潜在クレームを顕在化する努力が行われていない．

 c) クレームをいいたい人の意見が，社内でほんとうに聞かなければならない人のところに届いていない．

4) クレームに対し，とくに末端で消費者に対して処置が不親切である．クレームを上手にきちんと処理しないと製品責任（PL）問題になる．

5) クレームがついたら良いものと取りかえればよいでしょうという態度．

6) クレームの金銭的処理に時間がかかり，クレーム情報，品質情報としてのフィードバックが非常に遅い．

7) たとえば経営幹部がちょっと聞いてきた，重箱のスミをつつくようなクレームに右往左往している．

8) クレームは，常に正しいとはいえない．したがって，実情をよく調べることがたいせつである．

 [例]　不景気にはクレームは10倍になる．部品クレーム中，本当に部品が悪かったものは 1/10〜1/100 程度である．

9) クレームは数・内容と重要度を考えて，それがある限界内にあれば，品質は健全な状況である．

10) クレームがないということは，必ずしも満足な品質を示すとはかぎらな

6.14 苦情(クレーム)処理と特採

い. むしろ危険な状態である. クレーム情報が入ってこない. 諦めて言ってこない.

11) 製品単価の高いものほどクレームはつきやすい. 安いものはクレームをつけず, 潜在化し, その商品を買わなくなってしまう.

12) 営業・流通機構に

a) 潜在クレームを顕在化してくるという意志がない, 積極性がない.

b) クレームを理解し, アクションに役だつような情報を集める商品知識力や技術的能力がない.

c) セールスエンジニアの欠如あるいは不足. とくに一次製品の場合には絶対必要である.

13) 営業関係部門に品質情報を積極的に集めるシステムができていない.

14) クレーム再発防止対策をすぐ設計部が行うという, あわてものの誤りをしている.

15) QC では次工程は消費者である. したがって, 社内的にも各部門間に相当クレームがあるはずである. これも同様に, 社内クレーム処理規定を決めておき管理すること.

6.14.2 クレーム処理

クレーム処理は次の 2 面に分けて検討し, 確実に行う.

社外処理——消費者を満足させる. スピード, 誠実さ, 再発防止, 確実な調査

社内処理——1) 再発防止:

    a) 現象の除去

    b) 原因の除去

    c) 根本原因の除去

  2) 経理処理:責任原価制

  3) クレーム製品の処理

社外処理については 6.4 節, 社内処理, とくに再発防止については 1.5.3 節に述べた. これを確実に行うために次の項目を標準化し, 管理していく必要が

ある.

1) クレーム処理規定，処理体系図を決めておくこと.

2) 報告用紙，製品別に調査項目を決めておくこと．製品名，発生状況，使用状況，場所，調査者氏名，使用者氏名，発生年月日，報告書作成年月日，**製品履歴**（製造年月日，ロット番号），受渡年月日，輸送方法，数量，金額，内容（技術的に詳細に），相手の検査方式，判定基準，推定要因，応急対策，再発防止対策，現品返送の有無，等々.

3) クレームの受付担当課を決めておくこと.

4) クレームの選別，処理責任部署の決定をどのように，誰が行うかを決めておくこと．QA 部門.

5) クレーム統計やトップに対する報告書，その他の部門への勧告書作成部門を決めておくこと．QA 部門.

6) クレームを受付・登録し，各処理，とくに再発防止対策が完了するまで，確実に行われているか否かというクレーム処理の管理のサークルが，うまく回るようにしておくこと．QA 部門.

6.14.3 特　　採

特採とは，原材料，中間，出荷などの検査において不合格になったものを，特別に採用して合格としてしまうということである．特採の原因としては

① 規格が厳重すぎる

② 設計の品質や図面などに無理がある

③ 工程能力の不足

④ 工程管理が不十分

⑤ 品質特性の重・軽・微の区分がうまく行われていない

などが考えられる．一般には，規格が厳重すぎる場合が多いので，特採しても，品質的にも，コスト的にも，何も影響がないということがよくある．このように，規格その他が合理的にできていないのが通常であるから，あるいは5)に述べるようにある規格値から外れたならば，急に使えなくなるということは考えられないから，むしろ特採があるのが通常である．問題は，特採をいかに

取り扱っていくかである.

一般的に, 次の注意事項に従って行うのがよい.

1) 特採をいくつかに層別しておく. たとえば, 微欠点なら特採してもさしつかえないが, 致命欠点や重欠点では原則として(規格値が合理的に決っていれば)ありえない. また, 条件付き特採というのもある. たとえば, 乾燥してから使用せよとか, ある用途にはさしつかえないとか, 特採の判定の責任部署を決めておく.

2) 特採は, ルールを標準化しておき, いちいち部長や工場長の許可を得なくともよいようにしておく.

3) 特採は, 一種の実験であるから, その記録をしっかりとっておき, その結果がどうなったかが追跡できるように, 層別してデータがとれるようにしておく. その結果によっては, たとえば規格をゆるくすることもできる.

4) 特採の再発防止対策を考えること.

5) 特採ができるのは, 規格値がある点, 1つの値で決っているからである. たとえば, 10.00 mm がよくて, なぜ10.01 mm は使えないのか. 使いにくくなるだけの話である. したがって, 特採はペナルティ条項と結びつけて考えなければならない.

6) 特採を乱発すると, 従業員の品質意識が低下するから, 十分気をつけること.

7) 必要ならば, 特採委員会をもつ.

6.15 む　す　び

品質保証は, TQC の目的であり, 真髄であるから物を生産, 販売している以上, 永久に行わなければならないことである. 単なる検査だけが品質保証ではないが, 不良品の存続するかぎり検査は必要であり, 現状では残念ながらまだ検査を必要とする場合が多い.

また, 検査という仕事を, 製造現場の管理と同じように, 管理することを忘れてはならない. とくに全数検査, 官能検査の場合には, 次のことに留意する

こと.

1) 消費者の水準と検査員の水準とを合わせること.

2) 標準見本ではなく,限度見本の作成.

3) 検査標準の合理化.

4) 選別工程と考えて管理を十分に行うこと.たとえば,選別後の良品および不良品からサンプルをとってチェックし,管理図にもかく.

5) QC 情報やクレームとの対比

品質管理を実施する以上,本章で述べたように,検査以外のあらゆる QA 活動により,品質を保証しなければならない.**品質が保証されていない品質管理は,品質管理をやっているとはいえない.**

第7章　全社的品質管理の組織的運営

7.1　全社的品質管理

以上 述べてきたことで わかるように，全社的品質管理（TQC）は 全社的に，人事管理，原価管理，利益管理，生産量・納期管理と結びつけて，組織的に運営していかなければならない．それには第6章までに述べたことを全従業員がよく理解し，それを各社の歴史と現状を考慮して，各社ごとにトップが方針をしっかり出し，知恵をはたらかせ，工夫して，実施していけばよい．本書は主として細かい実施面，すなわち技術面について述べたものである．組織的運営を経営面からは拙著『日本的品質管理』（増補版，日科技連出版社，1984）に述べてあるのでそれを参照されたい．したがって本章では簡単に指針だけを述べておこう．

7.2　全社的品質管理の組織

組織の合理化 なくしては，TQC はできないし，真の技術の進歩，産業の合理化もできない．全社的品質管理は，全部門および全員参加で総合的に実施していくのであるから，

1) 経営者，トップがポリシーをはっきり示すこと．
2) 組織の合理化，責任と権限をはっきり示すこと．
3) とくに権限の委譲範囲，その管理方法を十分研究すること．
4) 組織は個人のためにあるのではなく，会社運営のためにあることを再認識し，協力体制のとれるようにすること．
5) 部門別はもちろんのこと，機能別管理体制をはっきりさせること．
6) ラインとスタッフを明確化すること．とくに日本の工場に多いラインや

390　　第7章　全社的品質管理の組織的運営

スタッフの横車を押さえるようにすること．スタッフの次工程，お客様はラインである．

7) 事務部門に技術者をどしどし採用し，また必要ならば技術部門に事務関係者を採用し，科学化を図ること．

とくに品質管理の根本となる消費者，生産者間の接触という問題を考えると販売，資材および原価管理部門への優秀な技術者の導入，人事交流を行うことは，これからの会社としては，絶対必要条件である．

品質管理を実施していくためには，最終的には，TQC 推進室，品質管理部なり品質保証部なりを作り，品質管理に専心できるようにすべきである．しかし社内事情によっては，初めは企画部，技術部，検査部，調査部，工務部などトップに近いスタッフ的性格をもった部門で兼務で始め，次第に普及して，社内の雰囲気ができてきたら，TQC 推進室などをつくり，次第に権限を与えていくという行き方がよい．初めから TQC 推進室などをつくると，TQC はそこでやるものであるという誤解をうけ，セクショナリズムにより，かえって発展を阻害しがちである．初めはどこが窓口になってもよいが，どこが推進役，窓口になるということを，社内に徹底させておくことが必要である．もちろんトップグループの思想統一ができ，社長の強いリーダーシップがあるときは，最初から社長スタッフとして TQC 推進室をつくるべきである．

（1）　TQC および品質管理部門の任務

TQC を進めていく場合に，これの中心となる部門の仕事はいろいろある．

1) TQC 推進――TQC 推進事務局としての仕事

① 方針管理のスタッフとしての仕事

② QC の教育・訓練の計画と実施

③ トップの QC 診断事務局として計画・実施・推進

④ QC サークル活動推進事務局

⑤ 各部門の TQC 推進状況の調査と推進への協力

⑥ 集団的 TQC の推進（外注・流通・関連会社）

⑦ 社外 QC 関係との接触と協力

7.2 全社的品質管理の組織

2) 品質保証関係

① 品質保証のセンター

② 苦情処理のセンター

③ 新製品開発活動における品質保証とそのセンターとしての活動

この活動に，新製品開発の原価管理と進度管理を含めることもある．

④ 品質診断の実施

⑤ 購入・中間・出荷などの検査

⑥ 製品および新製品の出荷停止権

3) QC スタッフとしての活動

① 品質上の問題についてゼネラルスタッフとして社長，本社各部門長，工場長，支店長などへの協力と勧告

② 社内各部へのサービススタッフとしての品質保証への協力

③ 外注企業，流通機構，関係会社などの QC 推進についての協力．さらに集団的品質保証

以上の任務を TQC 推進室の中に全部含めてもよいが，大企業の場合には，3 部門に分けて TQC 推進室，品質保証部，検査部とするか，あるいは品質保証部門の中に検査部を含めて 2 部とするとよい．この際 1)の仕事は主として TQC 推進室，2)，3)の仕事は検査を除いて品質保証部，2)の⑤の検査の仕事だけが，ラインの仕事として検査部の仕事となる．

TQC 推進室および品質保証部の仕事は大部分ゼネラルスタッフおよびサービススタッフとしての仕事となる．

(2) TQC 推進担当者と責任者

従来よく統計的手法を知っているものを品質管理担当者としているが，これは誤りである．統計的手法はこれからの全従業員がその資格として身につけていなければならず，これを知っているから，あるいは少し早く研究を始めたからといって，これを TQC あるいは品質管理推進担当者とするのは間違いで，むしろ害がある．統計的方法は従来欠けていた 1 つの要素を身につけたにすぎないのである．

TQC 推進責任者は，各担当部署において TQC を実施していく責任者，すなわち，たとえば職場長，係長，課長，部長，工場長，支店長，担当常務，社長などである．

（3） TQC 推進部門の人選

TQC の導入まもない企業では，TQC 推進担当者は，TQC および品質管理の思想と手法の 普及啓蒙が 重要で，また 実施の推進という 任務もある．将来は，その中心になって，TQC を推進，運営していかなければならないので，なるべく次のような資格をもった人を選ぶ必要がある．

a) 経験 職場，支店のライン部門に少なくとも３年以上勤務経験をもっていること．仕事について技術的知識の深い人．できれば工場あるいは営業所などの建設，運営などの経験者．統計技術については，経験があればよいが，これはあとから教育，研究すればよい．

b) 性格 人格的に社内で認められている人．よい意味の協調性，政治性をもっている人．理想，空想や仮定をおいて理論にはしる人ではなく，事実を素直につかんで結論を出す型の人．絶えざる努力型の人．感情的偏狭でない人．

c) 肉体的にも精神的にも強靱な人．

完全に以上の条件を満たした人はいないかもしれないが，なるべく上の条件に近い 人を TQC 推進室員として，経営者は 選定すべきである．そして 各経験者を入れて，室員全体の協力により，上の条件を満足するように進めていけばよい．

TQC 推進部門の長となったり，あるいは室内で中心的に活躍すべき人，**導入期に研究会その他の長となる人の人選は重要**で，この人選を誤り，その人の活動のしかたがまずいと，TQC の本格的実施は非常に 遅れるものであり，わが国でもその例が多い．このことは一般的にもいえることで，新設の重要部門の長には，最優秀の人をあてるべきである．

推進室員としては，1～2名は統計技術にひいでたという特徴をもった人も必要で，わが国の現状では，工場や大きな部なら少なくとも1～2名の統計的エクスパートが必要である．これはあとから教育してもよい．しかし，一般には古

7.2 全社的品質管理の組織

い検査員は TQC 推進室員，あるいは 品質保証部員としては 適当でない 場合
が多い．

（4） TQC あるいは品質管理委員会

TQC あるいは品質管理委員会は，QC 導入初期においては，会社，工場の
品質管理の実施ならびに推進の中心的役割を果たすもので，その組織ならびに
運営には，十分に留意することが必要である．この場合 TQC 委員会にするか
品質管理委員会にするかは，その企業あるいはトップがどのような立場で TQC
を推進するかを決定することにより自然に決まる．組織としては次のようなも
のが考えられる．

会社としては 　　　委員長　社長あるいは副社長（社内の No. 1 あるいは
　　　　　　　　　　　　　　No. 2）

　　　　　　　　　委　員　販売，生産，技術，購買，経理，人事，品質管
　　　　　　　　　　　　　理担当の重役あるいは部長，各工場長

　　　　　　　　　幹　事　品質管理担当部・課長

工場・支店としては　委員長　工場長あるいは支店長

　　　　　　　　　委　員　各部長，部別の ないところは 各課長（技術，事
　　　　　　　　　　　　　務関係者を含めて）

　　　　　　　　　幹　事　品質管理担当部・課長

さらに大きな部課をもつ工場や支店では，各部各課ごとに上の例に準じて，部
会，分科会などをもつとよい．この委員会は，次の各項を定期的に少なくとも
月1回開催して審議すると同時に，各委員会は初めは教育機関として考えると
よい．

1) TQC あるいは品質管理推進プログラムの決定．教育計画，標準化計画
   を含む

2) 方針管理に関する事項

3) 新製品の品質目標，品質水準，試作検討などの審議

4) 重要な品質問題，品質標準および目標の審議

5) 重点的に解析すべき品質の審議

6) 各部間のトラブルの調整，クレーム処理

7) 工程の異常除去に対する報告ならびに打合せ

8) その他品質管理に関する重要項目の審議．たとえば機能別管理委員会，出荷停止など

9) QC サークル活動および QC チーム活動に関する審議

そのほか必要に応じ，品質管理推進グループ，幹事会，機能別管理委員会，QC チーム，担当マネジャー制などを採用するとよい．

7.3 全社的品質管理推進プログラム

（1） TQC の長期計画

TQC を推進するには，経営の方針として，その推進プログラムを長期計画的に(たとえば 5 カ年計画)たてなければならない．しかもこれは，経営の長期計画と一本化していくことが重要である．従来わが国では，長期計画には利益とか売上高，量の長期計画はあるが，品質の長期計画のないのが大きな欠陥であるからである．これを一本化しないと TQC と経営とが別のものであると考えられたり，日常業務以外に TQC があるという錯覚に陥りやすい．TQC と日常業務とは一本化しなければならない．TQC の長期計画には 次の 項目が含まれる．

① 方針管理

[注] TQC を広義に解釈して実施する場合は方針管理も含まれる．

② 新製品開発と旧製品の中止計画

③ 品質向上計画

④ 品質保証計画(広義に)

⑤ QC 教育・訓練，組織，人事計画

⑥ 標準化推進計画(物と規定)

⑦ 外注・購買・原料計画

⑧ 販売・流通・サービス・消費者計画

⑨ QC サークル活動の推進計画

7.3　全社的品質管理推進プログラム

（2）　教育・訓練計画（1.6.7節参照）

品質管理の推進には全従業員の教育啓蒙が重要で，わが国工業の実情では，これなくしては，一部の人の遊戯の品質管理となってしまう．

全従業員に教育しておかなければならないことは

1)　品質について関心をもたせること

2)　新しい品質管理の考え方（品質と管理）を理解させること（たとえば1.4，1.6節参照）

3)　統計的な考え方を理解させること（2.2節参照）

4)　QC サークル活動の考え方とやり方（1.10節参照）

などである．しかし各階級により，理解しておく必要のある項目は違うから，教育は次のように層別して行うとよい．以下において考え方とは，品質，管理，統計的方法および QC サークル活動の4つの考え方である．

① 経　　営　　者　考え方を主とする（第1章，第2章）

② 中　堅　幹　部　考え方と管理図の使い方と一部の統計技術（本書全体）

③ 一　般　技　術　者　考え方と管理図を含めた初級統計技術

④ 高　級　技　術　者　③よりやや高級な統計技術まで

⑤ 事　務　関　係　者　少なくとも②程度まで，一部の人には④程度まで

⑥ 職　場　長　クラス　考え方と QC 七つ道具，できれば③まで

⑦ 作　　業　　員　考え方と QC 七つ道具の一部，将来は全部

⑧ 統　計　技　術　者　担当高級な統計技術まで．DE，OR，MR など

教育には，外部から指導者を頼んだり，外部の講習会へ出席させたりすることも効果はあるが，結局内部の品質管理担当者の努力にまつところ大であり，とくにその持込み方が重要である．また追指導も重要である．

以上の各層に対する教育の3カ年あるいは5カ年計画を時期的，内容的にあらかじめたてておく．そして最終年度には，全従業員に対する教育を終りたいものである．また常に人は新陳代謝するから，教育は会社の生命とともに永遠に続けなければならない．教育は人事配置計画と結びつけ，教育歴を各人の考課表に残しておき，これを組織や人事配置計画と結びつけて考えなければなら

ない．この際，QC サークル活動を活用していくと効果が大きい

（3） 標準化計画

① 標準化をどのように分類していくか．標準化体系の確立

② いつまでに，どの標準を作成するか

③ 標準の管理規定の作成．書式や整理方法

などを決めておかなければならない．

標準や規定が内容的にもつべき条件は，1.5.2および5.4節など参照．

名称は，規定，規格，標準，手続などいろいろあるが，これは各社の習慣で決めればよい．基本になるのは会社の定款を中心として作られるが，とくに品質に密接な関係のある標準類には，次のようなものがある．標準の分類や種類は無限といっていいくらいあるが，原則として有効な，実行できるものを最小限作成し，必要に応じ充実していった方がよい．

1) 製品品質標準，各工程ごとの品質を規定する標準

最終製品または中間製品の標準．サンプリング方法，測定方法，試験方法などは別でも，これに含めてもよい．

2) 原材料品質標準，各購入原材料，副資材，部品などの品質を規定する標準．これらの注目や納期，資材の処理のための規定を含めてもよい．

3) 試験方法標準，測定方法標準，計測管理標準，サンプリング方法標準，検査標準，標準検査方式

検査実施規定，試験方法，測定方法，サンプリング方法標準，検査標準は，いろいろの検査方式を決めておき，各製品につき，その標準の中のいずれを用いるかを検査標準として分けておいてもよいし，あるいは製品ごとに標準検査法を決めてもよい．

検査実施規定は，検査の作業標準に相当するもので，どの検査方式を，いかに組み合わせて用いるべきかを，作業標準として決めておかなければならない．これら標準には，判定基準，不良品取扱い，不合格ロットの処置方法，特採の方法などの責任と権限などを，どこかに決めておかなければならない．

4) 技術標準（標準稼働率，標準原単位，標準歩留りなども含む），設計標

準，設計技術標準，新製品開発規定

5) 作業標準，作業指図書，作業指導書，管理標準

作業標準は，広義に解釈すれば全社員が何をなすべきかを規定した標準である．したがって通常の製造現場作業などのほか，次のような各項目について作成する必要がある．

検査作業標準(検査実施規定)，サンプリング，測定，試験分析作業標準，契約書作成，計測管理，クレーム処理，販売管理，在庫管理，市場調査，品質情報，管理図により工程を管理するための標準，装置，設備，機械管理，治工具管理，工場実検，安全，衛生管理，教育，訓練，熱管理，輸送，運輸，生産量管理，工数管理，予算統制，原価管理，人事管理，事務管理，各種リポート，伝票類などの書式や書類整理に関する作業標準．

6) 組織標準，委員会規定，品質管理委員会，新製品委員会

組織標準というのは，高級社員——たとえば，職員以上重役まで——や事務作業者各人の職務内容や標準作業を規定したものとする．このようなものは，職務権限規定あるいはマネジメントガイドなどと呼ばれることもある．とくに権限の委譲，上下の階級の者と関連などをはっきりさせるためのものである．

7) 方針管理，情報伝達のための標準，管理項目標準，報告制度標準

8) 標準類の管理規定

以上の各標準を活用していくためには，各種標準をいかに管理していくかを標準化しておかなければならない．これが標準の管理規定である．

- 誰が，いつまでに，どのようにして作成し，誰の承認を得るか．教育は誰が，いつ，原案を作成し，誰の承認を得て改正するか
- 保存，整理，徹底，改訂，チェックをいかにするか

などを決めておく．

以上の各標準の作成は経営のポリシーにより始まり，目的達成のために作られる．作成業務は技術者ならびに事務技術者の任務である．原則的にいえば，経営のポリシー，目的が決まって，初めて標準化が進むといってよい．

ニーズのない，目的のはっきりしない標準化は形式的標準化になりやすい．

（4） 組織の合理化計画，機能別管理計画

標準化が進み，品質管理が進んでくると，いつかは組織の合理化という問題にぶつかる．したがって組織の合理化にいつごろから着手するか，あらかじめ計画しておくとよい．とくに生産，技術，検査，管理部門の確立は，わが国の多くの会社の実情では，ただちに理想的な体系にもっていくことは困難であるから，徐々に進めていく計画をたてておくのが適当であろう．

従来わが国の企業では，部門別にはある程度しっかりやっていても，セクショナリズムが強く，機能別に横につなぐ線が非常に弱い．したがって QC 導入とともに，機能別(たとえば 品質保証，新製品開発，利益，原価，生産量，販売，人事，外注，関連会社)管理について 委員会をつくり，その システムづくりの計画を作成し，推進していくとよい．

[注] セクショナリズムは人間社会どこでも起りがちなものである．ここでこれを打破する方法を簡単に述べておく．
1) セクショナリズムを打破する任務はトップにある．
2) 元来横の連絡をとるのは中堅幹部・部課長の任務である．
3) 次工程はお客様という考え方を全員に徹底，実行させる．
4) 機能別委員会により各種機能の任務と責任，横の連絡を明確にする．
5) QC チーム活動に思いきって権限を委譲し，活用する．
6) 連合 QC サークルをつくり，活動を行わせる．
7) 事業部をつくるなど小さな経営単位をつくる．

7.4 設 計 管 理

この点については 1.6.2 および 6.3 節の品質保証体系において触れた．また 1.1.2 節(5)では格言を挙げた．ここでは要点だけを述べる．

企画，設計，試作，評価は設計だけの仕事ではない．関係者を入れたグループ，チームで行え．全社的に決めた製品企画書を実現していくのが設計作業である．

設計作業は，図面という製品を生産する多種少量生産工程である．したがって，まずお客様の立場に立った設計を行え．使用条件をよく調べ，製品研究を

行い，生産方式・工程能力を考えて図面を書け．

図面を書くから間違いが起り，部品の種類が増えるのである．設計の標準化，部品の標準化を推進せよ．不良図面の撲滅，検図の強化を図り，図面変更，設計変更をなくし，無調整で製品ができる図面を作成せよ．

そのためにはパレート解析，チェックシートの活用などQC手法が役に立つ．また試作は実験と考え，実験計画法を活用せよ．ほかにも公差や安全率の決め方に統計的方法が有効である．

7.5 原材料管理，外注管理，中小企業の TQC

（1） 外 注 管 理

わが国工業の製造原価のうち平均70％（50〜85％）は，原材料，部品あるいは加工費などに支払っている．これが悪くては，とても良い製品はできない．そこで1960年代後半から外注工場，中小企業と一緒になって TQC を進めてきた．その成果として日本製品が良品廉価で製造できるようになり，部品在庫も少なくてすむようになり，世界の競争に勝つことができるようになったのである．しかも協力会などをつくり，買手と売手が友人のようになっている．

［注］　これに対し米国では製造原価に占める割合は50％強で，日本より少ない．これは，売手は敵であり，信用できず，購入部品の不良率も高いなどによる．その結果部品在庫も多く，金利も高くついている．

［例］　A社の外注育成のための基本方針

1. わが社にしか納入していない企業からは購入しない．将来わが社に対する納入率を50％以下にせよ．

2. わが社に意見・提案をしてこない会社からは購入しない．

3. 保証購入制度（無検査購入制度）をとるからしっかり品質保証したものを納入せよ．

外注の質・量・納期・コストの管理は長期的にみて考えよ．外注育成には時間がかかる．

（2） 買手と売手の品質管理的 10 原則

買手と売手の関係を合理的にし，品質保証を向上するために買手と売手の品質管理的 10 原則を 1960 年に作成，その後 1966 年に一部修正した．

第7章　全社的品質管理の組織的運営

前文：買手と売手は相互に信頼し，協力し，共存共栄の理念と企業の社会的責任感に徹し，下記の 10 原則を誠実に実行しなければならない.

① 買手と売手は，相手の品質管理システムを相互に理解し，協力して品質の管理を実施する責任がある.

② 買手と売手は，おのおの自主性をもち，かつ相互に相手の自主性を尊重しなければならない.

③ 買手は，売手が何をつくったらよいかがはっきりわかるような要求を，売手に提供する責任がある.

④ 買手と売手は，取引きの開始のときに，質・量・価格・納期・支払条件などについて，合理的な契約を結んでおかなければならない.

⑤ 売手は買手が使用上満足できる品質のものであることを保証する責任がある. また，それに必要な客観的なデータを必要に応じ提供する責任がある.

⑥ 買手と売手は，両者が満足するような評価方法を，契約のときに決めておかなければならない.

⑦ 買手と売手は，両者間のいろいろなトラブルを解決する方法・手順を契約のときに決めておかなければならない.

⑧ 買手と売手は，相互に相手の立場に立って，両者が品質管理を実施す

表 7.1 買手と売手の品質保証関係

売 手		買 手	
現　場	検　査	検　査	現　場
1. ──	──	──	全数選別
2. ──	──	全数選別	
3. ──	全数選別	全数選別	
4. ──	全数選別	抜取またはチェック検査	
5. 全数選別(自主検査)	抜取検査	抜取またはチェック検査	
6. 管　理(自主管理)	抜取検査	チェックまたは無検査	
7. 管　理	チェック検査	チェックまたは無検査	
8. 管　理	無検査	無検査	

7.5 原材料管理，外注管理，中小企業の TQC

るために必要な情報を交換しなければならない．

⑨　買手と売手は，常に両者の関係が円滑にいくように，発注・生産・在庫計画，事務処理，組織などを十分に管理しなければならない．

⑩　買手と売手は，取引きに際し，常に最終消費者の利益を十分考えなければならない．

買手と売手の品質保証における関係をまとめると表7.1のようになる．表において1から8へ進むほど進んだ QC 関係といえる．無検査購入という言葉にとらわれて，検査しなければいけないのに，無検査にするな．

（3）　VA のチェックリスト10項目

原材料管理には VA(value analysis)による検討が役立つ．GE 社のチェックリストを紹介する．

①　その材料の使用によって，価値が高められるか．

②　その材料のコストは，その用途に対してそれだけの値打ちがあるか．

③　その材料の形にはむだがないか．

④　より適当なものはないか．

⑤　より安いコストでやれる方法はないか．

⑥　標準規格品を使用できないか．

⑦　生産量にふさわしい適切な段取りで作られているか．

⑧　コストは，資材費，労務費，間接経費と利益を合計して適切なものになっているか．

⑨　より信頼できる発注先で，より安く供給してくれるところはないか．

⑩　同じ品物を，こちらより安く買っている人はいないか．

（4）　納入者の QC 的選定基準[1]

外注購買に関する

1)　基本方針は決まっているか．専門化か系列化か．選択して買うのか育成するのか．

---

1)　石川馨:『品質管理』，Vol. 15(1964)，No. 8，p. 567 参照

2) 買手と売手の品質管理的10原則参照.

3) 格付基準：品質管理・品質保証の程度と制度，経営者の能力・人格，経営管理の水準，自主性，財務状況，技術水準，設備状況，取引年数，依存度，下請利用度，労使関係，協力度（納期），値段.

4) QC診断で買うか．検査で買うか．

5) 部品をA，B，C，Dなどに分類して，発注方式を変更する.

6) 一部業界では1950年代後半から購買の国際戦略をもっていたが，最近になって多くの企業が購買・外注などに国際戦略をとるようになってきた．しかしそれを実施する能力をもっているか，それのできる人材が育成されいるか.

7) 定期的に納入者の再選定を行う.

納入者の教育：集合教育（自主的に），委員会，協力会，ダブルQCチーム，QCサークル，QC研究会と相互見学会，個別相談，提案制度，検査の調整，ボーナス・ペナルティ制度，契約書の合理化，不良納入者を切ること，計画的値下げ.

いかなる発注方式，納入方式をとるか：定時納入制，定日納入制，バルク納入制，定量発注方式，定期発注方式，計画発注方式，スポット買い.

いかなる在庫量管理方式をとるか.

いかなる購入制度をとるか：見積制，自由入札制，指名入札制，個別折衝.

協同実験の必要はないか.

契約書の合理化.

内製か外注かを，誰が，いつ，どのように評価して決めるか.

完成品外注：わが社でつくるか，外注するか，OEMか，海外でつくるか.

（5） 中小企業10戒

① 社会に奉仕しない経営は，大衆から見捨てられる.

② 後継者の養成，人材抜擢，無能縁故幹部の整理.

③ 建設的・協力的な労使関係，従業員およびその家族に対する責任感.

④ 経営者のQC意識・品質改善と新製品開発，専門メーカーになれ.

7.5 原材料管理，外注管理，中小企業の TQC

⑤　統計的な考え方の体得，統計・調査資料による方針や計画の立案，市場調査の活用．自社の工程能力，生産能力を知っているか．

⑥　一社からの受注に頼るな．一社からの受注は多くとも50％以下，できれば20％以下にせよ．自主性はあるか．

⑦　過大な固定資産・調子にのった設備拡張⎫
⑧　在庫管理のまずさ，信用販売のまずさ⎭資産の固定化と不足．

⑨　チープ・レーバーに頼らない経営態度．

⑩　不合理な事業習慣：トップの熱意と指導力の不足，無知，曖昧な問題処理，経験の不足，自分の取り分の過大，教育に対する投資不足．人材育成と有能な人材の抜擢不足．

（6）納期管理

原材料，外注の管理には以上のほか，次の項目も検討する．

納期の定義をはっきりさせよ．納期をはっきり決め，関係者が納期どおり入れる精神になれ．

納期遅延，納期不良の定義を明確に．無理な納期，図面や材料の支給遅れが納期遅れの原因であることも多い．

外注関係がうまくいかないのは，不合格・不良・納期不良が多いのは，買手（親会社）の責任が60〜70％，売手（外注会社）の責任は30〜40％である．

パレート解析を活用せよ．

納入者への品質情報のフィードバック．

納入品の品質変動は，工程能力は，不合格ロットは，不良品は．

購入検査後の不良率は，購入検査方式を変える必要はないか．納入先を変える必要はないか．

7.6 設備管理，治工具管理，計測管理

基本的には，3つとも同じような考え方でゆける（1.6.4 および 1.6.6 節）．

1）設備管理方法の歴史的発展：こわれてから直す→こわれないように点検・手入れをする（preventive maintenance, PM）→工程能力を保持・改善す

るようにする→信頼性の向上．TPM．

2）　工程能力研究：調査，保持，改善を誰がやるか．動的精度，静的精度，統計的センスのない PM は成立しない．

3）　設備，計測器の点検手入れ基準：誰が作るか，メーカーが作る．点検技術はあるか．

4）　点検手入れ後に故障が多い：試運転基準はしっかりできているか．

5）　設備管理をどこがやるか．現場は無理に使い，定期点検をしない．おっつけ仕事で根本的改善なし．補給部品の在庫管理は．

6）　重点管理をせよ．

7）　設備更新の基準は．古い機械の工程能力は相当に向上するものである．必要以上に新しい設備投資をし，不要な計測器をつけたがるものである．本当に必要な設備なのか．税法上の原価償却ではだめ．技術的進歩による価値低下の方が大きい．

8）　設備・治工具・計測器の使い方の作業標準は．

9）　定期点検・定期校正をしていれば，管理していると思ったら大間違い．狂ったものをなおしてまわっている後手管理．

10）　信頼性管理は．

11）　原価管理面からみて，工程能力からみて，生産能力からみて，本当に設備投資が必要か．生産能力は，管理すれば50〜100％くらい増加するし，工程能力は，ばらつき1/2〜1/3くらいは簡単に小さくなるものである．

12）　投資効果のチェックが正しく行われているか．予算さえとってしまえば，設備を作ってしまえばの食い逃げをチェックせよ．

13）　誤差管理の概念はしっかりしているか．

14）　自動化，ロボット化をする前に，しっかりした工程解析・工程管理を行い，しっかりした品質管理工程図を作成しておくこと．

7.7　営業・販売・サービスの TQC

従来の営業部門の TQC 的にみた欠点を挙げる．

7.7 営業・販売・サービスの TQC

1) 営業は TQC の入口であり，出口であるという認識がない．

2) 営業は TQC に関係ないと思っている．したがって TQC, QC を知らない．

3) 何故よく売れるかの，売れないのかのデータ，要因解析不足．わかっていない．KKD だけで仕事をしている．

4) 消費者は王様であるが，盲の王様が多い．これを正しく教育するのがセールスマンの任務である．そのための商品知識が不足している．

5) 配給係か問屋のセールスマンと同じ．

6) 方針・計画の不明確と不徹底．販売計画どおり売ろうとしない．

7) とりやすい注文だけとってくる．

8) 品質保証のセンスがない．責任感がない．

9) 品種管理，品種研究というセンスなし．

10) 品質の良いものを高く売るセンスなし．

11) 安く売るだけなら，営業は不要である．品質で売れ．

12) 利益確保のセンスが少ない．

13) 販売高だけ上げればよいと思っている．

14) 代金回収，安全な売上げということを考えず，無理に押しこんでいる．金を集めること．金利を考えていない．

15) セールス・エンジニアがいないか，少ない．営業マンの商品・技術教育が不足している．

16) 標準品を売ろうとせず，特殊品を売りたがる．

17) 形式的な原価計算上赤字のものを売りたがらない．

18) 注文の内容の理解が不十分である．

19) 工程能力，生産能力，工場の実体を知らない．

20) 企業全体のことを考えない．

21) コスト・資金繰りのことを考えない．

22) 企業の触覚として，市場の品質情報を集めるセンスをもっていない，能力をもっていない．

406　　　第 7 章　全社的品質管理の組織的運営

23)　信頼性(品質, 値段, 納期)がない.

24)　誇大宣伝が多い. PL 問題にひっかかる 可能性がある. PL 問題の勉強をせよ.

25)　ビフォアサービス不十分. サービスを売るという精神が不足している.

26)　アフターサービス不十分. サービスのないところにものを売るな.

27)　製品の在庫管理のやり方を知らない. 質, 量, 値段からみたパレート分析不足.

28)　市場調査的センス不足. やり方を知らない.

29)　どういう流通機構で売ったらよいか 研 究 不 足. 流通機構への TQC 教育・育成不足.

30)　買手, 消費者研究不足.

31)　宣伝, 広告とのタイアップ不十分.

32)　宣伝, 広告の内容が TQC 的でない.

33)　製品打切りの度胸なし.

34)　製品打切り後のサービス, 品質保証不十分.

35)　新製品がなければ売れないという. 自分達に新製品企画の任務があることを忘れている.

36)　納期を考えない受注.

37)　TQC 的クレーム処理を知らない.

38)　営業のデータは層別してなく, どんぶり勘定で使いものにならない.

39)　説明書(使用方法, 点検手入れ方法), カタログ, パーツ・リストなどが QC 的でない.

以上述べたように営業・サービス部門の欠点は多く, この逆を行えば, 営業部門の TQC といえよう. これを簡単にまとめてみると次のようになろう.

1)　市場情報や消費者の情報をキャッチする触覚としての能力をもつと同時に, それを実行する.

2)　販売計画を品質別に, 金額だけでなく, 量と利益を考えて作り, その計画どおり販売し, 代金回収をする.

7.8 流通機構の TQC

3) 製品およびその使用方法についての技術情報をもち，消費者の適切な選択，適切な使用方法について技術サービスあるいは協同実験を行う．

4) 注文を QC 的に，しっかりとってくること．どの品質について，どのくらいの品位の保証がたいせつかはっきりさせること．使用方法，使用条件，保証期間や補償期間など，要するに消費者の要求と契約を明確化する．

5) 標準品を消費者に買ってもらうよう努力する．

6) どのような新製品，品質改善を行ったらよいかという情報のフィードバックと勧告をする．

7) 品質を売るというセンスに徹し，良い品質のものを高く売る．

8) たくさんあるデータを統計的に解析する．

9) 営業の独立採算性を確立する．

7.8 流通機構の TQC

折角良いものを作っても，流通機構の QC がよくなければ，その品質の保証もできないし，製品の販売や生産もうまくいかない．一次製品，たとえば繊維，プラスチック，金属材料などの場合には，それらの加工(広義の流通機構)が悪ければ，折角の品質が死んでしまう．とくにそれらが中小企業の場合には，その影響が大きい．一次製品メーカーとしても，最終製品になったあとまでの品質保証を考えなければならなくなりつつある．一般商品についても，在庫管理が悪ければ商品が劣化したり，不良在庫が増加し，返品が増加する．また欠品がでれば折角の販売チャンスを失うことになる．さらに，商品知識がなければ消費者の要求に適さないものを売ってしまい，クレームの原因となる．販売時の商品テスト，出荷点検，据付などが悪ければ消費者の満足は得られない．アフターサービスが悪ければ将来ものを買っていただけなくなる．

これに対しては次のような項目が大切である．

1) 流通機構に，たとえば商事会社，販売会社，問屋，小売店などに QC 教育を行うこと．

2) 良いものを仕入れて，良いものを売り，売ったあとまでも品質保証(含

むアフターサービス)をするという考え方を徹底させる.

3) 流通機構を選択する.

4) 運搬,包装,貯蔵方法,在庫量管理が悪いために,品質保証ができないのみならず,経営をあぶなくしている.この管理を徹底する.

5) QC的クレーム処理を知らない.クレームをつけても再発防止対策をとらず,たとえば「取り替えればよいでしょう」という顔をしたり,平あやまりにあやまるだけ.クレーム処理についての教育を徹底する.

6) 受入検査をしっかりやるとともに,お客に商品を渡すときの(出荷)検査をしっかりやること.

7.9 研究開発管理

よい研究がなければ,よい新製品開発も,よい品物もできない.現在は新製品開発競争の時代である.研究開発について私は「コロンブスの卵」という言葉が好きである.着想と実行という意味で,着想・アイデアを実行して成功したことである.よくアイデア,新製品企画などをチェックリストなどをつくって評価しているが,あまり信用できない.このような評価で通ったものでは平凡な結果になってしまう.着想が出たらどんどん実行してみることである.失敗を何回か重ねる間に本当によいアイデアが出てくるものである.むしろ失敗をおそれずにアイデアをどんどん実行するムードの企業体質にすることが重要である.そういう企業では,よい新製品・新技術がどんどん生れてくる.研究開発管理としては次の項目がたいせつである.

1) 研究の内容を層別して(基礎研究,応用研究,開発研究,サービス研究,製品研究,短期,中期,長期,飛込み研究),管理方式を変えよ.

基礎研究は,テーマも自由に,予算も青天井.しかし,現在の日本の企業には基礎研究はほとんどない.他の研究は,テーマ,目的,目標,組織,納期,予算をしっかり決めて管理せよ.

2) 自社で研究するか,他へ依頼するか,パテントを購入するか,他社からの人を引き抜くか,会社を合併してしまうか,それを誰が決めるか.

7.10 品 質 診 断

3) 飛込み研究が少なくなるような体制にもっていけ.

4) アイデアがどんどん実行でき，失敗をおそれないような企業の体質にすること.

5) テーマ，目的，目標をどのように決めるか.

6) 人員編成は機動的に. チーム活動.

7) 研究者の選定と交流.

8) 創造的アイデアマンの養成.

9) 科学的，統計的分析力と研究成果をトップにわかりやすく報告書を書く能力. 研究をやりながら，ときどき評価を気持よく受ける態度.

10) ある研究をいつ中止するかという評価と決心.

11) 研究は長期計画的投資である.

12) 研究所内のサービス部門(事務，管理，図書，調査，試作，設備，分析，測定)の強化を図る.

13) 統計的手法，PERT 手法などを活用する.

14) 開発研究では，井戸型研究よりはすり鉢型研究を. 要因のばらつきがいかなる影響を与えるかわかるような実験を行っておく.

15) 製品研究を忘れるな.

16) 研究成果の評価方式と配分方式を標準化しておく.

トップが失敗を責めて成功をあまり評価しないような企業では，本来の新製品・新技術は出てこない. 物真似製品や物真似技術しか出てこない. 着想がそのまま成功する確率は5％以下である. したがって何回も失敗しながら着想にいろいろ工夫を加えて大胆に実行することによって最後に成功するのである. そのためには，研究開発所の所長には，科学者・技術者出身よりは，センスのよい営業出身者の方がよいと思っている.

7.10 品 質 診 断

品質診断(quality audit)とは，製品やサービスの品質が よいかどうかを，社内あるいは市場からサンプルをとって，種々の試験を行って品質そのものを

チェックして，消費者の満足をえられているかどうかの診断である．以下品質診断実施上の注意事項を挙げる.

1) 品質管理，品質保証を行う以上，必ず品質診断機能と，完全な自由と十分の権限を与えた，トップに直結した品質診断（あるいは品質保証）部門を作れ．たとえば，どこへでも自由に行け，どこからでもデータがとれ，出荷停止権があるなど.

2) QA 部門は，設計，生産，コスト，スケジュールに対し何ら責任をもたない.

3) Mr. Quality を作れ．専門家を計画的に養成せよ．開発研究，営業，サービス，設計，生産，QC，検査の経験者を育成する.

4) 検査の看板を塗りかえだけではダメ．センスが変ることが重要.

5) 社内外のクレーム，品質情報が，すべて直接にくるように，自由に集められるようにしておくこと．品質情報買います.

6) 新製品企画，設計，試作，生産，在庫，市場の品質評価に参加しうること.

7) QA 部門からの勧告に対し，各部門はアクションをとる義務がある.

8) 試作の進行，生産，出荷，発売の停止権をもつ.

9) パネルをおき，サンプルテストを行う権限を与える.

10) 一次製品の場合は，二次メーカー，二次製品の品質評価，品質保証を通じての一次製品の品質診断を行う.

11) 消費者，素人の立場にたって，診断を行え.

12) 品質（含む信頼性）診断のやり方の工夫と標準化を図る.

13) 品質診断は，自社製品および他社製品について，定期的に行い，勧告を入れた報告書を作成すること.

14) 評価に必要な設備を与えること.

15) 診断したならば，必ず勧告書を作成する義務がある.

7.11 品質管理診断，TQC 診断

QC 診断とは，品質管理実施のプロセス・やり方を診断して，その悪いところを指摘して，良くなるような治療方法を勧告しアクションをとることである．QC 診断をさらに広げて，TQC 診断(全社的品質管理診断)とでもいうべき，広義の TQC，経営管理全体を見るような社長診断も行われている．

QC 診断は次のように分類できる．

（1） 社外の人による QC 診断

① 買手による売手の診断(米軍，防衛庁，NTT，JR，その他一般企業)

② 資格を与えるための診断(JIS マーク，ASME)

③ デミング賞実施賞および日本品質管理賞の TQC 審査

④ コンサルタントによる QC あるいは TQC 診断

以上のうち③だけは日本独特のものであるが，①，②，④は世界の多くの国でも実施されている．また①と②の診断については，特に診断員が実際に QC を実施したことのあるエクスパートでない場合，一方受診側も買ってもらえればよい，資格さえとれればよいという態度になると，QC 担当部門のみが書類作成に多忙になるだけで，書類づくりの形式的な QC になりやすいから注意が必要である．むしろ社外診断をうけるときは，その機会に，QC・TQC を全社的に推進する，実質的に QC を見直す，効果をあげるチャンスとして活用すべきである．

（2） 社内の人による QC 診断

① 社長 QC 診断あるいは，TQC 診断

② 所属長 QC 診断あるいは TQC 診断

③ QC スタッフによる QC 診断

④ QC の相互診断(たとえば前後工程間で)

この社内の人による QC 診断は，海外ではあまり行われていない．特に社長診断は，海外では社長があまり QC を知らないためかほとんど行われておらず，日本独自のやり方である．日本では TQC を相当にやっている企業では，

社長診断を定常的に行い，大きな成果をあげている．この社長診断を始めとする社内の人によるQC診断は，うまく実施すれば以下に述べるような大きな効果があがるものである．

1) 受ける方は，これにより刺激をうけ，QC活動や品質保証活動が活発になる．TQCは熱心になったり，マンネリ化したり，波が出るものであるから，長続きするTQCとするためには，ときどきこれを締め直すことが必要である．

2) 社内の人間関係がよくなる．トップやそれに近い人には，現場の末端の人々や課長・係長クラスと顔を合わせたり，意見を聞くチャンスが少ないから，意見を聞いたり，実情を知るよいチャンスである．

3) トップマネジメントが社内の実情，本当の姿を知るよいチャンスになる．従来トップは，案外社内の実情を知らないものである．したがって社長診断で最も勉強になるのが社長である．この診断により，「うちの会社は，こんなにひどかったのか」ということが社長によくわかり，これをチャンスに，トップがQCの熱心なリーダーとなることが多い．

4) この診断に，部課長やスタッフを随行させると，社内の各部門のことがわかり，非常に勉強になり，広い視野でものを見るようになり，人間的に成長し，次の経営者の養成に役だつ．

5) トップが診断する以上，トップがQCを理解していなければならず，これをチャンスに，トップがQCの勉強をするようになり，トップがQCの味を覚えるようになる．

（3） 実施上の注意事項

1) 必ず社長が診断団長になって行うこと．どうしてもやむをえないときには，ナンバー2でもよい．

2) 団員としては，自部門のみでなく，なるべく他部門の重役およびQC担当重役，QCスタッフを入れておく．部・課長クラスは，必要があれば随行させる．最初は，社外QCコンサルタントに同行してもらうとよい．

3) 診断の目的をはっきりさせておく．

7.11 品質管理診断，TQC 診断

4) QC 診断は広義の品質管理について，ただしできるだけ品質に焦点をしぼって行う．TQC 診断になるともう少し範囲が広くなる．

5) 全社的な，長期的な立場で行う．

6) 社内の全部門，全事業所について行う．さらに社内ばかりでなく，購買，営業，その他社外との関係についても十分診断する．

7) 年度行事として，品質管理計画に入れておく．そして事前に，なるべく早い時期(少なくとも 2 ヵ月以上前)に日時，メンバー，対象範囲を周知させておく．この診断のための真の意味の予習が非常に役に立つものである．しかし診断のために形式だけ整えるような傾向のある場合，あるいは TQC が相当浸透した場合には，あまり準備をせずに平常の姿をそのまま診断するとよい．

8) 場合によって，診断の重点項目を決めておくとよい．

9) 監査というと，やや検査官的な色彩の強い言葉となるから，トップのQC 診断というくらいの名称にしておくとよい．笑いながらトップに何でも話ができ，全社の QC をどうしたらよくすることができるかを皆で考える気持ちで．

10) 診断と勧告の報告書は，必ず各団員から提出させる．したがって，あらかじめこのことを連絡しておくとともに，報告書，チェックリストなどの様式を決め，渡しておくとよい．これが診断員の勉強にもなる．

11) 報告書をまとめて，診断報告書を作成し，アクションをとるべき項目を明記して，中央品質管理委員会などにかけ，受診側，および関連部門に配布する．

12) QC 診断は専門の組織を作らず，その都度チームを編成して行うのがよい．

13) 規定とか形式にとらわれた診断を行うな．規定などがうまくできており，これが組織に実際に行われているかどうかを診断せよ．QC 診断の目的の1 つは現状把握である．

14) 前回の勧告が実行されているかどうかをチェックする．

15) 今回の勧告をすぐに品質管理計画におりこんで，改訂していく．

414 第7章 全社的品質管理の組織的運営

表 7.2 品質管理診断チェック

項　　　目	チ ェ ッ ク ポ イ ン ト
1. 方　　　針	(1)経営および品質，品質管理に対する方針 (2)方針決定の方法 (3)方針の内容の妥当性，一貫性 (4)統計的方法の活用 (5)方針の伝達と浸透 (6)方針およびその達成状況のチェック (7)長期計画，短期計画との関連
2. 組織とその運営	(1)責任権限の明確性 (2)権限委譲の適切性 (3)部門間連携 (4)委員会活動 (5)スタッフの活用 (6)QC サークル(小集団)活動の活用 (7)品質管理診断
3. 教育・普及	(1)教育計画と実績 (2)品質意識，管理意識，品質管理に対する理解度 (3)統計的考え方および手法の教育と浸透状態 (4)効果の把握 (5)外注先など社外に対する教育 (6)QC サークル(小集団)活動 (7)改善提案
4. 情報の収集伝達とその活用	(1)社外情報の収集 (2)部門間の情報伝達 (3)情報伝達の早さ(コンピュータの活用) (4)情報整理(統計的)解析と活用
5. 解　　　析	(1)重要問題とテーマの選定 (2)解析方法の妥当性 (3)統計的方法の活用 (4)固有技術との結びつき (5)品質解析，工程解析 (6)解析結果の活用 (7)改善提案の積極性

7.11 品質管理診断，TQC 診断

リスト（デミング賞実施賞）   1980. 6.17 改訂

項　目	チェックポイント
6. 標 準 化	(1)標準の体系 (2)標準の制定，改廃の方法 (3)標準の制定，改廃の実績 (4)標準の内容 (5)統計的方法の活用 (6)技術の蓄積 (7)標準の活用
7. 管　　理	(1)品質およびそれに関連する原価，量などの管理システム (2)管理点，管理項目 (3)管理図等の統計的手法，考え方の活用 (4)QC サークル(小集団)活動の寄与 (5)管理活動の実態 (6)管理状態
8. 品質保証	(1)新製品開発の方法 (2)品質展開と解析，信頼性，設計審査 (3)安全性，製品責任予防 (4)工程管理と改善 (5)工程能力 (6)計測，検査 (7)設備管理，外注管理，購買管理，サービス管理 (8)品質保証体系とその診断 (9)統計的方法の活用 (10)品質評価，監査 (11)品質の保証状態
9. 効　　果	(1)効果の測定 (2)有形の効果，品質，サービス，納期，コスト，利益，安全，環境など (3)無形の効果 (4)効果の予測と実績との合致性
10. 将来計画	(1)現状の把握と具体性 (2)欠点を解決するための方策 (3)今後の推進のための計画 (4)長期計画との関連

16) 診断のための化粧をみやぶって，日常業務の実体をつかめ．一つ事についてどんどん突っ込んでいって一般化する，ボーリング的調査，いもづる式調査がよい．

17) 先入感や敵対感をもって診断をするな．

18) 勧告は，前向きの建設的なものにせよ，細かいことをうるさくいったり，欠点を指摘して締めあげるのが診断ではない．診断して病気をなおし，健康体にするのが診断であり，勧告である．

19) 受診側からは，その問題についての，これまでの方針，成果，問題点，今後の方針，本社・他部門への要望事項などを報告させる．

20) 診断にあたっては，机上で話を聞くだけでなく，実際に現場へ行き，係長，係員，職場長，末端の人々に聞いたり，実際の仕事を見たり，伝票，データなどを見て日常業務の実態をつかむ．

21) 部門別だけでなく，機能別に行うとよい．

22) QC 診断であるから重点は当然，消費者が満足して，喜んで，どんどん買ってくれるような品質のものが作られているかどうか，その品質保証の程度はだいじょうぶかということになる．しかし，アクションはそれを作る仕事のやり方，工程に対してである．一口でいえば，品質で経営がうまくいっているかどうかを診断することになる．

ここで参考に，1つの品質管理診断のためのチェックリストを掲げておく（表7.2）．

7.12 方 針 管 理

1.5 節において管理の考え方，やり方について述べたので，本来はその通り実行すればよいのであるが，最近，目標管理，方針管理，重点管理，日常管理など，例によって経営管理関係では，いろいろの言葉が流行しているので，それについて少しわたくしの見解を述べておきたい．

元来，方針や目標・目的のない管理はありえないので，ただ管理をしっかりやればよいのである．むしろ目標管理，方針管理というと，トップは安易に考

7.12 方 針 管 理

えて目標や方針だけ示してあとは頑張れ頑張れという精神的管理に陥り，科学的管理になってこない心配がある．たとえば米国で MBO(managemnt by objective, 目標管理)という言葉が一時流行したがダメになってしまったのもそのためである．わたくしが特性要因図を考え，管理の考え方を1.5.2節に6ステップで述べたのも，ステップ2のプロセスを考えなければいけないということを強調したかったのである．しかしわたくしの考え方によると，管理は方針の決定から始まるものであるし語呂がよいので，ここでは方針から始まる管理という意味で方針管理という言葉を使うことにする．方針の決定によって始め，1.5.2節の手順に従って管理のサークルを回していけばよい．

一方重点管理・日常管理という言葉についてであるが，あとで述べるように長期方針，年度方針により長期計画や年度計画などが決まってきて，その中に重点的に行うものと日常的に実施していくものと分類できるので，しいてこの言葉を用いる場合は次のようにするとよいと思っている．

方針管理：方針から始まる管理

　　重点管理：その中で企業としてあるいは部門として重点的に推進していく
　　　　　　項目の管理
　　日常管理：企業あるいは部門として，重点ではないが当然行うべきこととして QCDS などについて日常業務として行う管理

方針や計画，目的，目標などの決め方については以下述べることと，1.5.2
(1)および(2)参照.

一般に方針や計画，目標は次のようにして決ってくる．

　　社是→長期方針→年度方針→期方針→月方針

　　長期計画→年度計画→期計画

　　移動○カ月計画→月度計画

年度方針は長期方針の第1年目．年度計画は長期計画の第1年目．長期方針，長期計画は毎年改訂．長期計画は通常5年．必要ならば長期計画を10〜15年，中期計画を3〜5年とする．

長期方針，長期計画を立てることは

① 立てることに価値がある

② 経営態度や従業員の目が，長期的に，前向きになる

③ 短期計画が立てやすくなる

④ その1年，たとえば5年後にこうするための実行計画ができる

⑤ 経営の骨，ビジョンができる

⑥ 企業生存のパターンができる→新製品開発

などが利点である．以下長期方針，長期計画をたてる場合の要点を項目だけ挙げる．

経営者の決心は，すべて将来に対してなされるものである．

目的的(品質，利益，量，資金，人)に長期方針や計画を立てよ．方法(技術や設備)は目的が決まってからスタートする．

長期間かかる仕事を円滑に進めるためで，ゆっくりやるためではない．

一般に長期計画・年度計画方針を含めて方針・計画は文章(精神)と目標数値によって示される．文章だけでも，数値の羅列でもだめである．

方針や計画をたてる手順を決めておくこと(長期計画改訂基準，方針管理規定など)．

方針や計画をたてるための情報は十分であるか，根拠ははっきりしているか，解析は十分行ってあるか．

前の方針・計画・実施・結果およびチェックの結果と結びついて，管理のサークルがうまく回っているか．前に問題点として残った点が，次期の方針・計画にもりこまれているか．

方針や計画決定のための情報，予測は100%はない．このパーセントが少ないときに非科学的といい，70〜95%と多くなってくるのを科学的という．あとの5〜30%は経営者および長の度胸．

方針や計画は具体的か．評価のメジャーは与えられているか．それと管理項目との結びつきは十分か．本当に重要なポイントが決められているか(重点管理)．

QCの方針・計画と経営の方針・計画とは一本化されているか．QC方針が

強く打ち出されているか.

方針は末端まで徹底しているか. 方針展開や伝達の方法はよいか. 方針は下へ行くほど具体的になっているか. 末端の方針や計画が実行されれば, トップの方針や計画は 実現できるか. 上長の 方針と 部下の 方針との結びつきは十分か. 末端まで一貫しているか.

方針の出し方と責任・権限との結びつきは大丈夫か.

トンネル式方針ではだめ. 方針の出し方に, 各階層ごとに自主性, アイデアが入っているか.

各階層ごとに, 権限を十分考えて, 独自性を発揮しているか. 部下の方針・計画を上長は承認しているか.

方針がぐらぐらしていないか. 方針管理のシステムはできているか. 方針管理が継続的に行われているか.

方針展開は初年度から成功するものではない. いろいろ不具合点が出て, 失敗しながら, 再発防止しながら次第に軌道に乗ってくるものである.

7.13 む す び

最後にもう一度強調しておきたいことは

1) 品質管理は, 会社全員で当然行うべきことを実行し, 協力して進めていくべきもので, TQC 推進室, 品質管理部門とか, 品質管理担当者 と 称するものだけがやるものではない.

2) これにはトップ・マネジメント, とくに社長の熱意と推進力, リーダーシップが絶対に必要である.

3) 品質管理は 流行だから やるのではなく, 産業を 合理化し, 技術を 確立し, 国際競争に, いわゆる非良心的な取引きやダンピングではなく, 品質の力で競争に打ちかち, 利益を 確保するだけの 実力を 養成するために やるのであり, 会社の存続する以上, 永久にやらなければならないことである.

4) 品質管理に要する経費は, 本格的な品質管理をやれば, 数カ月あるいは数日で償却してしまうものである.

しかし，1.1.3節に述べたような誤解があったり，中途半端な QC，トップがリーダーシップをとらない QC では，その経費の償却は困難であり，線香花火的 QC になってしまう．

要するに，全社的品質管理(TQC)は，経営に対する古い考え方に対しては，1つの思想革命と考えている．したがって，経営者，中堅管理者，技術者，事務関係者，全従業員，さらに関係会社が一丸となって，統計的品質管理の考え方を理解し，TQC 的センスを身につけ，これを推進し，実行し，管理体制を作りあげればよい．これにより，すべての職場・仕事は合理化され，会社は合理化され，産業は合理化され，製品および技術の輸出は増大し日本人全体，さらに世界人類の生活水準を向上することができよう．

現在一部の日本製品が強すぎるため国際的な貿易摩擦が起きたり，円高となったり，また先進開発途上国(NIES)の追いあげもあり，日本でも企業が再脱皮しなければならない困難な時期に来ている．これらも TQC，CWQC，GWQC を実施することより，企業の体質改善・新製品開発を行って乗り切っていかなければなるまい．一方われわれは欧米先進国に日本的品質管理の考え方，やり方を普及し，再活性するように協力している．また開発途上国がさらに強くなるように協力している．かくして各国が QC を通じて国際的な品質競争を行い，国際分業を進めていくことが，結局世界平和につながる．世界の人々が幸福になることを期待し，QC および TQC を推進しているのである．

索　引

[五十音順]

[ア]

アウト・オブ・コントロール　170
アクション　61, 290, 293, 310
R 尺　276, 278
R 退治　176, 288
あわてものの誤り　113, 361, 385
按分線　273
異常一覧表　242, 296
異常原因　63, 108, 317, 318
異常報告書　242
移動範囲　186
受入検査　363
ASN　369
AOQ　364, 365, 370
AOQL　370, 372, 382
AQL　370, 382
営業の TQC　404
F 分布表　269
LTPD　360, 370, 382
OC 曲線　362, 363

[カ]

回帰線　281
改善　79, 80, 81, 201, 202, 206, 250, 284
外注管理　75, 399
買手と売手の品質管理的10原則　399
買手と売手の品質保証関係　400
確率　110
苛酷検査　358
過失責任　353
仮説　266
かたより　139
価値分析　286
可避的な原因　108
仮標準　246
官能検査　37, 256, 356, 381, 387
管理　46, 92, 201, 283
　外注——　75, 399
　原材料——　75
　後手——　53
　設備——　76, 405
　統計的——　92
　——限界線　109, 157
　——されていない状態　109, 170

——されていないばらつき　109
——されたばらつき　109
——線　156, 181
——の考え方　48
——のサークル　48
——の幅　56
——のやり方　48
管理工程図　232
管理項目　308
　——一覧表　311
管理状態　109, 170, 179, 314
　——の利益　327
管理水準　286, 308, 313
　——の管理と改訂　315
管理点　59, 312
管理特性　59
管理標準　319
管理図　60, 109, 149, 150, 151, 162, 165, 167, 182, 326
　解析のための——　173
　管理のための——　179
　——の使い方　171
　——の見方　169, 189, 324
　——の用途　171
　——を用いることによる利益　326
規格　36, 287
　——との比較　287
危険率　114, 267
技術　84
　——の組織的蓄積　55
技術標準　296, 300
機能別管理　394, 398
　——委員会　394
　——計画　398
帰無仮説　268
級　140
　——の境界値　140
QC 工程図　232
QC サークル活動　86, 218
QC 診断　93, 410
QC ストーリー　253
QC チーム活動　219
QC 的報告　254
教育　5, 55, 77, 393, 395
教育・訓練　55, 395

偶然原因　108
苦情　383
グラフ　212
クレーム　29, 214, 383
　——処理　385
群　173
　合理的な——　174
　——間　174
　——内　174
　——の大きさ　153
　——の数　153
　——への分け方　153, 173, 262
経営者の役割　94
経営の目的と手段　86
計数値　117
計測管理　76, 258, 403
計量値　118, 270, 276
結果のチェック　251
原因　53
厳格責任　353
研究開発管理　408
検査
　59, 284, 338, 355-358, 363, 375, 379, 381
原材料管理　399
検査特性曲線　362
限度見本　381
合格判定個数　360, 363, 368
合格品質水準　370
交互作用　226
工場実験　247
工程　235
工程異常　294
工程改善　236
工程解析　250
工程管理　236, 283, 374
工程能力　130
　——研究　235
　——図　130
交絡　226
5 M　66, 229
誤差　136, 137, 138, 256, 360
故障　349
　——率　349
固有技術　225

[サ]
再改善　247, 251
再発防止　65, 180
　——のアクション　63
魚の骨　230
作業標準　296-307
避けられない原因　108

サービス　339
　——のTQC　404
算術平均　119
散布図　132
サンプリング　258, 260, 264, 360
　——誤差　260, 360
サンプル　102
　——の大きさ　151, 153
次工程はお客様　31
JIS　36
　——表示制度　21
CWQC　21
GWQC　3, 67
質管理　27, 92
修正項　120, 143
集団的品質管理　67
衆知による解析と改善　226
Shewhart, W. A.　18
寿命　341, 349
Juran, J. M.　21
冗長(性)　346, 350
消費者危険(率)　361, 370, 372
消費者主義　332
処置　61, 180
新製品開発　67, 335
信頼性　115, 138, 256, 345
信頼度　348
数値の丸め方　155
性悪説的管理　55
生産者危険(率)　361, 372
生産能力　236
生産量管理　283
性善説的管理　55
製造物責任　351
精度　138
製品研究　33, 35
製品公害　350
製品責任　350
　——(予防)対策　351, 354
設計管理　238, 398
設計技術標準　300
設計審査　336
設計標準　300
設備更新　404
説明書　343
全員参加　2
潜在クレーム　214, 383
潜在不良　214
　——の顕在化　40
全数検査　356, 372, 387
選別型抜取検査　370
相関　135, 136, 243-245, 278, 279

索　引　423

──図　132, 133
──表　134, 136
相対累積度数　146
層別　60, 116, 174, 211, 241, 260, 262
──のやり方　211
測定　119, 255, 256, 355, 382
組織　217, 389
──的運営　389

[タ]

第1種の誤り　112, 267, 361
対応のあるデータ　132, 270
対応のないデータ　276
第2種の誤り　113, 361
代用特性　33, 313
タスクフォース　217
Dodge, H. F.　365
Dodge-Romig の抜取検査表　372
担当技術者制　217, 221
担当マネジャー制　217, 221
担保責任　353
チェック検査　356, 367, 376
チェックシート　129
チェックポイント　308
チェックリスト　58, 312, 414
チップ実験　161
中央値　119
中間特性　313
長期計画　394, 417
長期方針　417
調節　63, 172, 284, 328, 329
──図　172
──用グラフ　291
直行率　40, 72
突きとめうる原因　108
提案制度　207, 211, 228
DR　69, 336
定期点検　341, 344
TQC　21, 90
　営業の──　404
　──診断　93, 411
　──推進部門　390-392
　──推進プログラム　394
　──の推進　91
　──の導入　91
TPM　238
デザイン・レビュー　69
データ　102, 222, 239, 381
　ウソの──　114, 115
　過去の──　381
　結果の──　240
　──シート　155

──の種類　117
──の信頼性　115
──の歴史　116
Deming, W. E.　21
デミング・サークル　31
デミング賞．21
点検　404
点検点　58, 308, 312
統計的解析　240, 266, 269
統計的手法　97, 255
統計的な考え方　97, 99
統計的抜取検査　359
統計的品質　42
統計的品質管理　26, 64
統計量　107
とがり　119
特採　379, 386
特性要因図　52, 228, 229, 348
度数分布　120
──表　105
突破作戦　223

[ナ]

2×2の分割表　277
二項確率紙　273, 277
日常管理　417
日本科学技術連盟　20
日本工業規格　36
日本的品質管理　22
日本品質管理学会　23
抜取検査　356, 359-374
納期　406
納期管理　403
納入者の QC 的選定基準　401

[ハ]

破壊検査　358, 374
歯止め　65
ばらつき　119, 142
パレート曲線　127
パレート図　127
範囲　119
販売の TQC　404
PM　76, 403
ヒストグラム　107
必達目標　310
非破壊検査　359
標準　285, 296, 298, 302, 304
　仮──　246
　検査──　380
　──類の改訂　306
標準化　53

——計画 396
標準偏差 112, 120, 143
品質 26-46
——第一主義 333
品質解析 35
品質管理 1, 4, 27, 92
　集団的—— 3, 67
　全社的—— 2
　総合的—— 2
　統計的—— 1, 18, 26
　——委員会 393
　——担当重役 393
　——部門の任務 390
品質管理工程図 232, 289
品質管理診断 93, 411
　——チェックリスト 414
品質診断 93, 409
品質設計 284, 336
品質特性 33, 59, 298
品質標準 285, 288, 298
品質保証 331, 334, 345, 375, 391
　検査重点主義の—— 25
　工程管理重点主義の—— 26
　新製品開発重点主義の—— 26
　——工程図 382
　——のステップ 335
品質保証体系 67, 68, 69, 335
　——の PDCA 70
品質目標 287
VA 286, 401
不可避的原因 108
不合格判定個数 360, 363, 368
符号検定表 272
不偏分散 120
不良・欠点の定義 340
不良品 339
不良率の差 273
不連続な分布 118
プロジェクトチーム 217
プロセス 235
　——チェッカー 377
分解検査 130, 212, 358, 380
分割線 273
分散 120, 281
分布 112, 118, 146, 151, 269
平均 119
　——検査個数 369

——故障間隔 348
——出検品質 364, 370
平均値 104, 141, 152, 197, 268
米国品質管理協会 19, 23
偏差二乗和 119
報告書 253
方針管理 394, 416
方針の一貫性 49
母集団 102, 103, 104
補償期間 343
保証期間 332, 344
保証単位 36, 381
ぼんやりものの誤り 113, 361

［マ］

慢性不良 214
見逃せない原因 108
無検査 286, 343, 357, 374, 376
無限母集団 104
メジアン 119, 182, 243, 277, 278
目的的方針 52
目的と手段の混乱 204
目標管理 417
問題点の決定 83, 215
問題点発見 208

［ヤ］

有意水準 114, 267
有限母集団 104
要因 53
　——特性一覧表 244
予防保全 76, 344
ヨーロッパ品質管理機構 20

［ラ］

lifetime supply 344
ランダム・サンプリング 107, 260, 262, 360
流通機構の TQC 407
累積度数 146
例外の原則 57
連 170
連続分布 118
ロットが(不)合格になる確率 362
ロット許容不良率 360, 370
ロットの定義 379
ロットの歴史 116
Romig, H. G. 365

著者紹介

石川 馨(いしかわ　かおる)

1915年　東京に生まれる
1939年　東京帝国大学工学部応用化学科卒業
　　　　海軍技術大尉，日産液体燃料株式会社勤務を経て
1947年　東京大学助教授
1960年　同　教授
1976年　停年退官，東京理科大学教授
　　　　東京大学名誉教授
1978年　武蔵工業大学学長に就任
1989年　死去
工学博士(1958年)，デミング賞受賞(1952年)，グラント賞受賞(1972年)，藍綬褒章受章(1977年)，シューハート・メダル受賞(1982年)，勲二等瑞宝章受章(1988年)，他

名著復刻

品質管理入門

2024年11月26日　第1刷発行

著　者　石　川　　　馨
発行人　戸　羽　節　文

発行所　株式会社 日科技連出版社
〒151-0051　東京都渋谷区千駄ケ谷1-7-4
渡貫ビル

電話　03-6457-7875

検　印
省　略

Printed in Japan

印刷・製本　港北メディアサービス㈱

© *Hiroko Kurokawa 2024*
ISBN 978-4-8171-9806-8

URL https://www.juse-p.co.jp/

　本書の全部または一部を無断でコピー，スキャン，デジタル化などの複製をすることは著作権法上での例外を除き禁じられています．本書を代行業者等の第三者に依頼してスキャンやデジタル化することは，たとえ個人や家庭内での利用でも著作権法違反です．